高等职业院校新形态教材·大数据系列

Python 网络爬虫项目式教程

主 编 钱 游
副主编 廖 丽 刘振栋 曹 勇 黄天春

电子工业出版社
Publishing House of Electronics Industry
北京·BEIJING

内容简介

网络爬虫是按照一定规则自动请求服务器上的网页，并采集网页数据的一种程序或脚本，它可以代替人进行数据采集，也可以自动采集网页数据、高效利用互联网数据，因此在市场应用中占据了重要位置。

本书以 Windows 操作系统为主要开发平台，系统、全面地讲解了网络爬虫的相关知识。本书的主要内容包括保存服务器网页到本地、使用正则表达式提取网页内容、爬取豆瓣电影 TOP250 栏目、使用 requests 库爬取电影网站、通过模拟用户登录爬取网站、使用 Scrapy 框架爬取图片网站、使用分布式爬虫爬取腾讯招聘频道，主要知识点囊括网络爬虫基础知识、网页请求原理、抓取静态网页数据、解析网页数据、抓取动态网页数据、网络爬虫的优化、数据的持久化存储、识别验证码、搭建网络爬虫框架、网络分布式爬虫 Scrapy-Redis 的开发和部署等。

本书内容通俗易懂，案例丰富，实用性强，特别适合 Python 语言的基础学习者和进阶学习者，也适合 Python 程序员、爬虫工程师等编程爱好者。本书不仅可以作为高校教材，也可以作为相关培训机构的教材，还可以作为广大网络爬虫开发者的参考书。此外，本书开发了丰富的教学资源库，并免费提供所有素材。

未经许可，不得以任何方式复制或抄袭本书之部分或全部内容。
版权所有，侵权必究。

图书在版编目（CIP）数据

Python 网络爬虫项目式教程 / 钱游主编. —北京：电子工业出版社，2023.8
ISBN 978-7-121-46197-2

Ⅰ.①P… Ⅱ.①钱… Ⅲ.①软件工具—程序设计—教材 Ⅳ.①TP311.561

中国国家版本馆 CIP 数据核字（2023）第 158336 号

责任编辑：康　静
印　　刷：北京盛通数码印刷有限公司
装　　订：北京盛通数码印刷有限公司
出版发行：电子工业出版社
　　　　　北京市海淀区万寿路 173 信箱　邮编：100036
开　　本：787×1092　1/16　印张：18　字数：457.6 千字
版　　次：2023 年 8 月第 1 版
印　　次：2024 年 1 月第 2 次印刷
定　　价：56.00 元

凡所购买电子工业出版社图书有缺损问题，请向购买书店调换。若书店售缺，请与本社发行部联系，联系及邮购电话：（010）88254888，88258888。
质量投诉请发邮件至 zlts@phei.com.cn，盗版侵权举报请发邮件至 dbqq@phei.com.cn。
本书咨询联系方式：（010）88254173 或 qiurj@phei.com.cn。

前　　言

在大数据和人工智能应用越来越普遍的今天，Python 可以说是当下最热门、应用最广泛的编程语言之一，在人工智能、网络爬虫、数据科学、机器学习、游戏开发、自动化运维等方面，无处不见其身影。数据的收集、统计工作发挥着越来越重要的作用，而这些工作大多需要网络爬虫完成，因此掌握网络爬虫技术显得十分重要。

随着大数据时代的到来，数据的价值不断凸显和提升。互联网是数据产生和存在的重要环境和载体，如何高效地从海量数据中获取信息成了一个亟待解决的问题。海量数据是释放优质算力效能的前提，数据获取是发生"数聚效应"的基础。在此背景下，具有瞬时获取数据功能的网络爬虫技术应运而生，并迅速发展成为一门受企业、开发人员青睐和追捧的技术。本书从初学者的角度出发，循序渐进地介绍了学习网络爬虫必备的基础知识，以及一些热门网络爬虫框架的基本使用方法，以帮助读者快速掌握网络爬虫的相关技能，并能够独立编写 Python 网络爬虫程序，进而成长为一名能胜任具体工作岗位的 Python 网络工程师。

在内容编排上，本书采用"理论知识+案例代码+拓展提高"的模式，不仅介绍了普适性内容，还提供了实战案例，确保读者在理解核心知识的前提下学以致用；在知识配置上，本书涵盖了 Python 网络爬虫常用的库及工具。希望读者通过对本书的学习，可以全面掌握 Python 网络爬虫的核心知识，具备开发简单网络爬虫项目的能力。

本书的主要特色体现在如下几点。

● 内容由浅入深：本书从日常生活中的常见项目案例入手，通过对项目案例的不断迭代和优化，引导读者进入网络爬虫的抽象世界。

● 实操性强：本书选用多个具有代表性的网站作为爬取目标，介绍了网页数据的爬取方法和转换方法，以及新式网络中各种类型的数据的使用方法。

● 代码详尽：为了便于读者理解相应的知识点，本书对每一个知识点都提供了完整、详细的代码，并对核心代码进行了详细注解，读者可在编写代码时结合注解更好地掌握网络爬虫程序的设计思想（本书所有代码都用 Python 语言编写，因此，要求读者对 Python 语言的基本语法有所了解）。

● 配套资源丰富：编者为本书制作了专业的教学 PPT、教案、授课进度计划书、课程标准等配套资源，可为相关院校或培训机构的教学人员提供授课便利。

● 代码更新及时：案例代码可从 GitHub 官网获取，能够满足读者对最新代码的需求。

本书由重庆城市职业学院的老师编写。曹勇老师编写了本书的项目一，黄天春老师编写了本书的项目二，廖丽老师编写了本书的项目三，刘振栋老师编写了本书的项目四，其余项目由钱游老师编写。全书的统稿工作由钱游老师完成。

由于本书的案例较多，且许多案例存在多种解决方案，但鉴于本书篇幅有限，加之编者水平和学识有限，因此未列举所有程序代码。但本书提供的全部程序代码都是由编者在 Python 环境中调试通过的，读者可直接借鉴、使用。请有需要的读者登录华信教育资源网（www.hxedu.com.cn）注册后免费下载相关配套资源，或扫描书中的二维码获取，如有问题可与电子工业出版社联系（E-mail：hxedu@phei.com.cn）。

资源名称	资源类别	资源个数	二维码
电子教案	Word 文档（详细版，共 240 页）	1	
教学课件	PPT 文档	7	
教学视频	MP4 视频	24	
课后习题	Word 文档及源代码	9	
案例代码	.py 文件或文件夹	123	

尽管编者竭尽全力减少书中的错误，但难免有疏漏的地方，敬请广大读者朋友批评指正，并提出宝贵意见。

编　者
2023 年 2 月

目 录

项目一 保存服务器网页到本地 ... 1

任务1 认识网络爬虫 ... 2
任务演示 ... 2
知识准备 ... 2
 1. 初步认识网络爬虫 ... 2
 2. 网络爬虫的结构及其工作原理 ... 4
 3. 爬虫技术的风险与 Robots 协议 ... 5
 4. Python 的安装 ... 6
 5. Pygame 的简单使用 ... 11
任务实施 ... 12
任务拓展 ... 13
 1. 反爬虫的目的与手段 ... 13
 2. Windows 环境下的 MongoDB 数据库安装和配置 ... 14
 3. Linux 环境下的 MongoDB 数据库安装和配置 ... 16

任务2 将请求到的网页保存到本地 ... 18
任务演示 ... 18
知识准备 ... 19
 1. 使用 urllib 请求网页 ... 19
 2. 安装和配置 MySQL 数据库 ... 20
任务实施 ... 28
任务拓展 ... 29
小结 ... 30
复习题 ... 31

项目二 使用正则表达式提取网页内容 ... 32

任务1 在网页上展示伟大抗疫精神 ... 33
任务演示 ... 33
知识准备 ... 33
 1. HTML 基础知识 ... 33
 2. CSS 基础知识 ... 35
 3. CSS 样式选择器 ... 38

任务实施 ·· 44
　　任务拓展 ·· 45
　　　　1. JavaScript 的引入 ·· 45
　　　　2. JavaScript 的基本语法 ·· 48
　任务 2　使用正则表达式提取文本中的指定内容 ··· 53
　　任务演示 ·· 53
　　知识准备 ·· 53
　　　　1. 正则表达式的基本语法 ·· 54
　　　　2. 正则表达式的使用 ··· 57
　　任务实施 ·· 61
　　任务拓展 ·· 61
　小结 ·· 63
　复习题 ·· 63

项目三　爬取豆瓣电影 TOP250 栏目 ··· 65

　任务 1　使用 urllib 框架请求网页 ·· 66
　　任务演示 ·· 66
　　知识准备 ·· 66
　　　　1. 网络爬虫开发的基本流程 ·· 66
　　　　2. urllib 框架的基本模块 ··· 66
　　　　3. 字符的编码和解码 ·· 74
　　任务实施 ·· 76
　　　　1. URL 分析 ·· 76
　　　　2. 编码规范 ·· 77
　　　　3. 爬取豆瓣电影 TOP250 栏目 ·· 77
　　任务拓展 ·· 81
　任务 2　使用 BeautifulSoup4 解析网页 ·· 82
　　任务演示 ·· 82
　　知识准备 ·· 82
　　　　1. BeautifulSoup4 的四个对象 ·· 82
　　　　2. 文档的遍历 ·· 86
　　　　3. 文档的搜索 ·· 91
　　任务实施 ·· 95
　　任务拓展 ·· 97
　任务 3　使用 XPath 解析网页数据 ··· 99
　　任务演示 ·· 99
　　知识准备 ·· 99
　　任务实施 ··· 105
　　任务拓展 ··· 106

任务4　数据的持久化存储 108
　　任务演示 108
　　知识准备 108
　　任务实施 116
　　任务拓展 118
　　小结 121
　　复习题 121

项目四　使用requests库爬取电影网站 123

任务1　使用requests库请求网页 124
　　任务演示 124
　　知识准备 124
　　　1. requests库的安装 124
　　　2. GET请求 125
　　　3. POST请求 126
　　任务实施 129
　　任务拓展 131

任务2　使用requests-html库解析网页 136
　　任务演示 136
　　知识准备 136
　　　1. requests-html库的新功能 136
　　　2. requests-html库的安装 136
　　　3. requests-html库的使用 137
　　任务实施 139
　　任务拓展 142
　　　1. 网络爬虫的优化 142
　　　2. 将请求到的数据保存到MySQL数据库中 145
　　小结 149
　　复习题 149

项目五　通过模拟用户登录爬取网站 151

任务1　模拟用户登录 152
　　任务演示 152
　　知识准备 152
　　　1. 使用ddddocr模块识别验证码 153
　　　2. 使用在线平台进行打码 153
　　任务实施 160
　　　1. 对古诗文网的登录验证码进行验证 160

        2. 实现模拟用户登录 ·· 163
      任务拓展 ·· 167
        1. 携带 Cookies 请求网页 ·· 167
        2. 古诗文网登录实现 ·· 169
        3. 在登录成功后进行数据采集 ··· 174
    任务 2　使用 Selenium 模拟用户登录豆瓣网 ··· 175
      任务演示 ·· 175
      知识准备 ·· 176
        1. 什么是 Selenium ··· 176
        2. Selenium 的安装 ··· 176
      任务实施 ·· 180
      任务拓展 ·· 182
    小结 ··· 184
    复习题 ·· 185

项目六　使用 Scrapy 框架爬取图片网站 ·· 186

    任务 1　Scrapy 开发环境搭建 ··· 187
      任务演示 ·· 187
      知识准备 ·· 187
        1. 常见的爬虫框架 ·· 187
        2. Scrapy 框架概述 ··· 188
      任务实施 ·· 189
      任务拓展 ·· 196
    任务 2　使用 Scrapy 框架爬取代理 IP ··· 200
      任务演示 ·· 200
      知识准备 ·· 200
        1. XPath 选择器 ··· 200
        2. CSS 选择器 ··· 201
      任务实施 ·· 202
      任务拓展 ·· 210
    任务 3　Scrapy 数据的持久化存储 ··· 211
      任务演示 ·· 211
      知识准备 ·· 211
        1. 基于终端命令存储 ·· 212
        2. 基于管道存储 ·· 212
      任务实施 ·· 214
        1. 实现基于终端命令的数据持久化存储 ··· 214
        2. 实现基于管道的数据持久化存储——使用文本存储数据 ································· 215
        3. 实现基于管道的数据持久化存储——使用 MySQL 数据库存储数据 ··················· 219

  4. 实现基于管道的数据持久化存储——使用 Redis 数据库存储数据 ················ 221

  5. 实现基于管道的数据持久化存储——使用 MongoDB 数据库存储数据 ········ 224

 任务拓展 ··· 227

任务 4　爬取图片网站 ··· 230

 任务演示 ··· 230

 知识准备 ··· 230

 任务实施 ··· 231

 任务拓展 ··· 235

  1. 将爬取的图片名及其路径保存到 MySQL 数据库中 ······························· 235

  2. 使用 Scrapy 框架爬取图说历史栏目 ·· 236

 小结 ··· 239

 复习题 ·· 239

项目七　使用分布式爬虫爬取腾讯招聘频道 ·· 241

任务 1　搭建 Scrapy-Redis 开发环境 ··· 242

 任务演示 ··· 242

 知识准备 ··· 242

  1. 分布式爬虫的基本概念 ··· 242

  2. 分布式环境的搭建 ·· 243

  3. 在 Ubuntu 系统上安装 Scrapy ·· 247

  4. 在 CentOS 7 系统上安装 Scrapy ·· 249

 任务实施 ··· 250

 任务拓展 ··· 251

任务 2　开发分布式爬虫 ·· 252

 任务演示 ··· 252

 知识准备 ··· 253

 任务实施 ··· 254

  1. 创建 Scrapy 爬虫 ·· 254

  2. 初始化配置 ··· 256

  3. 网站结构分析 ··· 256

  4. 爬虫的核心代码 ··· 261

  5. 部署分布式爬虫 ··· 266

 任务拓展 ··· 271

  1. 随机请求头 ··· 271

  2. 爬取视频 ··· 273

 小结 ··· 277

 复习题 ·· 277

项目一　保存服务器网页到本地

 项目要求

本项目要求在搭建好 Python 网络爬虫的开发环境后，将指定的网页从服务器下载到本地并保存，实现从本地浏览网页。

 项目分析

本项目需要安装 Python 网络爬虫的开发环境，主要包括安装 Python 3.7.0、MySQL 数据库、MongoDB 数据库等。

 技能目标

（1）能正确配置 Python 开发环境。
（2）能正确安装 MySQL 数据库。
（3）能正确安装 MongoDB 数据库。
（4）能使用 Python 语言将网页保存到本地。

 素养目标

通过播放歌曲"我和我的祖国"，激发学生的学习兴趣和求知欲，培养学生分析问题、解决问题的能力，激发学生的爱国热情；通过网络爬虫的风险与 Robots 协议、爬虫和反爬虫等教学情境，教育学生获取数据要"取之有道"，要具备 Python 网络工程师的职业规范和职业道德。

 知识导图

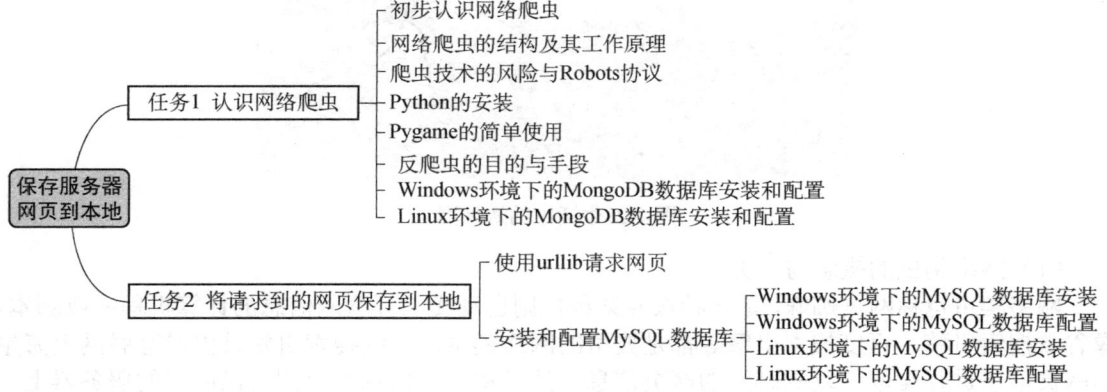

任务 1　认识网络爬虫

 任务演示

本次任务的首要内容是认识网络爬虫，包括认识网络爬虫的概念与分类、网络爬虫的作用、网络爬虫开发中的风险和道德问题等，安装 Python 网络爬虫的开发环境，输出"我亲爱的祖国 我永远紧依着你的心窝！"，同时播放歌曲"我和我的祖国"，如图 1-1 所示。

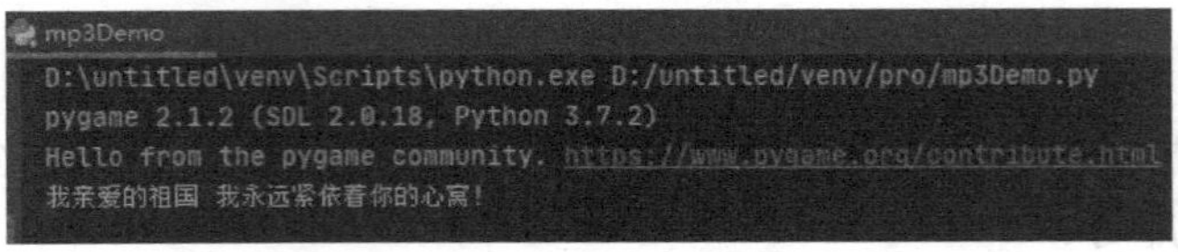

图 1-1　播放歌曲"我和我的祖国"

 知识准备

1. 初步认识网络爬虫

什么是网络爬虫呢？网络爬虫是一种计算机程序，它的行为看起来就像蜘蛛在蜘蛛网上爬行一样（生活中的蜘蛛网如图 1-2 所示），按照互联网的某条或若干条线索，逐个网页"爬行"（在网页上爬行的过程实际就是数据获取的过程）。因此，网络爬虫的英文叫"Spider"，也就是把网络爬虫比喻成了蜘蛛。

图 1-2　生活中的蜘蛛网

（1）网络爬虫的概念与分类

网络爬虫也称网页蜘蛛，是一种按照某种规则自动爬取互联网信息的计算机程序或脚本。像谷歌搜索引擎、百度搜索引擎等都是典型的网络爬虫，这些搜索引擎首先对互联网上海量的网页信息进行爬取，复制爬到的网页信息，然后将网页信息保存到自己所在的服务器上，再对爬取的网页信息按照某种规则进行必要的处理，最后根据用户输入的关键词将爬取的数以百万计的网页信息进行排序，并展示到用户面前。

网络爬虫按照系统结构和实现技术，大致可以分为以下几种类型：通用网络爬虫（General Purpose Web Crawler）、聚焦网络爬虫（Focused Web Crawler）、增量式网络爬虫（Incremental Web Crawler）、深层网络爬虫（Deep Web Crawler）。

① 通用网络爬虫

通用网络爬虫又称全网爬虫（Scalable Web Crawler），搜索引擎一般都是通用网络爬虫。通用网络爬虫的爬行对象可以从一些种子 URL 扩充到整个 Web，主要为搜索引擎和大型 Web 服务提供商采集数据。这里首先介绍一下 URL 的基本概念。

URL 是 Uniform Resource Locator 的英文缩写，中文意思是统一资源定位符，实质上就是网页地址，一个完整的 URL 包括协议、域名、端口、虚拟目录、文件名、参数、锚点，如图 1-3 所示。

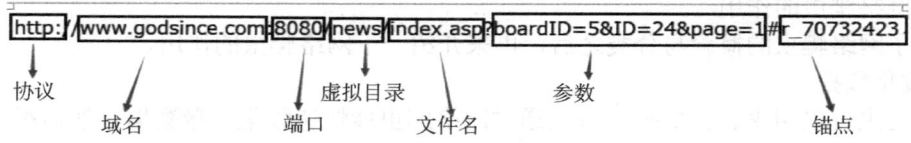

图 1-3 完整的 URL

- 协议：在 Internet 中可使用多种协议，如 HTTP、FTP 等。协议"http"后面的"//"分隔符。
- 域名：可使用 IP 地址作为域名。
- 端口：不是 URL 必须有的部分，如果省略了端口，则采用默认端口。
- 虚拟目录：指从域名后的第一个"/"开始到最后一个"/"为止的内容。虚拟目录不是 URL 必须有的部分。
- 文件名：从域名后的最后一个"/"开始至"？"（或至"#"，或至 URL 末尾）为止的内容是文件名。文件名不是 URL 必须有的部分，如果省略该部分，则使用默认的文件名。
- 参数：从"？"开始到"#"（或至 URL 末尾）为止的部分为参数部分，又称搜索部分、查询部分。参数间用"&"作为分隔符。
- 锚点（Fragment）：也称片段，HTTP 请求不包括锚点，从"#"开始到 URL 末尾的内容都是锚点。本例中的锚点是"r_70732423"。锚点不是 URL 必须有的部分。

锚点的作用是打开用户页面时滚动到该锚点位置。例如，在一个 HTML 页面中有一段代码：<div name='r_70732423'>...</div>，那么该 URL 的锚点为"r_70732423"。

由于商业原因，网络爬虫的技术细节很少被公布出来。通用网络爬虫的结构大致可以分为页面爬行模块、页面分析模块、链接过滤模块、页面保存数据库、URL 队列、初始 URL 集合这几个部分。为提高工作效率，通用网络爬虫会采取一定的爬行策略。

② 聚焦网络爬虫

聚焦网络爬虫是面向特定的需求，抓取指定数据的一种网络爬虫。它与通用网络爬虫的区别在于，聚焦网络爬虫在爬取网页时会对内容进行处理和筛选，只抓取与自己业务和需求相关的网页信息。

③ 增量式网络爬虫

增量式网络爬虫是指对已下载网页采取增量式更新，或只爬取一个网站中新增加的页面或已经发生变化的页面的网络爬虫。它能够在一定程度上保证爬取的页面是最新的页面。增量式网络爬虫只会在需要的时候爬取新产生的或发生更新的页面，并不会重新爬取没有发生变化的页面，可有效减少数据下载量，减小时间和空间的耗费，但是增加了爬行算法的复杂度和实现难度。

④ 深层网络爬虫

Web 页面按存在方式可以分为表层网页（Surface Web）和深层网页（Deep Web，也称 Invisible Web Pages 或 Hidden Web）。表层网页是指传统搜索引擎可以索引的页面，是由超链接可以到达的静态网页构成的 Web 页面。深层网页是大部分内容不能通过静态链接获取的、隐藏在搜索表单后的 Web 页面，只有用户提交一些关键词才能获得。例如，在用户注册后，内容才可见的网页属于深层网页。Bright Planet 指出，深层网页可访问的信息量是表层网页的几百倍，它是互联网上容量最大、发展最快的新型信息资源。与深层网页对应的网络爬虫叫深层网络爬虫。

（2）网络爬虫的作用

了解了网络爬虫的概念与分类之后，再来介绍一下网络爬虫的作用。

① 收集数据

网络爬虫可以用来收集数据。首先通过网络爬虫能快速收集大量数据，然后根据收集的数据进行必要的分析和处理，得到我们所需要的数据。

② 尽职调查

所谓的尽职调查，一般是指投资人在投资一个公司之前，需要知道这个公司是否如自己所描述的那样尽职尽责地工作，即是否有偷奸耍滑、篡改数据、欺骗投资人的嫌疑。在过去，尽职调查一般是通过调查目标公司的客户或者审计报表来实现，有了网络爬虫以后，尽职调查就比较容易了。

③ 流量作弊或秒杀

网络爬虫伪装得足够好，服务器就认为用户是在正常访问，但一旦有多个网络爬虫访问，无形之中就增加了网站的访问量。除了刷流量之外，网络爬虫还被用于参加秒杀活动，比如，时刻判断某个电商网站是否有优惠券放出，一旦有优惠券放出，就可以优先抢到优惠券。抢商品、抢预约、抢机票、抢火车票等，都是网络爬虫的应用场景。

2. 网络爬虫的结构及其工作原理

网络爬虫由控制节点、爬虫节点、资源库组成。网络爬虫可以有多个控制节点，每个控制节点下有多个爬虫节点，控制节点之间可以互相通信，同时，控制节点和其下面的各个爬虫节点也可以互相通信。简单的网络爬虫结构图如图 1-4 所示。

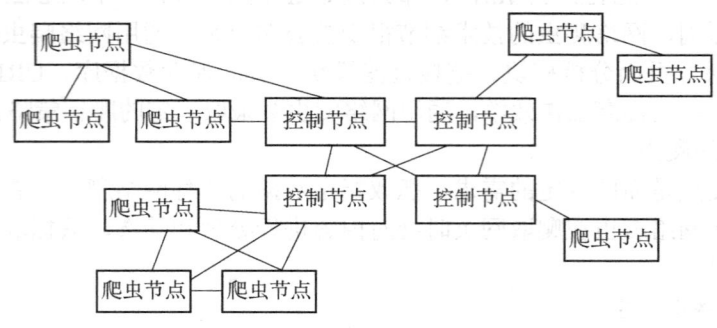

图 1-4　简单的网络爬虫结构图

控制节点：也叫网络爬虫的中央控制器，主要负责根据 URL 分配线程，并调用爬虫节点进行具体的爬行操作。

爬虫节点：可按照设定的算法，对网页进行具体的爬行，主要内容包括下载网页、对网页的文本进行处理，爬行结果会存储到与之对应的资源库中。

Python 网络爬虫通过 URL 管理器判断是否有待爬的 URL，如果有待爬的 URL，则通过调度器传递给下载器下载 URL 的内容，并通过调度器传送给解析器解析，保存有用信息，其工作原理如图 1-5 所示。

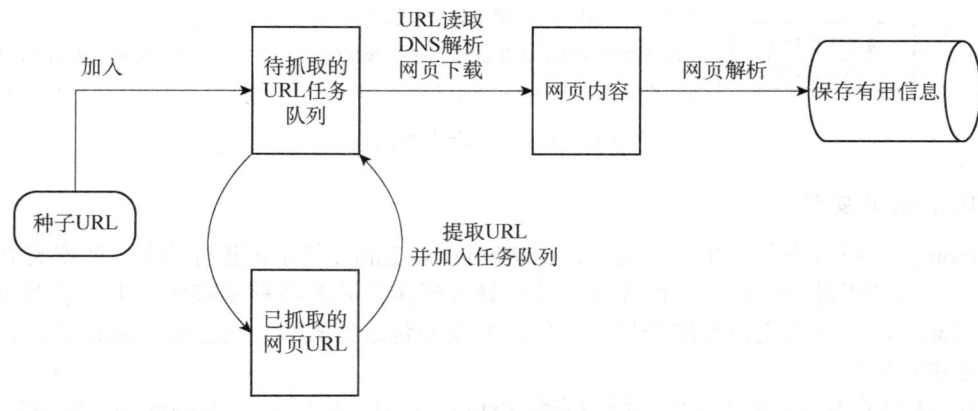

图 1-5　Python 网络爬虫工作原理

3. 爬虫技术的风险与 Robots 协议

对于站长们来说，他们希望搜索引擎收录的网页越多越好，但是有些网页并不是站长们希望搜索引擎能进行爬取和收录的，如网站的后台登录网页、密码保护网页、私密网页等。

搜索引擎可通过网络爬虫自动访问网页并获取网页信息。此时，可以先在网站根目录下创建一个文件 robots.txt，然后在这个文件中声明该网站中不想被搜索引擎访问的部分网页，以及可以被爬取的网页。我们称 robots.txt 文件为 Robots 协议，该协议并没有形成法律规范，属于道德层面的约束。那么，如果有人写了一个网络爬虫爬取指定网站的内容，那么这个网络爬虫是否合法呢？

利用爬虫技术获取数据的行为有时是违法的，涉及的风险主要来自以下几个方面。
① 涉嫌干扰网站的正常运行；
② 涉嫌侵犯个人隐私或非法获取计算机信息系统数据；
③ 涉嫌侵犯著作权。

判断爬虫技术是否违反法律法规，主要取决于采取爬虫技术访问网页的措施、使用爬虫技术造成的后果，以及通过爬虫技术爬取的内容等方面。详细说明如图 1-6 所示。

作为爬虫开发人员，要做到下面三个要求。
① 严格遵守网站设置的 Robots 协议。
② 在开发网络爬虫的过程中，要不断优化代码，避免网络爬虫干扰网站的正常运行。
③ 在使用网络爬虫的过程中，如果不小心爬取了网站会员的个人信息或私密信息，应该立即终止对该类信息的爬取。

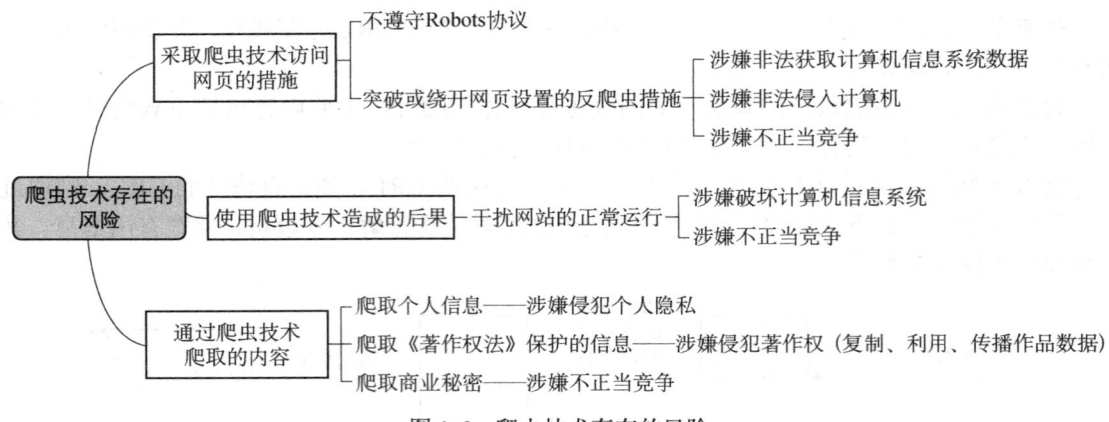

图 1-6　爬虫技术存在的风险

4. Python 的安装

Python 几乎可以在任何平台上运行，如 Windows、Linux 等主流操作系统。在安装 Python 的时候，可以使用源码安装（一般先要安装编译源码所需要的各种依赖包，再下载源码进行解压和安装），也可以用已经编译好、打包好的安装包进行安装。这里使用编译好、打包好的安装包进行安装。

以在 64 位的 Windows7 操作系统中安装 Python 为例，简要说明 Python 的安装方法。

Python 的安装包可以直接从官网下载，先单击"Downloads"按钮选择 Windows 版本，再选择下载所需的 Python 版本，主要有 3 个版本：解压版，解压后配置环境变量就可以直接使用；安装版，需要安装并配置环境变量才能使用；在线安装版，需要连接网络才能安装。3 个版本具体如图 1-7 所示，图中的 x86 代表 32 位，x86-64 代表 64 位，用户可根据操作系统位数进行选择。操作系统位数（即系统模型）可以按照如图 1-8 所示的步骤进行查看。

Files

Version	Operating System	Description	MD5 Sum
Gzipped source tarball	Source release		e2f52bcf531c8cc94732c0b6ff933ff0
XZ compressed source tarball	Source release		35b5a3d0254c1c59be9736373d429db7
macOS 64-bit installer	Mac OS X	for OS X 10.9 and later	2f8a736eeb307a27f1998cfd07f22440
Windows help file	Windows		3079d9cf19ac09d7b3e5eb3fb05581c4
Windows x86-64 embeddable zip file	Windows	for AMD64/EM64T/x64	73bd7aab047b81f83e473efb5d5652a0
Windows x86-64 executable installer	Windows	for AMD64/EM64T/x64	0ba2e9ca29b719da6e0b81f7f33f08f6
Windows x86-64 web-based installer	Windows	for AMD64/EM64T/x64	eeab52a08398a009c90189248ff43dac
Windows x86 embeddable zip file	Windows		bc354669bffd81a4ca14f06817222e50
Windows x86 executable installer	Windows		959873b37b74c1508428596b7f9df151
Windows x86 web-based installer	Windows		c813e6671f334a269e669d913b1f9b0d

图 1-7　Python 的 3 个版本

注意：Python 版本要根据计算机的操作系统位数来选择。

首先明确计算机的操作系统位数，具体方法及步骤参考图 1-8，然后根据计算机的操作系统位数下载对应的版本。Python 也有自己的版本号，如 32 位版本号和 64 位版本号。建议选择 3.7 以上的 Python 版本。

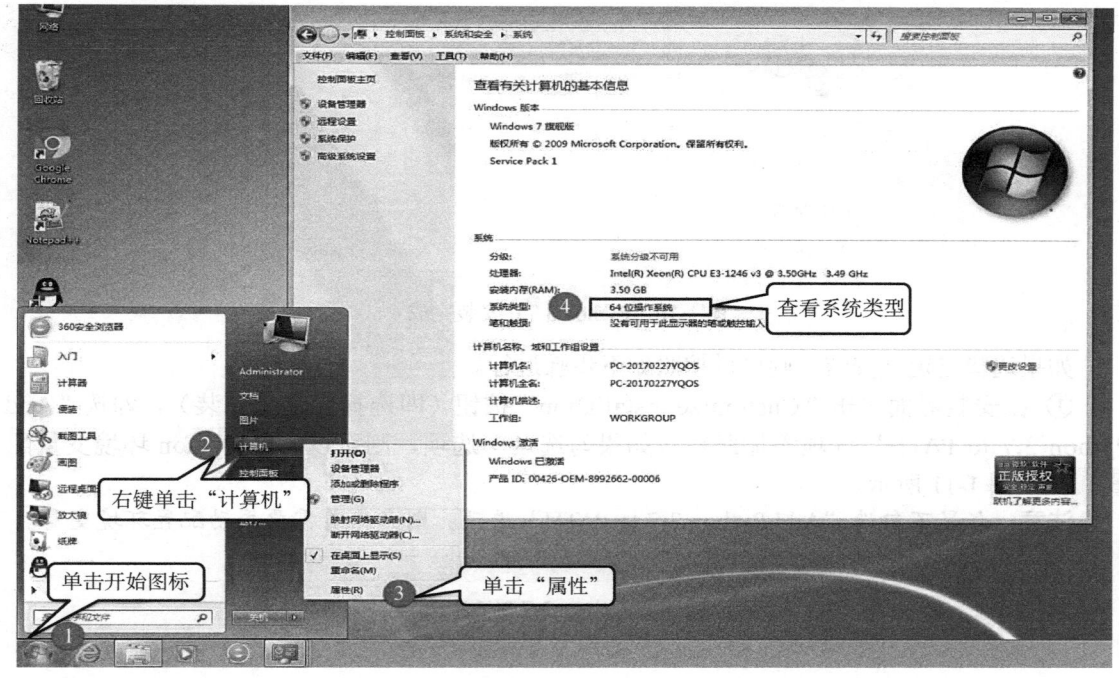

图 1-8　查看操作系统位数的具体方法及步骤

下载了对应的 Python 安装文件就可以开始安装了，这里以安装 Python 3.7.0 为例。
① 双击安装包文件准备安装，安装界面如图 1-9 所示。

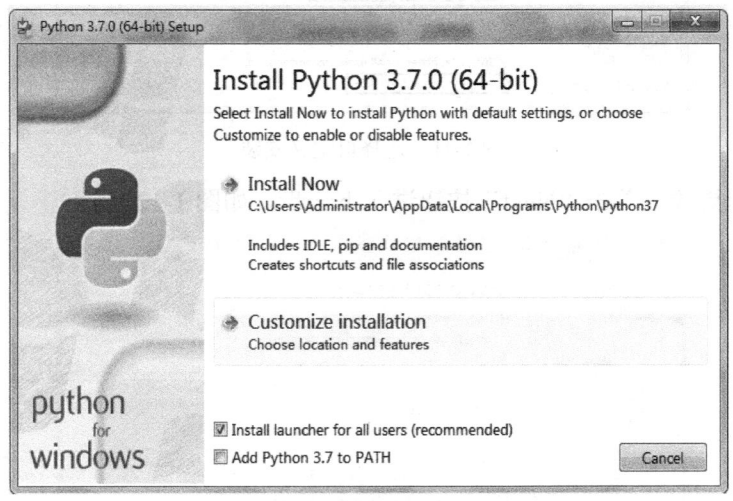

图 1-9　安装界面

② 单击"Install Now"按钮（默认安装方式），后续一直选择默认选项继续安装。Python 3.7.0 安装完成如图 1-10 所示。

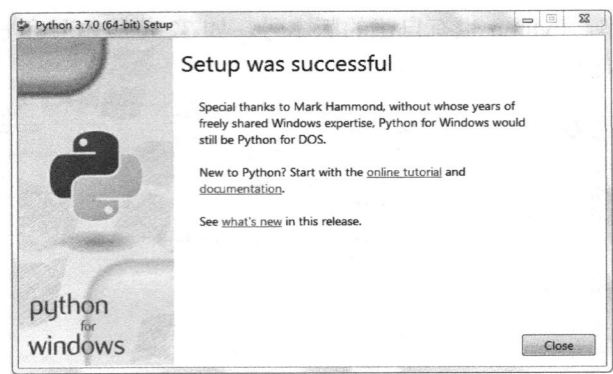

图 1-10　Python 3.7.0 安装完成

如果选择自定义安装，则可以按照如下步骤进行。

① 在安装界面单击"Customize installation"按钮（即选择自定义安装），勾选"Add Python 3.7 to PATH"选项添加路径（如果勾选这一选项，则可以省略 Python 环境变量配置），如图 1-11 所示。

注意：如果不勾选"Add Python 3.7 to PATH"选项，则意味着需要手动配置环境变量。

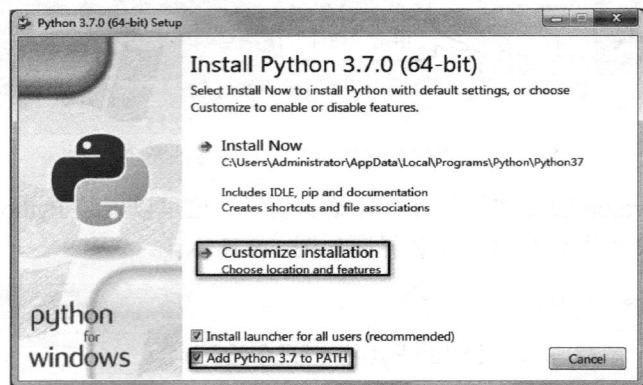

图 1-11　选择自定义安装

② 不做任何更改，单击"Next"按钮进入下一步，如图 1-12 所示。

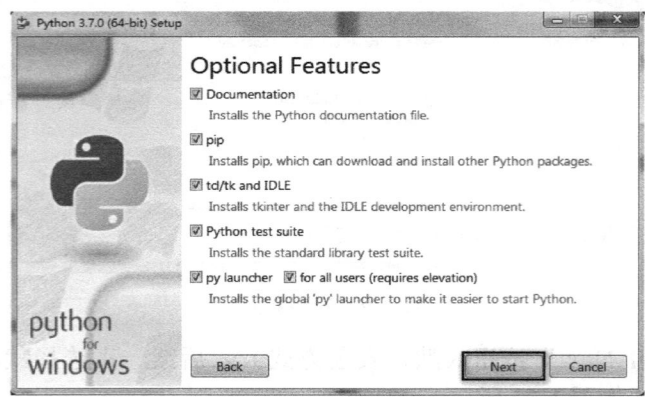

图 1-12　单击"Next"按钮

③ 选择一个合适的安装路径，如图 1-13 所示，单击"Install"按钮开始安装，此处选择的安装路径为 C:\Python37。

注意：Python 的安装路径中不能有空格。

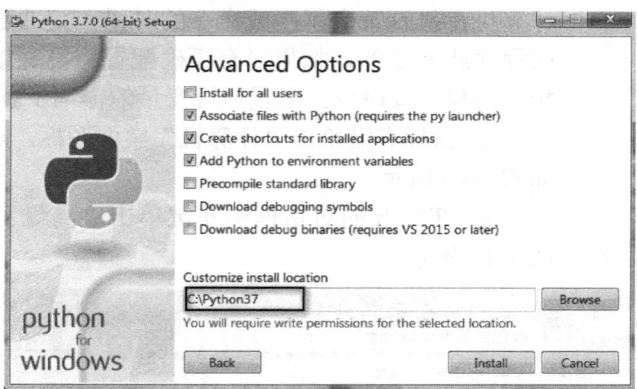

图 1-13　选择安装路径

④ 等待进度条加载完毕，如图 1-14 所示。

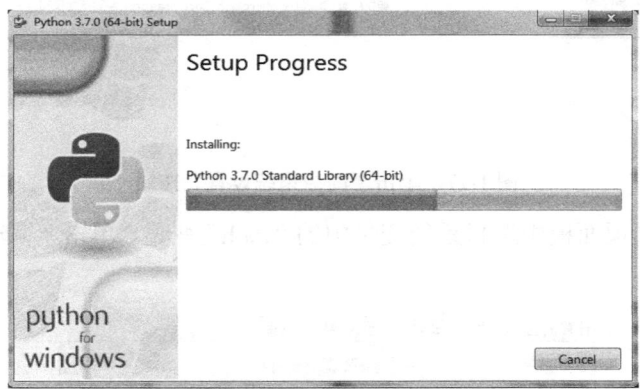

图 1-14　等待进度条加载完毕

⑤ 安装完毕后，单击"Close"按钮退出安装成功界面，如图 1-15 所示。

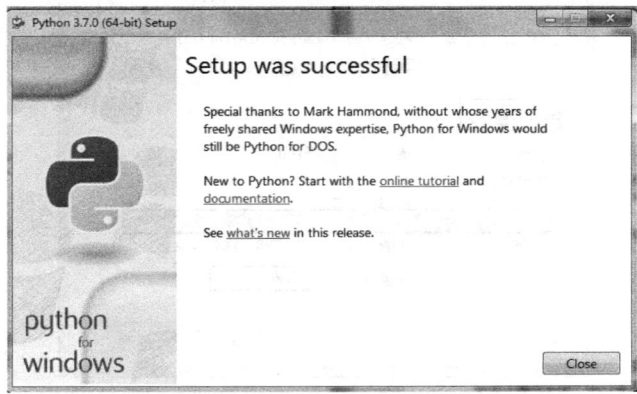

图 1-15　安装完毕

如果没有勾选"Add Python 3.7 to PATH"选项，那么意味着Python安装完以后还不能正常使用，还需要配置环境变量。

所谓的环境变量，是定义系统运行环境的参数。简单地说，计算机在执行某个程序或命令的时候，是通过环境变量找到对应的程序或命令的。如果没有正确配置环境变量，就不能正确使用相应的程序或命令。配置环境变量的详细步骤如下：

① 鼠标右键单击"计算机"桌面图标，选择"属性"选项，如图1-16所示。

② 在打开的对话框中左键单击"高级系统设置"按钮，如图1-17所示。

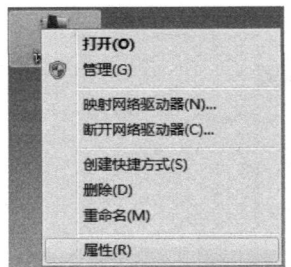

图1-16　选择"属性"选项

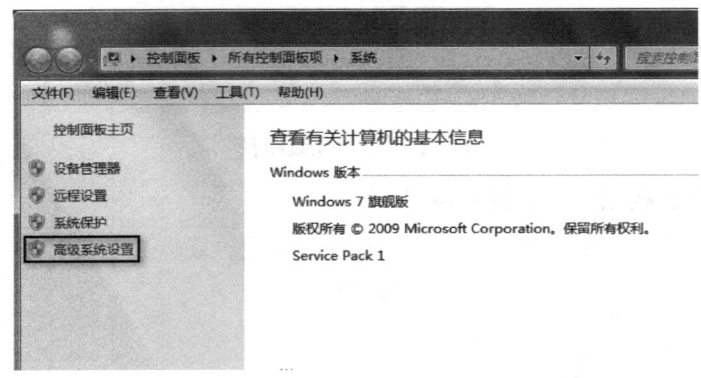

图1-17　单击"高级系统设置"按钮

③ 在"高级"选项面板中选择系统变量中的"Path"变量，单击"编辑"按钮，如图1-18所示。

图1-18　选择"Path"变量

④ 复制路径";C:\Python37;C:\Python37\Scripts;"（注意：复制双引号内的内容，不要复制双引号），将它粘贴到 Path 变量的变量值末尾，如图 1-19 所示。

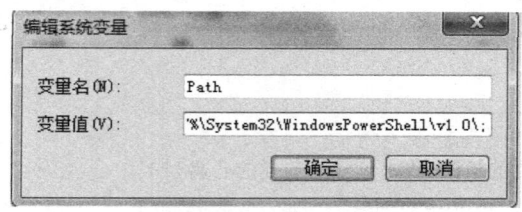

图 1-19　复制路径

接下来测试一下 Python 是否安装成功。按下 Win+R 组合键调出"运行"窗口，在"运行"窗口中输入"cmd"并按下回车键打开命令提示符窗口，在打开的命令提示符窗口中输入"python -V"。可以看到输出的 Python 版本为 Python 3.7.0，说明 Python 安装成功了，如图 1-20 所示。

注意：在打开的命令提示符窗口中输入的"python -V"中，V 是大写的英文字母。

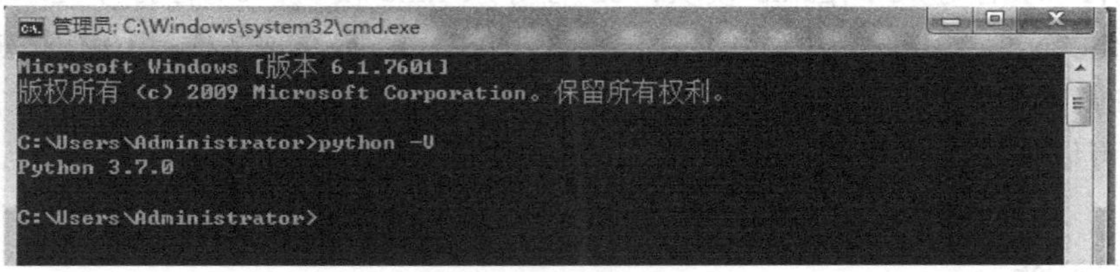

图 1-20　测试 Python 是否安装成功

5. Pygame 的简单使用

Pygame 本是用来开发游戏的，这里使用该框架播放 mp3 格式的音频文件。下面介绍该框架主要使用到的方法和模块。

（1）pygame.init()方法

在使用 Pygame 进行初始化时，只有引用该方法才能使用 Pygame 提供的所有功能。

（2）pygame.Rect()方法

该方法可以设置一张图片的位置及大小，主要包括以下几个构造函数。

- .rect = pygame.Rect(left , top, width, height)。
- .rect = pygame.Rect((left , top),(width, height))。
- .rect = pygame.Rect(object)。

（3）pygame.mixer 模块

该模块主要用来播放音频文件，用到的方法主要有以下几种。

- pygame.mixer.init()：该方法主要用于初始化混音器模块。
- pygame.mixer.quit()：该方法主要用于卸载混音器模块
- pygame.mixer.music.stop()：该方法主要用于停止播放音频文件。
- pygame.mixer.music.pause()：该方法主要用于暂停所有播放的音频文件。
- pygame.mixer.music.play()：该方法主要用于播放载入的音频文件。

- pygame.mixer.music.load(file)：使用文件名作为参数，实现音频文件载入，音频文件的格式可以是 mp3 等格式。

具体代码如下所示。

```
01  import pygame
02  import time
03  if __name__ == '__main__':
04      print("我亲爱的祖国 我永远紧依着你的心窝！")
05      file_name = "whwdzg.mp3"
06      pygame.mixer.init()   # 初始化混音器模块
07      # 载入的音频文件不会全部放到内容中，而以流的形式播放，即在播放时才从文件中读取
08      track = pygame.mixer.music.load(file_name)
09      # 播放音频文件，音频文件在后台播放。
10      pygame.mixer.music.play()
11      time.sleep(300)
12      pygame.mixer.music.stop()
```

代码解析：01 行导入 Pygame 模块；02 行导入 time 模块；04 行打印提示信息；05 行定义字符串 file_name；06 行初始化混音器模块；08 行载入音频文件；10 行播放音频文件；11 行表示延时，音频文件已经加载就绪，等待播放；12 行停止播放音频文件。如果要使用 Pygame，则可以使用命令"pip install pygame"进行安装。

 任务实施

在前面案例的基础上添加一个用于停止播放音频文件的按钮，单击"关闭"按钮就可以停止播放音频文件。此时，需要对 Pygame 进行初始化，并使用 pygame.display.set_mode() 方法初始化播放窗口。同时还要让系统加载音频文件，并启动播放功能。启动播放功能后，要判断初始化是否成功，如果成功，就等待循环播放音频文件。在等待过程中，检测有无用户的关闭事件，如果有则退出系统，下面给出示例代码。

```
01  import pygame
02  import sys
03  def play(file):
04      print("我亲爱的祖国 我永远紧依着你的心窝！")
05      pygame.init()
06      pygame.display.set_mode([400, 400])#设置播放窗口
07      pygame.mixer.music.load(file)#加载音频文件
08      pygame.mixer.music.play(-1,0)#循环播放音频文件
09      print(pygame.mixer.get_init())
10      while True:
11          if pygame.mixer.get_init()!=None:#判断初始化是否成功，不成功则返回None
12              for event in pygame.event.get():#获取事件
13                  if event.type==pygame.QUIT:
14                      print("单击了关闭键")
15                      sys.exit()
16  file="whwdzg.mp3"
17  play(file)
```

01 行导入 Pygame 模块；02 行导入 sys 模块；03 行定义 play()函数；04 行在控制台输出相应提示信息；05 行对系统进行初始化；06 行设置播放窗口；07 行加载音频文件；08 行使用 play()方法循环播放音频文件；09 行打印 pygame.mixer.get_init()的值；10 行设置 while 循环的条件为真；11 行判断初始化是否成功，如果成功就一直等待，直到音频文件正常播放；12 行使用 pygame.event.get()方法获取用户的所有事件（关闭、暂停等）；13～15 行表示如果事件的类型等于 pygame.QUIT，则输出响应信息，并退出系统；16 行定义音频文件的播放路径；17 行调用 play()方法。

 任务拓展

前面主要介绍了网络爬虫的基本概念与分类等知识。在开发网络爬虫的过程中，很多网络爬虫开发者会经常发现，要爬取的网站设置了一些反爬虫措施，使得爬取网站数据的过程不是那么顺利，因此，这里介绍反爬虫的相关知识。爬虫是为了获取数据，而反爬虫是为了防止爬虫爬到数据。那么网站反爬虫的目的是什么呢？

1. 反爬虫的目的与手段

（1）防止爬虫干扰网站的正常运行

有的初学者开发的网络爬虫没有经过优化，不考虑服务器的承受能力，使得网络爬虫在爬取数据时会造成服务器瘫痪，因此，反爬虫方有必要对一些网络爬虫采取反爬虫措施。

（2）防止爬到敏感数据

对于网站运营方来说，有些数据涉及商业机密，是敏感数据，因此网站运营方要对一些网络爬虫或全部网络爬虫进行反爬处理，防止其爬到敏感数据。

（3）规避商业竞争问题

如果电商卖家允许竞争对手的网络爬虫长期爬取自己的数据，那么自己的价格、活动手段都会被竞争对手知道，致使自己处于被动地位。

介绍完了网站反爬虫的目的之后，我们需要了解一下网站反爬虫的手段。常用的反爬虫手段主要有以下几种。

（1）通过浏览器请求头中的 User-Agent 参数反爬虫

浏览器在向服务器发送请求的时候，会将浏览器及用户使用的操作系统等参数发给服务器，服务器通过检查请求头中的 User-Agent 参数判断是否是通用浏览器，如果检测到是网络爬虫，就直接禁止访问。

（2）通过判断请求的频率反爬虫

服务器有检测工具，如果检测到用户在一段时间内发出请求的频率过快、访问的频率过于密集，那基本可以判定是网络爬虫在访问，可直接禁止其访问。

（3）通过让用户输入验证码反爬虫

访问网站的时候，可让用户输入验证码来区分是人在访问网站，还是网络爬虫在访问网站，能在一定程度上达到反爬虫的目的。

（4）通过账号权限反爬虫

访问网站时必须注册账号且账号具有访问权限，这在一定程度上也可以实现防止网站数据被爬取的目的。

（5）定期更改网站结构和网页对应的 URL 实现反爬虫

可定期更改网站结构和网页对应的 URL 实现反爬虫，这是因为如果网站结构和网页对应的 URL 变化了，那么网络爬虫再次爬取数据就会失败。

2. Windows 环境下的 MongoDB 数据库安装和配置

选择 64 位的、3.4 版本的 MongoDB 数据库，下载以下安装包：mongodb-win32-x86_64-2008 plus-ssl-v3.4- latest-signed.msi，具体安装及配置步骤如下。

① 先双击 msi 安装包，在打开的窗口中勾选同意许可条款（即"I accept the terms in the License Agreement"选项），然后单击"Next"按钮，如图 1-21 所示。

教学视频

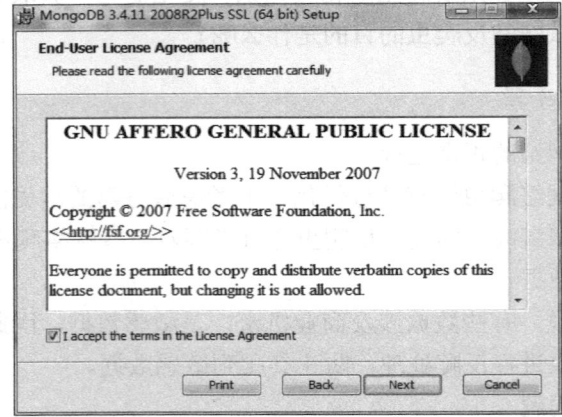

图 1-21　勾选同意许可条款

② 安装程序有两种安装模式。完整（Complete）模式会将全部内容安装在 C 盘，且安装路径无法更改。若要更改安装路径，则需要选择图 1-22 中的定制（Custom）模式。

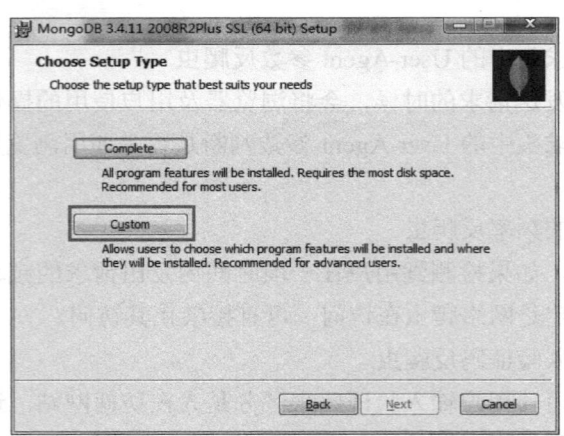

图 1-22　安装模式的选择

③ 先在定制模式下选择安装路径和需要安装的组件，然后单击"Next"按钮开始安装，如图 1-23 所示。

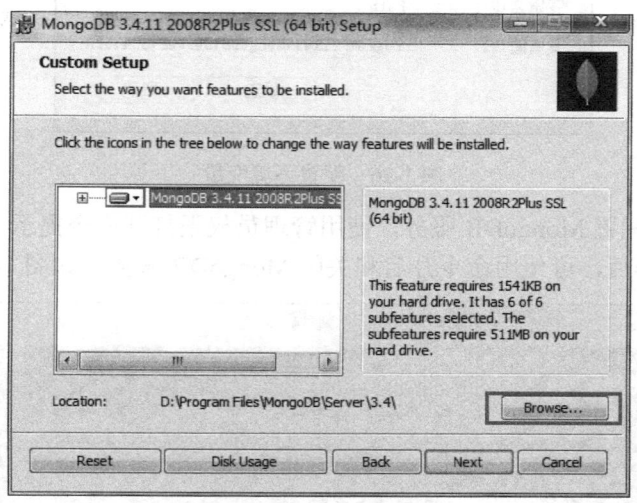

图 1-23　选择安装路径和安装组件

④ 安装完成后，进入安装路径建立 data 文件夹和 logs 文件夹，两个文件夹分别用于存放数据和 log 文件，另外还需要创建一个 mongo.conf 配置文件，如图 1-24 所示。

图 1-24　创建 mongo.conf 配置文件

⑤ 在 logs 文件夹内创建一个名为"mongo.log"的日志文件，内容留空即可，如图 1-25 所示。

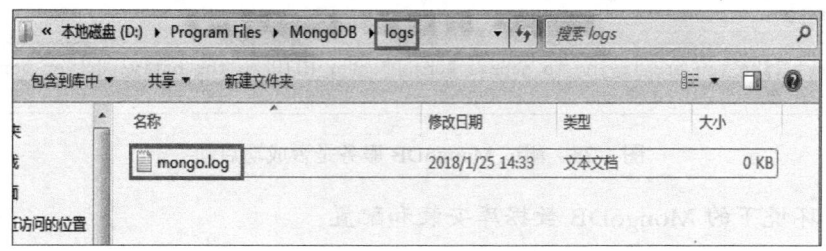

图 1-25　创建日志文件

⑥ 为了能够正常使用 MongoDB 数据库，还需要配置环境变量，在系统变量 Path 中添加 MongoDB 数据库的路径"D:\Program Files\MongoDB\Server\3.4\bin"，如图 1-26 所示。

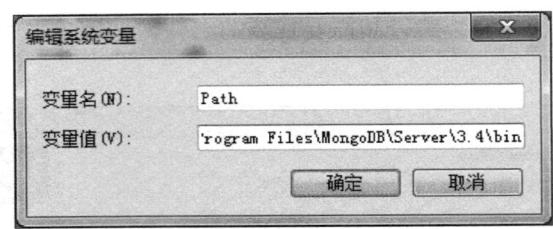

图 1-26　配置环境变量

⑦ 此外，还需配置 MongoDB 服务，使用管理员权限打开命令提示符窗口启动控制台，在安装相关服务完毕后，可使用命令开启和关闭 MongoDB 服务，如图 1-27 所示。

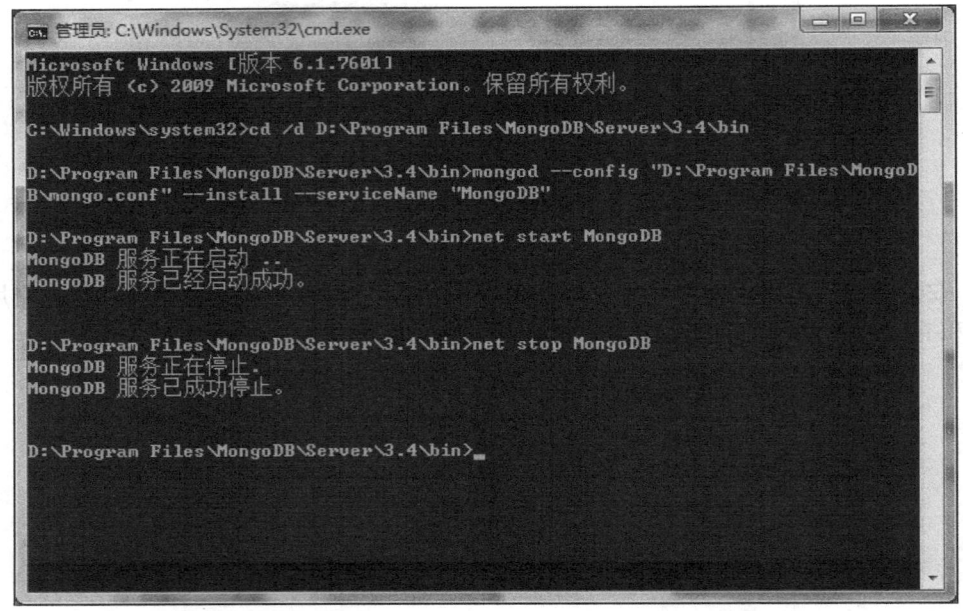

图 1-27　MongoDB 服务的开启和关闭

⑧ MongoDB 服务启动后，在浏览器中输入"http://127.0.0.1:27017"，若出现如图 1-28 所示的提示信息，则说明 MongoDB 服务启动成功。

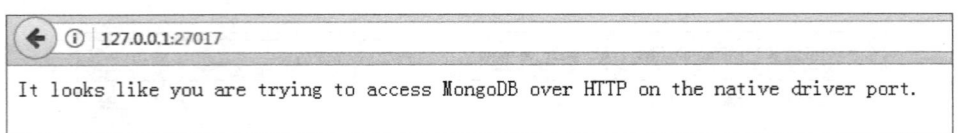

图 1-28　测试 MongoDB 服务是否成功启动

3. Linux 环境下的 MongoDB 数据库安装和配置

若在 Linux 环境下，则选用 mongodb-linux-x86_64-rhel70-3.4.11 版本的 MongoDB 数据库进行安装和配置，安装步骤如下。

① 使用 wget 命令从官网下载 MongoDB 数据库的 tar 压缩包，如图 1-29 所示。

```
[root@bogon ~]# sudo wget http://downloads.mongodb.org/linux/mongodb-linux-x86_6
4-rhel70-3.4.11.tgz
--2018-07-24 02:31:43--  http://downloads.mongodb.org/linux/mongodb-linux-x86_64
-rhel70-3.4.11.tgz
Resolving downloads.mongodb.org (downloads.mongodb.org)... 54.230.208.143, 54.23
0.208.98, 54.230.208.231, ...
Connecting to downloads.mongodb.org (downloads.mongodb.org)|54.230.208.143|:80..
. connected.
HTTP request sent, awaiting response... 200 OK
Length: 100853011 (96M) [application/x-gzip]
Saving to: 'mongodb-linux-x86_64-rhel70-3.4.11.tgz'

12% [===>                                   ]  12,537,489  21.8KB/s   eta 39m 50s^
35% [============>                          ]  36,000,357   --.-K/s   eta 34m 59s
100%[======================================>] 100,853,011  27.3KB/s   in 52m 50s

2018-07-24 03:24:35 (31.1 KB/s) - 'mongodb-linux-x86_64-rhel70-3.4.11.tgz' saved
 [100853011/100853011]
```

图 1-29 下载 MongoDB 数据库的 tar 压缩包

② 将 tar 压缩包进行解压缩,并将解压缩后的文件复制到"/usr/local/"路径下,如图 1-30 所示。

```
[root@bogon ~]#
[root@bogon ~]# sudo tar zxvf mongodb-linux-x86_64-rhel70-3.4.11.tgz
mongodb-linux-x86_64-rhel70-3.4.11/README
mongodb-linux-x86_64-rhel70-3.4.11/THIRD-PARTY-NOTICES
mongodb-linux-x86_64-rhel70-3.4.11/MPL-2
mongodb-linux-x86_64-rhel70-3.4.11/GNU-AGPL-3.0
mongodb-linux-x86_64-rhel70-3.4.11/bin/mongodump
mongodb-linux-x86_64-rhel70-3.4.11/bin/mongorestore
mongodb-linux-x86_64-rhel70-3.4.11/bin/mongoexport
mongodb-linux-x86_64-rhel70-3.4.11/bin/mongoimport
mongodb-linux-x86_64-rhel70-3.4.11/bin/mongostat
mongodb-linux-x86_64-rhel70-3.4.11/bin/mongotop
mongodb-linux-x86_64-rhel70-3.4.11/bin/bsondump
mongodb-linux-x86_64-rhel70-3.4.11/bin/mongofiles
mongodb-linux-x86_64-rhel70-3.4.11/bin/mongooplog
mongodb-linux-x86_64-rhel70-3.4.11/bin/mongoreplay
mongodb-linux-x86_64-rhel70-3.4.11/bin/mongoperf
mongodb-linux-x86_64-rhel70-3.4.11/bin/mongod
mongodb-linux-x86_64-rhel70-3.4.11/bin/mongos
mongodb-linux-x86_64-rhel70-3.4.11/bin/mongo
[root@bogon ~]# sudo mv mongodb-linux-x86_64-rhel70-3.4.11 mongodb
[root@bogon ~]# sudo cp -R mongodb /usr/local
```

图 1-30 tar 压缩包解压缩

③ 切换至"/usr/local/mongodb/bin"路径下,使用命令"sudo vim mongodb.conf"创建 MongoDB 数据库的配置文件,如图 1-31 所示。

```
                        root@bogon:/usr/local/mongodb/bin
File  Edit  View  Search  Terminal  Help
dbpath=/usr/local/mongodb/data/db
logpath=/usr/local/mongodb/data/logs/mongodb.log
logappend=true
fork=true
port=27017
nohttpinterface = true
#auth=true
~
~
~
```

图 1-31 创建 MongoDB 数据库的配置文件

④ 切换至“/usr/local/mongodb”路径下，依次运行“sudo mkdir data”“cd data”“sudo mkdir db”“sudo mkdir logs”命令创建相关文件夹，如图 1-32 所示。

```
[root@bogon bin]# cd ..
[root@bogon mongodb]# sudo mkdir data
[root@bogon mongodb]# cd data
[root@bogon data]# sudo mkdir db
[root@bogon data]# sudo mkdir logs
[root@bogon data]# ls
db  logs
```

图 1-32 创建相关文件夹

⑤ 再次切换至“/usr/local/mongodb/bin”路径下，运行命令“sudo ./mongod -f mongodb.conf”启动 MongoDB 数据库，如图 1-33 所示。

```
[root@bogon data]# cd /usr/local/mongodb/bin
[root@bogon bin]# sudo ./mongod -f mongodb.conf
about to fork child process, waiting until server is ready for connections.
forked process: 61452
child process started successfully, parent exiting
```

图 1-33 启动 MongoDB 数据库

⑥ 打开浏览器并输入“http://127.0.0.1:27017”，若页面出现如图 1-34 所示的信息，则说明 MongoDB 数据库启动成功。

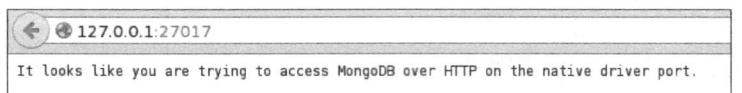

```
127.0.0.1:27017
It looks like you are trying to access MongoDB over HTTP on the native driver port.
```

图 1-34 测试 MongoDB 数据库是否启动成功

教学视频　　操作指南

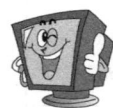

任务 2 将请求到的网页保存到本地

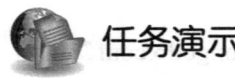

任务演示

本次任务需要使用 Python 自带的爬虫库 urllib 请求网页，并将请求到的网页保存到本地，如图 1-35 所示。

```
<title>国之重器</title>

<meta name="catalogs" content="PAGEw0B1idRmh55wk7sA5dw9160317">

<meta name="contentid" content="ARTI9r6wRsrNhbZv4DwlWC5T190904">

<meta name=keywords content="国之重器">

<meta name=description content="世界上智能化水平最高的自航绞吸船“天鲲号”投产，国产航母

<meta name="spm-id" content="C52507945305">
```

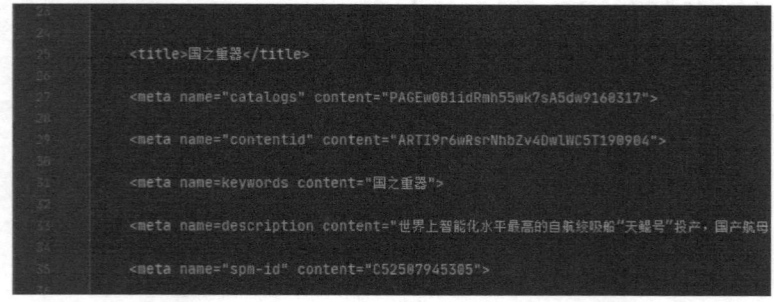

图 1-35 请求网页并将请求到的网页保存到本地

知识准备

1. 使用 urllib 请求网页

urllib 是一个 Python 自带的、处理 HTTP 请求的标准库，无须安装，可以直接用。它提供了如下功能：网页请求、响应获取、代理和 Cookie 设置、异常处理、URL 解析，可以说 urllib 是一个强大的模块。

这里只介绍请求模块 urllib.request 的简单的使用方法，详细的使用方法请参阅项目三。urllib.request 的 GET 请求方式如下。

```
urllib.request.urlopen(url,data,timeout)
```

参数说明：
url：请求地址。
data：请求数据。
timeout：请求超时时间。
data 和 timeout 为可选参数，可以为空，即可以不写。
下面给出一个请求网页的实例。

```
01  import urllib.request
02  response=urllib.request.urlopen('https://blog.51cto.com/u_13389043/3153863')
03  print("此时的数据类型为："+str(type(response)))
04  response=response.read().decode('utf-8')
05  print("编码以后的数据类型为："+str(type(response)))
```

代码解析：01 行导入 urllib.request 模块；02 行表示向指定网页发起请求；03 行打印此时的数据类型；04 行将收到的响应数据转成 str 类型的数据；05 行输出编码以后的数据类型。

运行程序，得到的结果如图 1-36 所示。

图 1-36 使用 urllib 请求网页的结果

此时，使用下面的两行代码就可以将网页的响应内容写入本地文件中。

```
f=open("./book.txt","w",encoding="utf-8")
f.write(response)
```

运行程序，结果如图 1-37 所示。

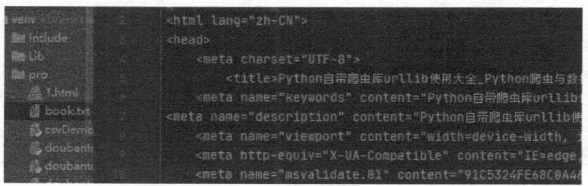

图 1-37 将网页的响应内容写入本地文件中

2. 安装和配置 MySQL 数据库

在网络爬虫采集到数据以后，一般把数据放到数据库中保存，可选择的数据库有 SQLite 数据库、MySQL 数据库、MongoDB 数据库等。这里首先介绍 MySQL 数据库的安装与配置。

（1）Windows 环境下的 MySQL 数据库安装

MySQL 数据库是一个开放源码的小型关联式数据库管理系统。目前 MySQL 数据库被广泛应用在 Internet 上的中小型网站中。由于其体积小，运行速度快，而且总体成本低，加上具有开放源码这一特点，因此许多中小型网站为了降低总体成本而选择了 MySQL 数据库作为网站数据库。

这里以 MySQL 数据库社区版（mysql-installer-community-5.6.39.0）为例，在 64 位的 Windows 系统上进行安装，具体的安装步骤如下，也可扫描侧方二维码查看。

教学视频

① 双击 msi 安装包，在打开的页面中选择接受许可条款（即勾选"I accept the license terms"选项），如图 1-38 所示，单击"Next"按钮。

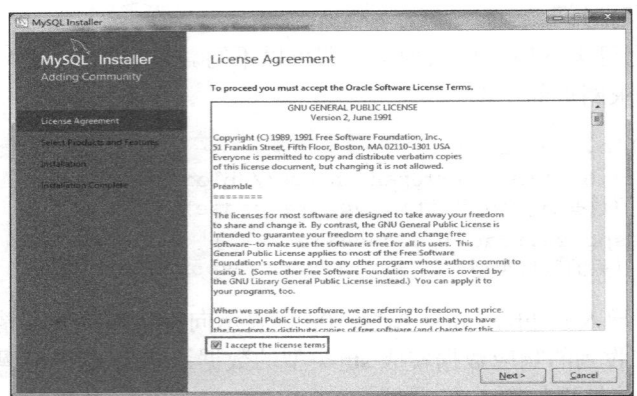

图 1-38　选择接受许可条款

② 在打开的对话框中选择 64 位的版本，即选中"64-bit"选项，如图 1-39 所示。

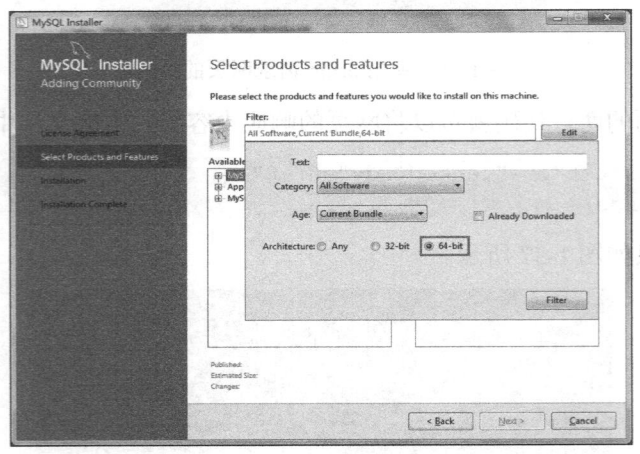

图 1-39　选择 64 位的版本

③ 在"Select Products and Features"界面的"Available Products"菜单栏内选择需要安装的程序，单击右箭头图标将需要安装的程序移至其右侧的安装栏内，如图 1-40 所示。

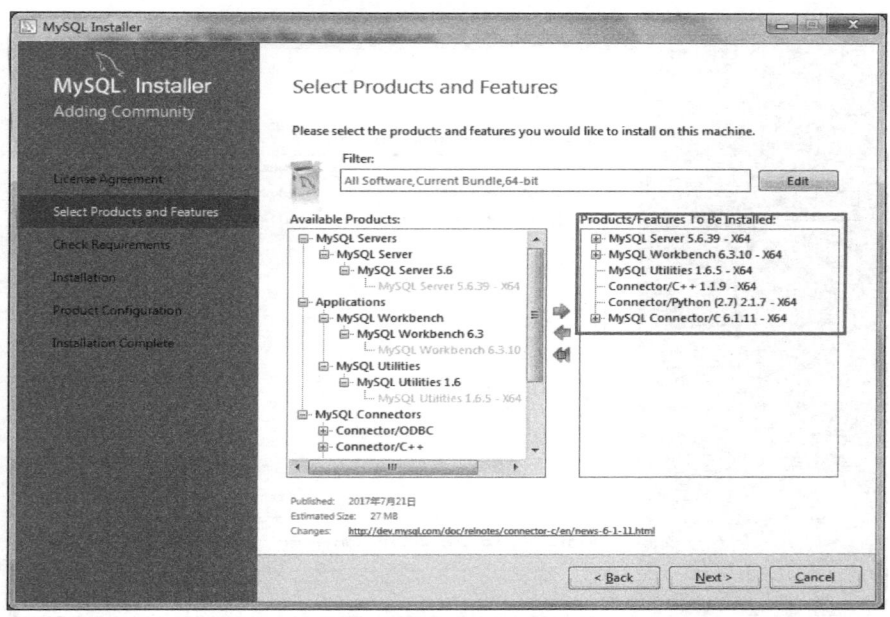

图 1-40　选择需要安装的程序

④ 在单击"Next"按钮后，软件会自动检测系统是否安装了相关的依赖软件，若没有安装，则会出现如图 1-41 所示的界面。

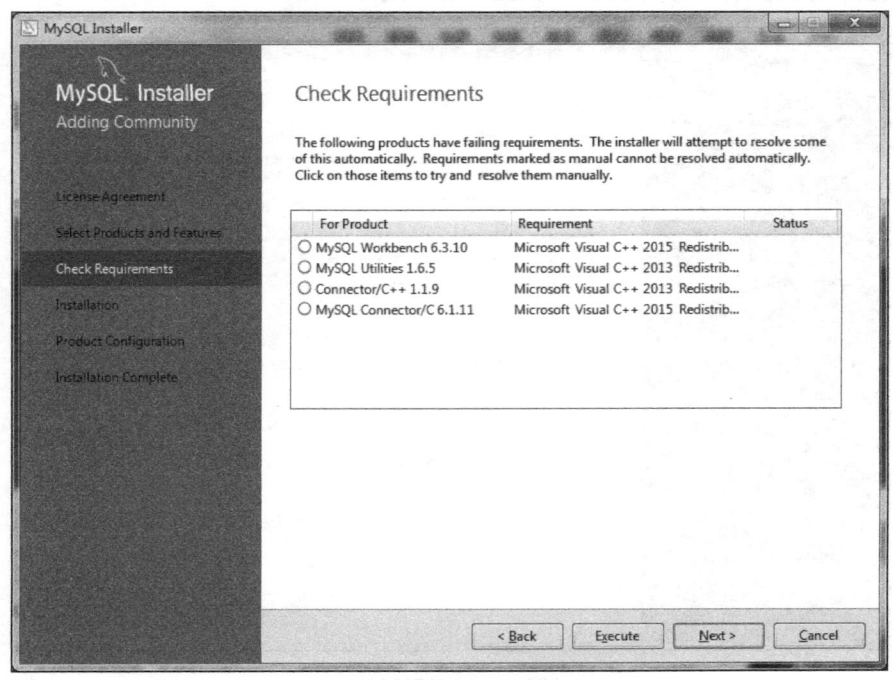

图 1-41　检测是否安装了相关的依赖软件

⑤ 再次单击"Next"按钮进入安装确认步骤，已安装的程序会显示出来，单击"Execute"按钮即可开始安装，如图1-42所示。

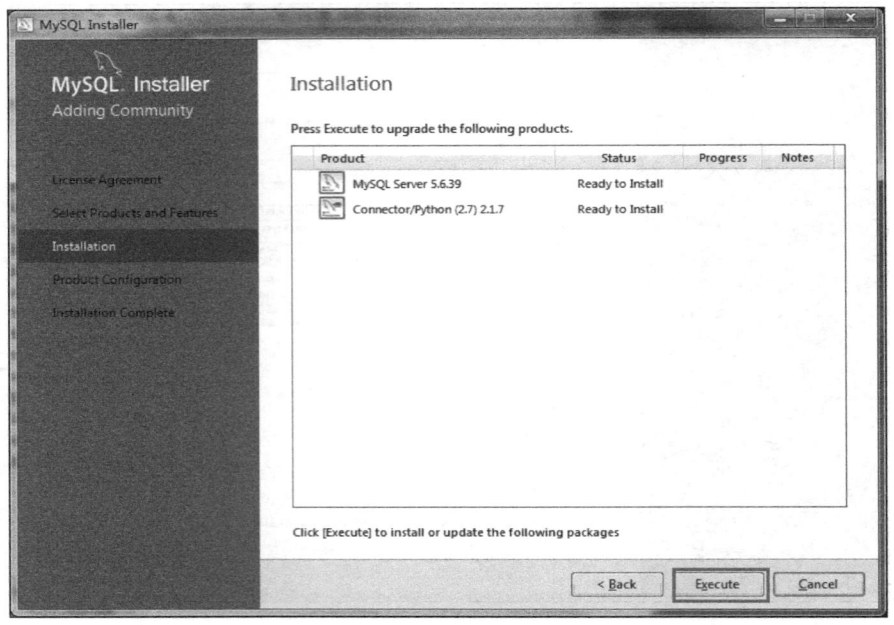

图 1-42　单击"Execute"按钮

⑥ 在安装完成后还需配置服务，一般用户类型选择"Development Machine"选项，MySQL 数据库的默认端口号为 3306，如图 1-43 所示。

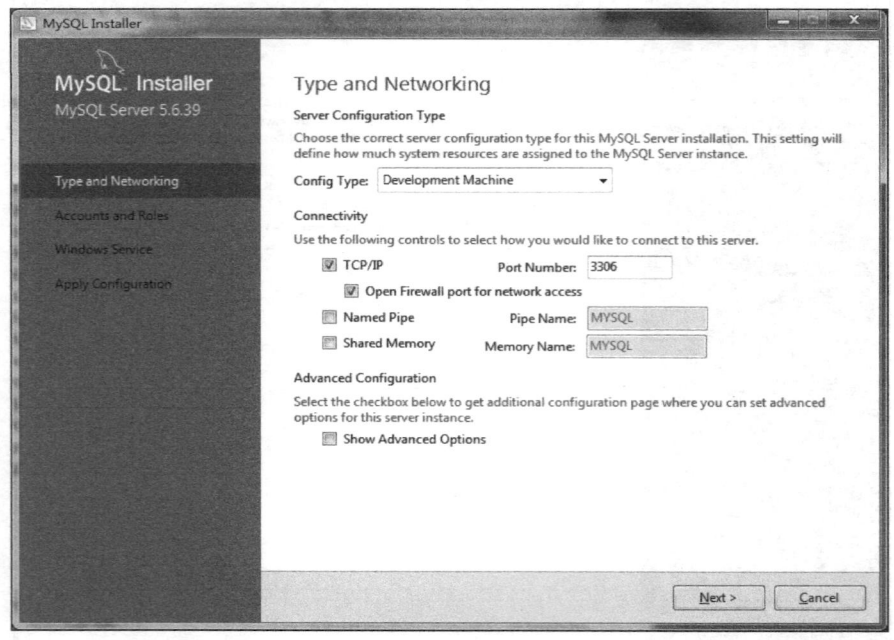

图 1-43　配置服务

⑦ 设置 Root 账户的密码。可添加一个具有普通用户权限的用户账户，也可不添加，如图 1-44 所示。

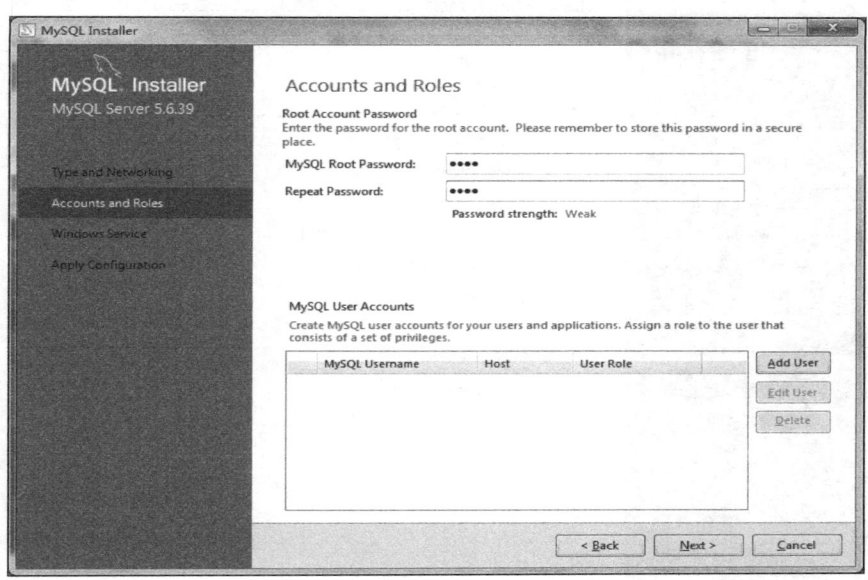

图 1-44　设置 Root 账户的密码

⑧ 在勾选"Configure MySQL Server as a Windows Service"选项后将以系统用户的身份运行 Windows 服务，Windows 环境下的 MySQL 默认服务名为"MySQL56"，如图 1-45 所示。

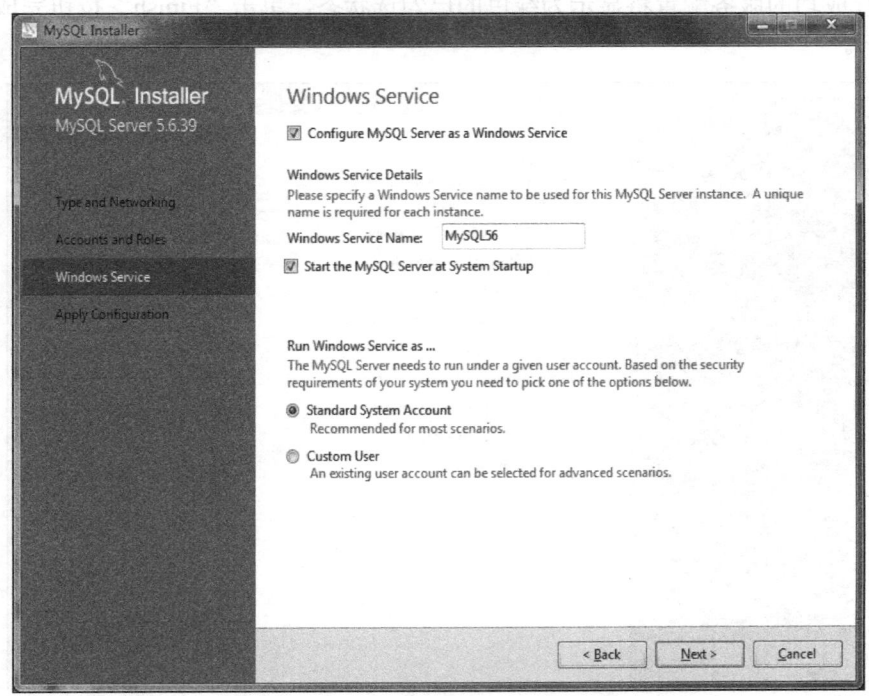

图 1-45　勾选"Configure MySQL Server as a Windows Service"选项

⑨ 最后进入服务配置与应用步骤，单击"Execute"按钮开始执行，如图 1-46 所示。

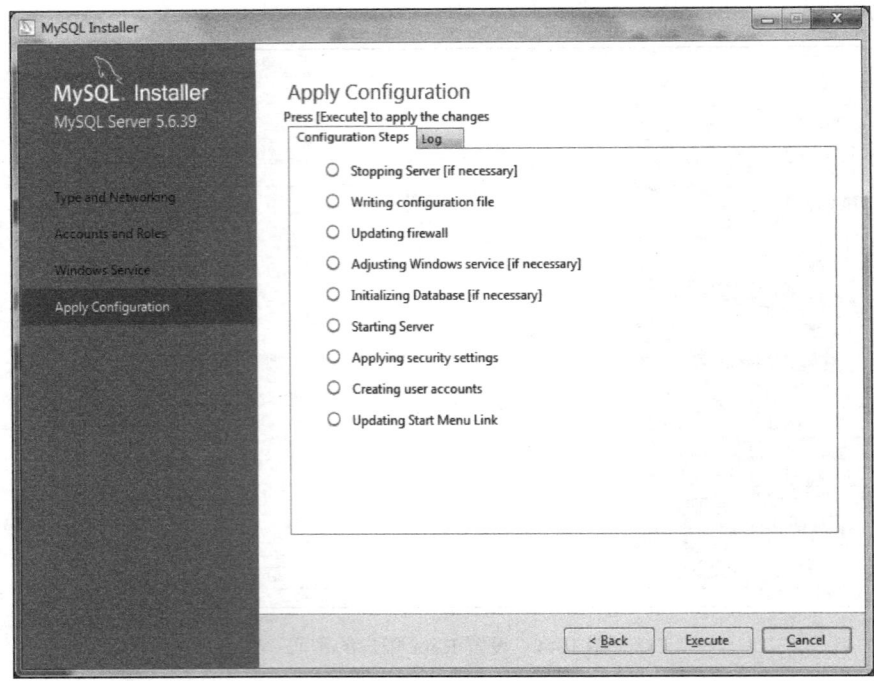

图 1-46　服务配置与应用

⑩ 执行成功的服务配置将显示为绿色的已勾选状态，单击"Finish"按钮完成配置，如图 1-47 所示。

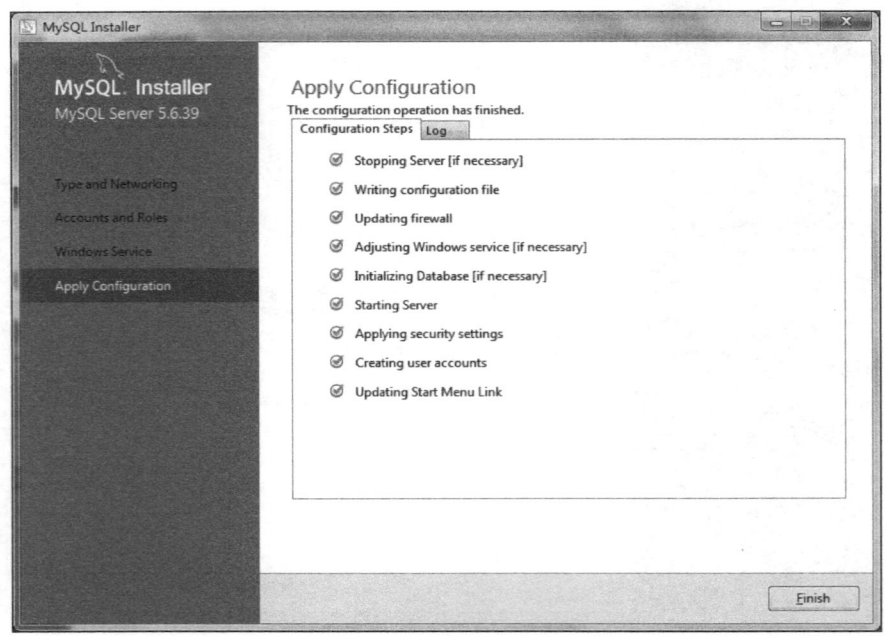

图 1-47　完成配置

（2）Windows 环境下的 MySQL 数据库配置

安装完成后还需要配置 MySQL 数据库的环境变量，具体步骤如下。

① 打开"环境变量"对话框。先右键单击"我的电脑"桌面图标，然后单击"高级系统设置"按钮，再在弹出的"系统属性"对话框中单击"环境变量"按钮，即可打开"环境变量"对话框，如图 1-48 所示。

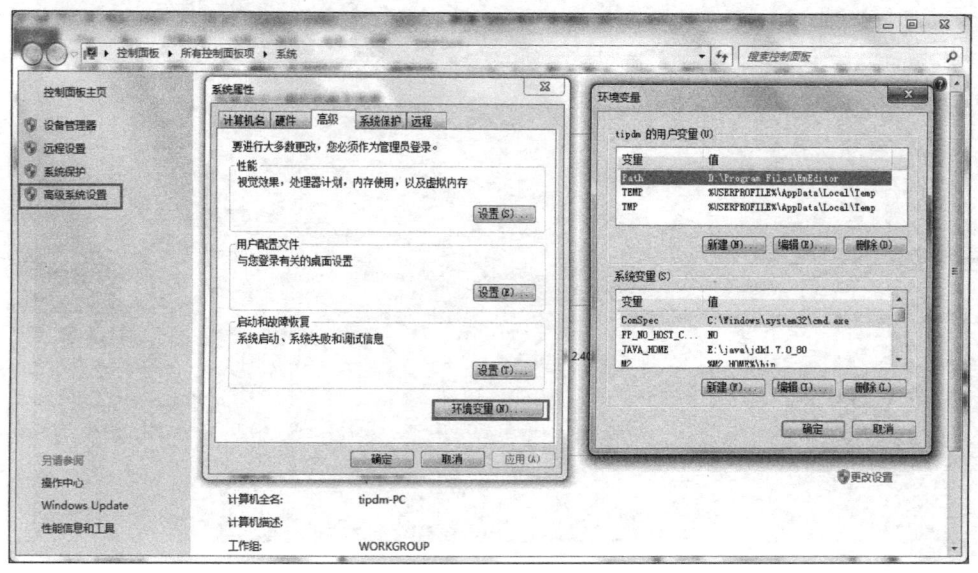

图 1-48　打开"环境变量"对话框

② 新建环境变量"MYSQL_HOME"，变量值为"C:\Program Files\MySQL\MySQL Server 5.6"，如图 1-49 所示。

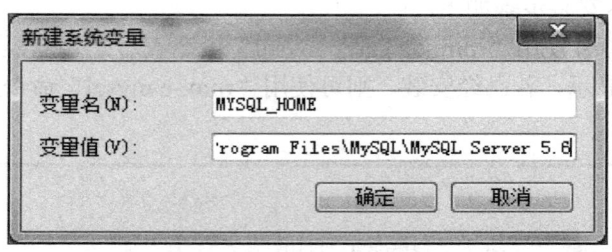

图 1-49　新建环境变量

③ 在 Path 变量的变量值后面添加"%MYSQL_HOME%\bin"，如图 1-50 所示。

图 1-50　编辑系统变量 Path 的变量值

④ 检测环境配置是否生效。使用管理员权限打开命令提示符窗口，使用"net start mysql56"命令启动 MySQL 服务，使用"net stop mysql56"命令可关闭 MySQL 服务，如图 1-51 所示。

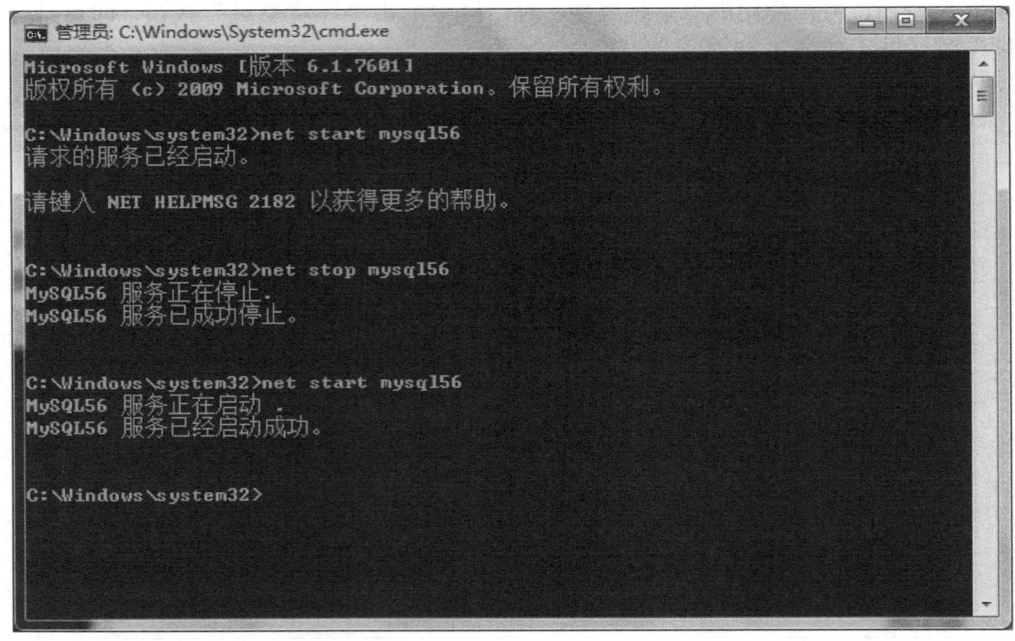

图 1-51 MySQL 服务的启动和关闭

（3）Linux 环境下的 MySQL 数据库安装

当 Linux 版本为 CentOS 7 时，使用 yum 命令安装 mysql-community-5.6.40 版本的 MySQL 数据库，具体安装步骤如下。

① 切换至 root 用户，使用"rpm -qa | grep mysql"命令查看是否已经安装 MySQL 数据库，没有安装将没有内容显示，若已经安装，则可使用"rpm -e mysql"命令进行卸载，如图 1-52 所示。

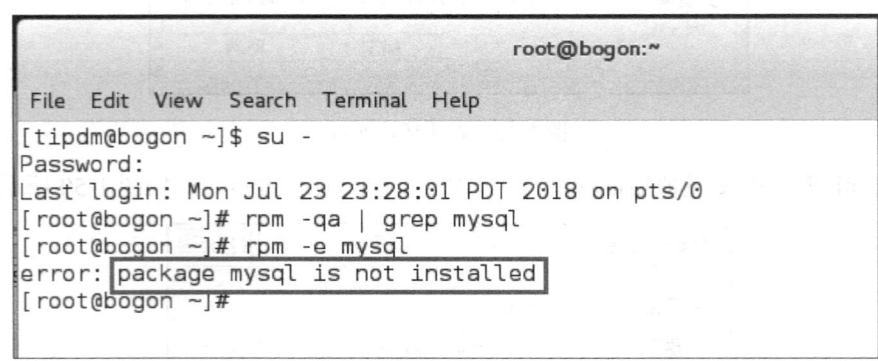

图 1-52 查看 MySQL 数据库是否已经安装

② 由于 CentOS 7 将 MySQL 数据库从默认软件列表中移除了，因此必须去官网下载。在官网上找到下载链接，并用 wget 命令下载安装包，如图 1-53 所示。

```
[root@bogon ~]# wget http://dev.mysql.com/get/mysql-community-release-el7-5.noarch.rpm
--2018-07-24 00:15:38--  http://dev.mysql.com/get/mysql-community-release-el7-5.noarch.rpm
Resolving dev.mysql.com (dev.mysql.com)... 137.254.60.11
Connecting to dev.mysql.com (dev.mysql.com)|137.254.60.11|:80... connected.
HTTP request sent, awaiting response... 301 Moved Permanently
Location: https://dev.mysql.com/get/mysql-community-release-el7-5.noarch.rpm [following]
--2018-07-24 00:15:38--  https://dev.mysql.com/get/mysql-community-release-el7-5.noarch.rpm
Connecting to dev.mysql.com (dev.mysql.com)|137.254.60.11|:443... connected.
HTTP request sent, awaiting response... 302 Found
Location: https://repo.mysql.com//mysql-community-release-el7-5.noarch.rpm [following]
--2018-07-24 00:15:39--  https://repo.mysql.com//mysql-community-release-el7-5.noarch.rpm
Resolving repo.mysql.com (repo.mysql.com)... 104.102.155.163
Connecting to repo.mysql.com (repo.mysql.com)|104.102.155.163|:443... connected.
HTTP request sent, awaiting response... 200 OK
Length: 6140 (6.0K) [application/x-redhat-package-manager]
Saving to: 'mysql-community-release-el7-5.noarch.rpm'

100%[=====================================>] 6,140     --.-K/s   in 0s

2018-07-24 00:15:41 (642 MB/s) - 'mysql-community-release-el7-5.noarch.rpm' saved [6140/6140]
```

图 1-53　使用 wget 命令下载安装包

③ 使用"rpm -ivh mysql-community-release-el7-5.noarch.rpm"命令解压压缩包，之后使用"yum -y install mysql mysql-server mysql-devel"命令安装 MySQL 数据库，如图 1-54 所示。

```
[root@bogon ~]# rpm -ivh mysql-community-release-el7-5.noarch.rpm
Preparing...                          ################################# [100%]
Updating / installing...
   1:mysql-community-release-el7-5    ################################# [100%]
[root@bogon ~]# yum -y install mysql mysql-server mysql-devel
Loaded plugins: fastestmirror, langpacks
mysql-connectors-community                                  | 2.5 kB  00:00:00
mysql-tools-community                                       | 2.5 kB  00:00:00
mysql56-community                                           | 2.5 kB  00:00:00
(1/3): mysql-connectors-community/x86_64/primary_db         |  28 kB  00:00:00
(2/3): mysql-tools-community/x86_64/primary_db              |  41 kB  00:00:00
(3/3): mysql56-community/x86_64/primary_db                  | 191 kB  00:00:03
Loading mirror speeds from cached hostfile
 * base: mirrors.cn99.com
 * extras: mirror.bit.edu.cn
 * updates: mirrors.cn99.com
```

图 1-54　使用命令安装 MySQL 数据库

④ 安装完成后再次运行"yum -y install mysql mysql-server mysql-devel"命令、"rpm -qa | grep mysql"命令进行确认，如图 1-55 所示。

```
[root@bogon ~]# yum -y install mysql mysql-server mysql-devel
Loaded plugins: fastestmirror, langpacks
Loading mirror speeds from cached hostfile
 * base: mirrors.cn99.com
 * extras: mirror.bit.edu.cn
 * updates: mirrors.cn99.com
Package mysql-community-client-5.6.40-2.el7.x86_64 already installed and latest version
Package mysql-community-server-5.6.40-2.el7.x86_64 already installed and latest version
Package mysql-community-devel-5.6.40-2.el7.x86_64 already installed and latest version
Nothing to do
[root@bogon ~]# rpm -qa | grep mysql
mysql-community-libs-5.6.40-2.el7.x86_64
mysql-community-release-el7-5.noarch
mysql-community-server-5.6.40-2.el7.x86_64
mysql-community-client-5.6.40-2.el7.x86_64
mysql-community-devel-5.6.40-2.el7.x86_64
mysql-community-common-5.6.40-2.el7.x86_64
```

图 1-55　确认 MySQL 数据库是否安装成功

（4）Linux 环境下的 MySQL 数据库配置

① 使用"service mysqld start"命令启动 MySQL 服务，如图 1-56 所示。

```
[root@bogon ~]# service mysqld start
Redirecting to /bin/systemctl start  mysqld.service
[root@bogon ~]#
```

图 1-56 启动 MySQL 服务

② 运行"mysql -u root -p"命令进入 MySQL 客户端，密码默认为空，可使用"help"或"\h"命令查看帮助文档，如图 1-57 所示。

```
[root@bogon ~]# mysql -u root -p
Enter password:
Welcome to the MySQL monitor.  Commands end with ; or \g.
Your MySQL connection id is 2
Server version: 5.6.40 MySQL Community Server (GPL)

Copyright (c) 2000, 2018, Oracle and/or its affiliates. All rights reserved.

Oracle is a registered trademark of Oracle Corporation and/or its
affiliates. Other names may be trademarks of their respective
owners.

Type 'help;' or '\h' for help. Type '\c' to clear the current input statement.

mysql>
```

图 1-57 进入 MySQL 客户端查看帮助文档

任务实施

使用 urllib 对目标网址"http://tv.cctv.com/2019/09/04/ARTI9r6wRsrNhbZv4DwlWC5T190904.shtml"发起请求，并将网页的响应数据保存到本地，实现本地浏览、访问。向该网页的 CSS 文件也发起一次请求，即可将本地文件也保存下来。因此一共需要发起两次网页请求，以及两次保存网页的操作，示例代码如下。

```
01 import urllib.request
02   list1=['http://tv.cctv.com/2019/09/04/ARTI9r6wRsrNhbZv4DwlWC5T190904.shtml','http://p1.img.cctvpic.com/photoAlbum/templet/common/DEPA145276536013677 1/style_arti.css']
03 def save_data():
04     for i in range(0,2):
05         response = urllib.request.urlopen(list1[i])
06         response = response.read().decode('utf-8')
07         if i==0:
08             f = open("./gzzq.html", "w", encoding="utf-8")#保存网页
09             f.write(response)
10         else:
11             f = open("./index.css", "w", encoding="utf-8")#保存 CSS 文件
12             f.write(response)
13 save_data()
```

将 CSS 文件保存到本地后，打开的网页是可以正常浏览的，因为原始网页只有一个 CSS 文件，且该文件使用的是绝对路径的网址，如图 1-58 所示。

```
110
111        <!--专题模版通用脚本统一调用-->
112
113        <link href="//p1.img.cctvpic.com/photoAlbum/templet/common/DEPA1452765360136771/style_art1.css" re
```

图 1-58　保存的 CSS 文件的路径

如果要使用本地网址，则可以按照如图 1-59 所示的代码进行修改。

```
110
111        <!--专题模版通用脚本统一调用-->
112
113        <link href="./index.css" rel="stylesheet" type="text/css" />
```

图 1-59　使用本地网址

程序的运行结果如图 1-60 所示。

图 1-60　程序的运行结果

任务拓展

使用 urllib 向指定网址（https://www.httpbin.org/get）发起请求，并将返回的响应头保存到数据库中，可使用下列代码在数据库中创建表。

```
01  --
02  -- 数据库: 'httpbin'
03  --
04  -- --------------------------------------------------------
05
06  -- 表的结构 'httpbindata'
07  --
08  CREATE TABLE IF NOT EXISTS 'httpbindata' (
09    'id' int(20) NOT NULL AUTO_INCREMENT,
10    'data' text NOT NULL,
```

```
11    PRIMARY KEY ('id')
12 ) ENGINE=MyISAM  DEFAULT CHARSET=utf8 AUTO_INCREMENT=2 ;
13 --
14 -- 转存表中的数据 'httpbindata'
15 --
```

给出示例代码如下。

```
01 import pymysql
02 import urllib.request
03 url='https://www.httpbin.org/get'
04 response = urllib.request.urlopen(url)
05 response = response.read().decode('utf-8')
06 conn = pymysql.Connect(host='127.0.0.1', port=3306, user='root', password=
   'root', db='httpbin')
07 cursor = conn.cursor()#获取游标对象
08 sql="insert into httpbindata(data) values(%s);"
09 print(response)
10 try:
11     cursor.execute(sql,(response))
12     conn.commit()
13     print("数据插入成功")
14 except Exception as result:
15     print("数据插入失败："+str(result))
```

代码解析：01 行导入 PyMySQL 模块；02 行导入 urllib.request 模块；03 行定义 URL，表示即将要被爬取的网页；04 行使用 urllib.request.urlopen( )方法请求指定的网页，将网页的响应内容放到变量 response 中；05 行根据 UTF-8 编码格式将响应内容进行编码；06 行表示使用 MySQL 服务器的地址、端口号、用户名、密码等建立数据库连接对象；07 行获取游标对象；08 行定义插入数据的 SQL 语句；09 行表示输出 response 的内容；10～13 行对插入数据过程中的异常进行捕获处理；11 行直接使用 execute( )方法将网页响应内容插入到数据库中；12 行表示提交操作；13 行表示输出相关提示信息；14～15 行表示如果有异常，就将异常放到 result 变量中并输出。

程序运行结果如图 1-61 所示。

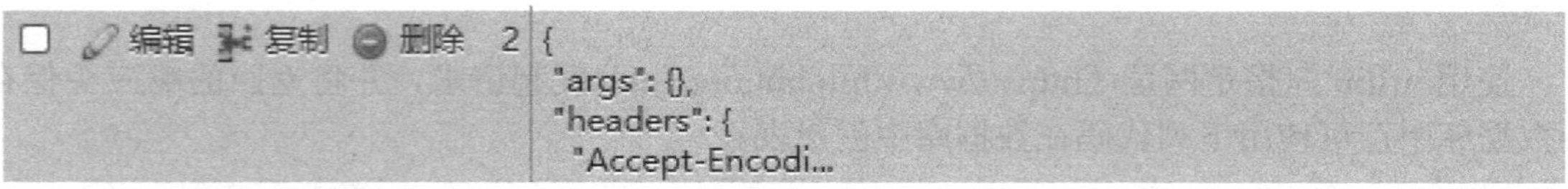

图 1-61　程序运行结果

小　　结

本项目主要介绍了 Python 网络爬虫的开发环境搭建，以及初步认识网络爬虫、网络爬虫的结构及其工作原理等内容。

复 习 题

一、单项选择题

1. 以下哪些选项是爬虫技术可能存在风险？（　　）
   A. 大量占用网站的资源　　　　　　　　B. 获取网站敏感信息，造成不良后果
   C. 违背网站设置的 Robots 协议　　　　 D. 以上都是

2. 下列不是 urllib 库的四大模块的是（　　）。
   A. urllib.request　　　　　　　　　　　B. urllib.error
   C. urllib.session　　　　　　　　　　　D. urllib.robotparser

二、判断题

1. urllib 是 Python 内置的处理 HTTP 请求的库。（　　）
2. urllib.request 模块可以非常方便地抓取 URL 内容，也可以通过发送一个 GET 请求获取网页的内容。（　　）
3. MongoDB 数据库是一个关系型数据库。（　　）
4. 爬取网页数据的时候必须遵守 Robots 协议。（　　）
5. 定期更改网站结构能在一定程度上防止网页数据被爬取。（　　）

三、简答题

1. 请简要回答什么是网络爬虫。
2. 请回答在开发中使用网络爬虫有哪些好处。

项目二　使用正则表达式提取网页内容

项目要求

学习网络爬虫，不仅需要了解 HTML、CSS、JSON、JavaScript，还需要了解 HTTP 请求的相关知识，以及获取网页信息的解析工具及正则表达式的知识，此外，还需要掌握网页开发的相关知识。

项目分析

要完成项目任务，需要熟悉 HTML、CSS、JavaScript 的基础知识，能够使用正则表达式将给定的内容匹配出来。

技能目标

（1）熟悉 HTML 静态网页的基本结构。
（2）会编写 CSS 的类选择器和 ID 选择器。
（3）会使用 Re 正则表达式，并提取想要的内容。

素养目标

通过情景设置和案例驱动学习伟大抗疫精神，激发学生闻令而动、雷厉风行的英勇战斗精神和对前途充满信心、敢于拼搏的积极乐观精神；通过从文本中提取指定内容的案例，对学生进行感恩教育，引导学生知恩图报。

知识导图

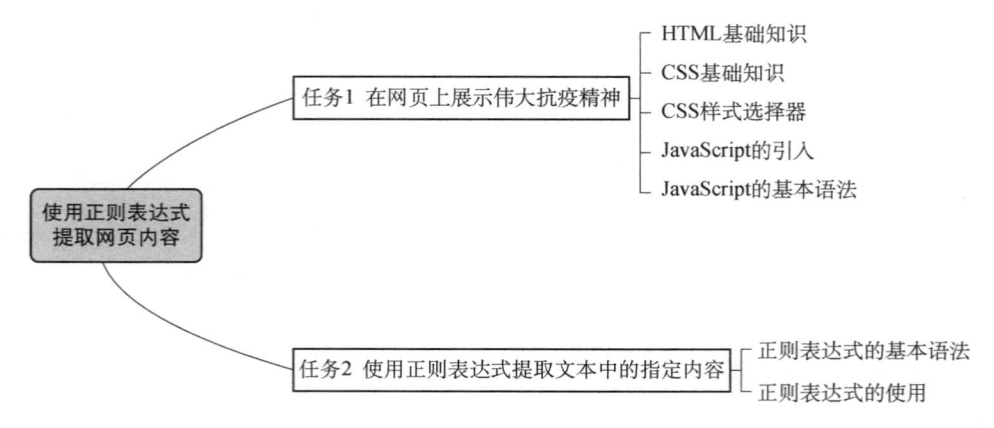

```
                                        ┌── HTML基础知识
                                        ├── CSS基础知识
                    ┌─ 任务1 在网页上展示伟大抗疫精神 ──┼── CSS样式选择器
                    │                   ├── JavaScript的引入
使用正则表达式      │                   └── JavaScript的基本语法
提取网页内容 ───────┤
                    │                   ┌── 正则表达式的基本语法
                    └─ 任务2 使用正则表达式提取文本中的指定内容 ─┤
                                        └── 正则表达式的使用
```

任务1 在网页上展示伟大抗疫精神

任务演示

任务1主要使用CSS基础知识完成如图2-1所示的网页展示效果。下面请使用静态网页展示如图2-1所示的内容，并对页面布局进行适度的美化。

图2-1 网页展示效果

知识准备

1. HTML基础知识

HTML（Hyper Text Markup Language）也称超文本标记语言，是一种描述文档结构的标记语言，它是一种应用非常广泛的网页格式，也是最早被用来显示网页的语言之一。

注意：HTML不是编程语言，它只是一门网页标记语言。Web浏览器能读懂HTML文件，并以网页形式显示出来。

（1）标记的格式

HTML中的标记的主要作用是控制网页的显示方式，标记一般由<...>和</...>组成，<...>一般是标记的开头，中间的省略号表示字符串，</...>表示标记的结尾。标记分为双标记和单标记。双标记要求<...>和</...>成对出现，典型的双标记有如下几种。

① <html></html>：其中，<html>表示网页的开始，</html>表示网页的结束，中间的省略号表示网页的具体内容。网页的具体内容包含若干除<html></html>之外的标记，以及若干文字、图片、视频等。

② <head></head>：<head>表示网页头部的开始，</head>表示网页头部的结束，中间的

省略号表示网页头部的内容。

③ <title></title>：<title>表示网页标题的开始，</title>表示网页标题的结束，中间的省略号表示网页标题的实际内容（要求是文字内容）。

④ <body></body>：<body>表示网页主体的开始，</body>表示网页主体的结束，中间的省略号表示网页主体的实际内容。网页主体的实际内容可以包含若干标记、文字、图片、视频等。

单标记一般以<...>表示，典型的单标记有如下几种。

①
：该标记表示换行。
② <hr>：该标记表示水平线。
③ <img>：该标记表示插入图片。
④ <input>：该标记表示文本输入框。
⑤ <param>：该标记表示对象，用来定义播放参数。
⑥ <meta>：该标记表示元信息。
⑦ <link>：该标记用于定义文档与外部资源的关系。

（2）标记的使用

可以按照以下三种方式使用标记。

① <标记名>文本或超文本</标记名>。

举例如下：

```
<title>百度首页</title>
```

注意：超文本的作用是用超链接将不同位置的文本组织在一起，形成的网状文本。这里的超链接是指链接的载体和链接的目标这两个部分的内容，链接的载体指的是显示链接的部分，即包含超链接的文字或图片，链接的目标是指单击超链接后显示的内容。例如，"<a href="https://www.baidu.com/">百度</a>"构成了一个超链接。

② <标记名 属性名1="属性值1" 属性名2="属性值2">文本或超文本</标记名>。

举例如下：

```
<font size="12" color="blue" >这是一些文本！</font>
<a href="http://www.baidu.com" target="_blank">百度</a>
```

上列中的 a 是标记名；href 表示超链接；"百度"对应文本或超文本；"target="_blank""表示浏览器打开了一个新窗口，即打开 href 指向的网页。

③ <标记名>。

举例如下：

```
<hr>
```

该标记用于在 HTML 页面中创建一条水平线。

注意：HTML 标记及属性中的字母是不区分字母大小写的，标记名与左尖括号之间不能留空格，标记中用到的双引号都是英文格式下的双引号。

（3）HTML 的文档结构

HTML 的文档结构一般包含网页的开始部分、网页的头部部分、网页的主体部分及网页的结束部分，如图 2-2 所示为 HTML 基本结构。

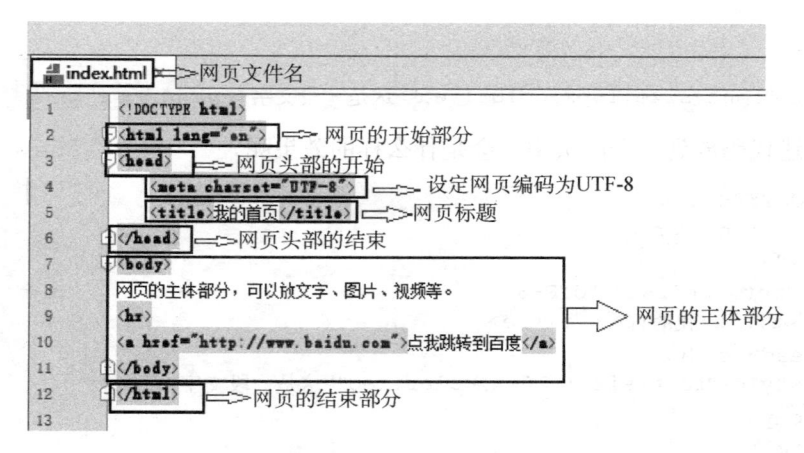

```
1  <!DOCTYPE html>
2  <html lang="en">    网页的开始部分
3  <head>    网页头部的开始
4      <meta charset="UTF-8">    设定网页编码为UTF-8
5      <title>我的首页</title>    网页标题
6  </head>    网页头部的结束
7  <body>
8  网页的主体部分,可以放文字、图片、视频等。
9  <hr>                                        网页的主体部分
10 <a href="http://www.baidu.com">点我跳转到百度</a>
11 </body>
12 </html>    网页的结束部分
13
```
index.html → 网页文件名

图 2-2 HTML 基本结构

图 2-2 中的代码是什么意思呢？<!DOCTYPE html>是 HTML5 标准网页声明，支持 HTML5 标准的主流浏览器都能识别这个网页声明。

网页头部主要有以下内容：<head>与</head>之间的定义、标题和作者信息、网站的关键字、网站的描述等。

举例如下：

```
<meta name="keywords" content="工业物联网云平台,网关,物联网智能网关,无人值守设备,能源物联网,物业物联网" />
```

网页头部可以包含<title></title>标记，用于表示网页的标题。

网页的主体部分位于网页头部之后，在<body>和</body>之间定义，主要作用是定义了在网页上显示的主要内容和格式。网页的主体部分包含文字、图片、视频及其他富媒体。

注意：富媒体是指包含流媒体、声音、Flash，以及 Java、JavaScript、DHTML 等程序设计语言的个体或组合。

在 HTML 中还包含注释，在网络爬虫开发过程中会经常见到注释，所以有必要介绍一下 HTML 中的注释。

注释的格式如下。

```
<!- -注释文字- ->
```

注释以"<!- -"开始，以"- ->"结束，注释文字会被浏览器忽略。注释可以为 HTML 文档的不同部分加上说明，方便维护。

2. CSS 基础知识

CSS（Cascading Style Sheets）指层叠样式表，简称 CSS 样式表，CSS 不是编程语言，主要用来告诉浏览器如何指定样式、布局等。

（1）CSS 样式表的分类

① 行内样式表。

行内样式表的一般格式为：

```
<标记名 style="属性1: 值1; ...属性n: 值n;">内容</标记名>
```

举例如下：

```
<p style="font-size:16px;color:red">这是一段文字</p>
```

如果把上述代码放到一个网页中，会是什么样的效果呢？

```
01  <!DOCTYPE html>
02  <html lang="en">
03  <head>
04      <meta charset="UTF-8">
05      <title>我的首页</title>
06  </head><body>
07  <p style="font-size: 16px;color:red">这是一段文字</p>
08  </body>
09  </html>
```

代码解析：01 行是 HTML5 标准网页声明；02 行指定搜索引擎使用 HTML 语言表示网页，并且网页语言采用英文；03 行表示网页头部的开始；04 行设定网页的编码格式；05 行设定网页的标题；06 行表示网页头部的结束和网页主体部分的开始；07 行定义了一个段落"这是一段文字"，字体为 16px，颜色为红色。

运行效果如图 2-3 所示。

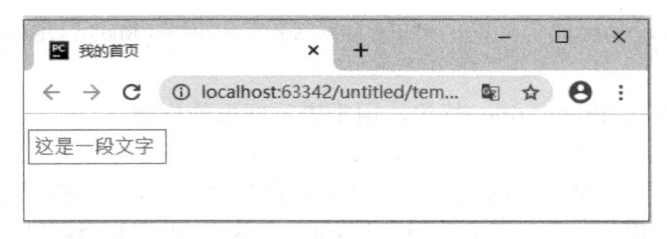

图 2-3　行内式样式表的运行结果

行内样式表也叫内敛样式表，它的控制范围有限，只能控制一个标记，如上例中的 style 只能控制 p 标签。它的缺点是样式（CSS）和结构（HTML）没有分离，优点是权重高。通过类选择器定义 p 标签，具体如下。

```
01  <style type="text/CSS">
02  p{
03  font-size:20px;
04  color:blue;
05  }
06  </style>
```

代码解析：01 行表示行内样式表的开始；02 行选择 p 标签，设定 p 标签的字体大小为 20px，字体颜色为蓝色。

显然，行内样式表定义了文字的字体大小和颜色，此时字体大小和颜色会按照行内样式表定义的样式进行显示。

② 内部样式表。

在 HTML 的<head></head>标记中定义了<style></style>标记，其内部可书写样式。使用内部样式表定义的样式存在于 HTML 的内部，只对其所在的网页有效。

```
01  <!DOCTYPE html>
02  <html lang="en" >
03  <head>
04      <meta charset="UTF-8">
05      <title>我的首页</title>
06      <style type="text/css">
07      p{
08      font-size:20px;
09      color:blue;
10      }
11      </style>
12  </head>
13  <body>
14  <p>这是一段文字</p>
15  </body>
16  </html>
```

代码解析：01 行是 HTML5 标准网页声明；02 行指定搜索引擎使用 HTML 语言表示该网页，并且网页语言采用英文；03 行表示网页头部的开始；04 行设定网页的编码格式；05 行设定网页的标题；06~11 行设定内部样式表，并在该样式表中定义 p 标签的字体大小是 20px，字体颜色为蓝色；12 行表示网页头部的结束；13~15 行表示网页的主体部分，在网页的主体部分放置了一个标签 p，该标签的文字内容为"这是一段文字"；15 行表示网页主体部分已经结束；16 行表示整个网页已经结束。

运行结果如图 2-4 所示。

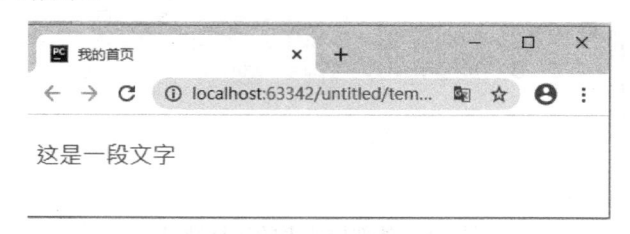

图 2-4　内部样式表的运行结果

注意：内部样式表只实现了 CSS 和 HTML 的部分分离，没有实现完全分离。

③ 外部样式表。

顾名思义，外部样式表可将样式（CSS）和结构（HTML）完全分离，HTML 文件一般借助<link>标记将其引入。

index.html 文件的内容如下。

```
01  <!DOCTYPE html>
02  <html lang="en" >
03  <head>
04      <meta charset="UTF-8">
```

```
05      <title>我的首页</title>
06      <link rel="stylesheet" type="text/css" href="style.css">
07    </head>
08    <body>
09      <p>这是一段文字</p>
10    </body>
11  </html>
```

代码解析：01 行是 HTML5 标准网页声明；02 行指定搜索引擎使用 HTML 语言表示该网页，并且网页语言采用英文；03 行定义网页头部的开始；04 行设置网页的编码格式为 UTF-8；05 行设定网页的标题；06 行使用<link>标记引入外部样式表 style.css；07 行表示网页头部的结束；08～10 行表示网页的主体部分；11 行表示整个网页已经结束。

style.css 的内容如下。

```
01  p {
02      font-size: 24px;
03      color: green;
04      text-align: center;
05  }
```

上述代码定义了一个 p 标签，在 p 标签中定义了字体大小为 24px，字体颜色为绿色，文字居中显示。

注意：确保 index.html 文件和 style.css 文件在同一个目录下。外部样式表可以同时作用多个 HTML 文件。

运行结果如图 2-5 所示。

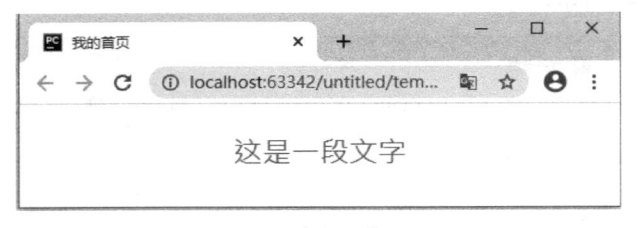

图 2-5　外部样式表的运行结果

3. CSS 样式选择器

CSS 样式选择器由两部分组成，可写成如下形式。

选择器{样式}

选择器指明了"{}"中的样式的作用对象，也就是指明了样式作用于网页中的哪些元素。CSS 样式选择器主要有四种，分别是标签选择器、类选择器、ID 选择器及通用选择器。

（1）标签选择器

一个完整的 HTML 页面是由很多不同的标签组成的，标签选择器可决定标签采用的 CSS 样式表。

标签选择器主要有 div、h1、p、body、ul、li 等，下面通过一个例子加以说明。

```
01  <!DOCTYPE html>
02  <html lang="en">
03  <head>
04      <meta charset="UTF-8">
05      <style type="text/css">
06  h1{
07      text-align: center;
08  }
09  p{
10      text-indent: 2em;
11      line-height: 26px;
12      font-size: 16px;
13  }
14      </style>
15      <title>使用高科技公共汽车候车亭对抗疫情</title>
16  </head>
17  <body>
18      <h1>使用高科技公共汽车候车亭对抗疫情</h1>
19      <p>
20  可以使用高科技的公共汽车候车亭来防止疫情传播。这 10 个 "智能候车亭 "配备了用于检查温
    度的外部热像仪和内部紫外线消毒灯。主要公交线路沿线都安装了太阳能供电的候车亭。乘客必
    须站在一个自动热成像摄像头前，只有当检测到的温度低于 99.5F 时，滑动门才会打开。下方还
    装有另一个自动热成像摄像头，用于儿童检测。</p>
21      <p>
22  玻璃板结构内部有紫外线灯，还有空调、洗手液分配器和免费无线网络。此外，还设有大型显示屏，
    用于显示公共汽车的预计到站时间和附近的交通情况。即使有这些预防措施，也建议乘客随时戴
    上口罩，并保持至少一米的距离。每个公共汽车候车亭每天有 300～400 人使用。</p>
23  </body>
24  </html>
```

代码解析：06～08 行选择 h1 标签，并设置该标签中的文字居中显示；09～13 行表示选择 p 标签，设置每个段落首行缩进 2em，行间距离为 16px，字体大小为 16px；15 行定义网页的标题；19～20 行定义第 1 个段落标签；21～22 行定义第 2 个段落标签。

运行结果如图 2-6 所示。

（2）类选择器

类选择器使用"."（英文句号，或称句点）进行标识，后面紧跟类名。

```
01  .news_title{
02      text-align: center;
03  }
```

代码解析：01 行定义类选择器，"."表示类选择器的前缀，"."的后面是类名；02 行定义一个用于设置文字对齐的属性，属性值为"center"，表示文字居中对齐。

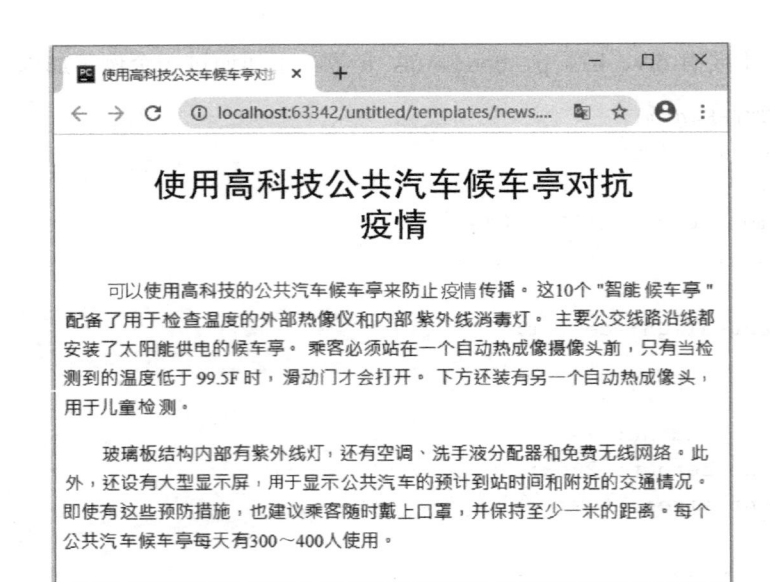

图 2-6 标签选择器的运行结果

（注：虽然 4 个 CSS 样式选择器不同，但其运行结果的页面文字内容一致，文字内容仅用于展示代码运行效果，下同）

```
01  <!DOCTYPE html>
02  <html lang="en">
03  <head>
04      <meta charset="UTF-8">
05      <style type="text/css">
06  .news_title{
07      text-align: center;
08  }
09  .news_content{
10      text-indent: 2em;
11      line-height: 26px;
12      font-size: 16px;
13  }
14      </style>
15      <title>使用高科技公共汽车候车亭对抗疫情</title>
16  </head>
17  <body>
18      <h1 class="news_title">使用高科技公共汽车交车候车亭对抗疫情</h1>
19      <p class="news_content">
20  可以使用高科技的公共汽车候车亭来防止疫情传播。这 10 个 "智能候车亭 "配备了用于检查温
    度的外部热像仪和内部紫外线消毒灯。主要公交线路沿线都安装了太阳能供电的候车亭。乘客必
    须站在一个自动热成像摄像头前，只有当检测到的温度低于 99.5F 时，滑动门才会打开。下方还
    装有另一个自动热成像摄像头，用于儿童检测。</p>
21      <p>
22  玻璃板结构内部有紫外线灯，还有空调、洗手液分配器和免费无线网络。此外，还设有大型显示屏，
    用于显示公共汽车的预计到站时间和附近的交通情况。即使有这些预防措施，也建议乘客随时戴
    上口罩，并保持至少一米的距离。每个公共汽车候车亭每天有 300～400 人使用。</p>
23  </body>
24  </html>
```

代码解析：06～08 行表示类选择器 news_title 设置了文字居中对齐；09～13 行表示在类选择器 news_content 中定义了段落首行缩进 2em，行间距离为 26px，字体大小为 16px；18 行对 h1 标签应用类选择器 news_title；19 行对 p 标签应用类选择器 news_content；21 行表示没有对 p 标签应用类选择器。

运行结果如图 2-7 所示。

图 2-7　类选择器的运行结果

（3）ID 选择器

ID 选择器使用"#"进行标识，后面紧跟 ID 名。

```
01  #news_title{
02      text-align: center;
03  }
```

以上代码定义了一个 ID 选择器，名为 news_title，ID 选择器设置了文字居中对齐显示。

```
01  <!DOCTYPE html>
02  <html lang="en">
03  <head>
04      <meta charset="UTF-8">
05      <style type="text/css">
06  #news_title{
07      text-align: center;
08  }
09  #news_content{
10      text-indent: 2em;
11      line-height: 26px;
12      font-size: 16px;
13      background-color: aliceblue;
14  }
15      </style>
16      <title>使用高科技公共汽车候车亭对抗疫情</title>
17  </head>
18  <body>
```

```
19          <h1 id="news_title">使用高科技公共汽车候车亭对抗疫情</h1>
20          <p id="news_content">
21     可以使用高科技的公共汽车候车亭来防止疫情传播。这10个"智能候车亭"配备了用于检查温
    度的外部热像仪和内部紫外线消毒灯。主要公交线路沿线都安装了太阳能供电的候车亭。乘客必
    须站在一个自动热成像摄像头前，只有当检测到的温度低于99.5F时，滑动门才会打开。下方还装
    有另一个自动热成像摄像头，用于儿童检测。</p>
22     <p>
23     玻璃板结构内部有紫外线灯，还有空调、洗手液分配器和免费无线网络。此外，还设有大型显示屏，
    用于显示公共汽车的预计到站时间和附近的交通情况。即使有这些预防措施，也建议乘客随时戴
    上口罩，并保持至少一米的距离。每个公共汽车候车亭每天有300～400人使用。</p>
24     </body>
25     </html>
```

代码解析：06～07 行定义一个名为 news_title 的 ID 选择器；09～14 行定义一个名为 news_content 的 ID 选择器，设置段落首行缩进 2em，行高为 26px，字体大小为 16px，并设置背景颜色为 aliceblue；19 行表示应用 ID 选择器 news_title 的样式；20 行表示应用 ID 选择器 news_content 的样式。

运行结果如图 2-8 所示。

图 2-8　ID 选择器的运行结果

（4）通用选择器

通用选择器可以选择网页上的所有元素，并用 "*" 来应用这些元素（即前文所说的样式），下面通过一个例子加以说明。

```
01  <!DOCTYPE html>
02  <html lang="en">
03  <head>
04      <meta charset="UTF-8">
05      <style type="text/css">
06          *{
07              margin: 0;
08              padding: 0;
09              font-family: "微软雅黑";
10          }
```

```
11  #news_title{
12      text-align: center;
13  }
14  #news_content{
15      text-indent: 2em;
16      line-height: 26px;
17      font-size: 16px;
18      margin: 10px;
19      background-color: aliceblue;
20  }
21
22      </style>
23      <title>使用高科技公共汽车候车亭对抗疫情</title>
24  </head>
25  <body>
26      <h1 id="news_title">使用高科技公共汽车候车亭对抗疫情</h1>
27      <p id="news_content">
28  可以使用高科技的公共汽车候车亭来防止疫情传播。这10个"智能候车亭"配备了用于检查温度
    的外部热像仪和内部紫外线消毒灯。主要公交线路沿线都安装了太阳能供电的候车亭。乘客必须
    站在一个自动热成像摄像头前，只有当检测到的温度低于99.5F时，滑动门才会打开。下方还
    装有另一个自动热成像摄像头，用于儿童检测。</p>
29      <p>
30  玻璃板结构内部有紫外线灯，还有空调、洗手液分配器和免费无线网络。此外，还设有大型显示屏，
    用于显示公共汽车的预计到站时间和附近的交通情况。即使有这些预防措施，也建议乘客随时戴
    上口罩，并保持至少一米的距离。每个公共汽车候车亭每天有300～400人使用。</p>
31  </body>
32  </html>
```

代码解析：06～10 行设置通用选择器，并设置所有元素的内、外边距均为 0，字体为微软雅黑；11～13 行设置一个名为 news_title 的 ID 选择器；14～20 行表示定义一个名为 news_ content 的 ID 选择器，并设置段落首行缩进 2em，行高为 26px，字体大小为 16px，外边距为 10px，背景颜色为 aliceblue。

运行结果如图 2-9 所示。

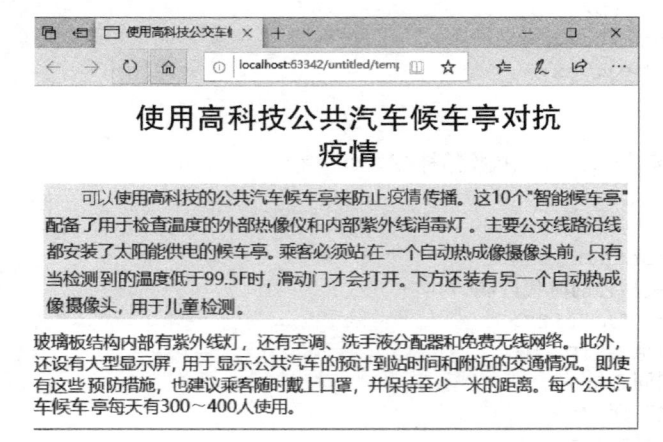

图 2-9 通用选择器的运行结果

任务实施

根据前面学习的知识，设计一个网页来展示伟大抗疫精神，参考代码如下。

```html
<!DOCTYPE html>
<html lang="en">
<head>
    <meta charset="UTF-8">
    <style>
        *{
            margin: 0;
            padding: 0;
        }
        .container{
            margin: 0 auto;
            width: 100%;
        }
        h2{
            margin-top: 30px;
            text-align: center;
        }
        .spirit{
            margin-top: 15px;
        }
        .spirit p{
            text-align: center;
            font-size: 28px;
            margin: 5px auto;
        }
.interpret{
    margin-left: 40px;
    margin-right: 40px;
}
.interpret p{
    font-size: 20px;
    text-indent: 2em;
    line-height: 40px;
}
    </style>
    <title>中国精神之-伟大抗疫精神</title>
</head>
<body>
<div class="container">
    <h2>伟大抗疫精神的时代内涵</h2>
    <div class="spirit">
        <p>生命至上</p>
        <p>举国同心</p>
        <p>舍生忘死</p>
        <p>尊重科学</p>
        <p>命运与共</p>    </div>    <div class="interpret">        <p>
```

> 伟大抗疫精神，同中华民族长期形成的特质禀赋和文化基因一脉相承，是爱国主义、集体主义、社会主义精神的传承和发展，是中国精神的生动诠释，丰富了民族精神和时代精神的内涵。
> </p></div>

面对疫情，中国人民风雨同舟、众志成城，不仅构筑起疫情防控的坚固防线，创造了人类疾病斗争史上的又一个英勇壮举，铸就了伟大抗疫精神，书写了由人类精神所演绎的又一个动人篇章。每一个中国人都应该珍惜来之不易的抗疫成果，学习"生命至上、举国同心、舍生忘死、尊重科学、命运与共"的伟大抗疫精神，把抗疫精神转化为工作和学习的动力。

任务拓展

在学习了 CSS 的基础知识以后，简单介绍一下 JavaScript 的基础知识。

JavaScript 不仅是一种轻量级的脚本语言，还是一种可以嵌入 HTML 页面的编程语言，由浏览器来解释和执行。

JavaScript 具有以下几个特点。

（1）解释型语言

JavaScript 是解释型语言，没有明确的编译步骤，代码可一边解释、编译，一边执行，相对于编译型语言，它的执行效率比较低。

（2）基于对象的语言

JavaScript 是基于对象的语言，它的很多操作都是基于对象的。JavaScript 不是面向对象的，因为它没有提供抽象、继承、重载等有关面向对象的功能。

（3）事件驱动

JavaScript 会将数据的输入或输出操作当作事件处理，并将其放在一个事件队列中，让主线程不断地检查事件队列。

（4）简洁性

JavaScript 很容易学习和使用。它使用了 DOM 模型，DOM 模型是使用 JavaScript 操作网页的接口，全称是文档对象模型（Document Object Model），可将网页转化为一个 JavaScript 对象，从而用 JavaScript 脚本进行各种操作（比如增、删元素等）。此外，JavaScript 提供了大量预编制的功能性对象代码，使得开发者对网页上各种元素的操作变得相当容易。

（5）跨平台

JavaScript 依赖浏览器，与操作系统无关，只要浏览器支持，用户开发的代码就可以在多个平台、多个操作系统中运行。

由于 JavaScript 的相关知识比较多，这里只介绍 JavaScript 的引入和基本语法，更多的知识请参阅相关手册和资料。

1. JavaScript 的引入

JavaScript 的引入主要有从网页内部引入和从网页外部引入两种方式。

（1）从网页内部引入

```
01   <!DOCTYPE html>
02   <html lang="en">
```

```
03    <head>
04        <meta charset="UTF-8">
05         <script>
06      var num=0;
07         </script>
08    <style type="text/css">
09        html,body{
10            width: 100%;
11            height: 200px;
12            margin: 0;
13            padding: 0;
14        }
15        .box1{
16            width: 300px;
17            height: 100px;/*水平居中*/
18            margin: 0 auto;
19            position: relative;/*脱离文档流*/
20            top:50%;/*偏移值,实现垂直居中*/
21        }
22        .btn1{
23            margin-top: 40px;
24            margin-left: 70px;
25        }
26
27    </style>
28        <title>JavaScrip 的引入</title>
29    </head>
30    <body>
31    <div class="box1">
32    <input type="button" onclick="fun(this.id)" id="a" class="btn1" value ="统计单击次数,请单击我">
33    <script>
34            function fun(id){
35                var s = document.getElementById(id).value;
36                num=num+1;
37                alert(s+"我被单击了"+num+"次");
38            }
39        </script>
40    </div>
41    </body>
42    </html>
```

代码解析：05～07 行定义 JavaScript 代码，并定义了一个全局变量 num；09～14 行定义父容器 html 及 body 的宽度为 100%，高度为 200px，清除内、外边距的默认值；15～21 行定义盒子容器 box1，并让该盒子容器在水平和垂直两个方向都居中显示；22～25 行定义按钮 btn1 的上边距和左边距；32 行给按钮定义单击事件；33～39 行定义单击事件对应的 JavaScript 代码，在该代码中使全局变量 num 的值增加 1，同时使用 alert( )方法显示实时单击次数。

程序运行结果如图 2-10 所示。

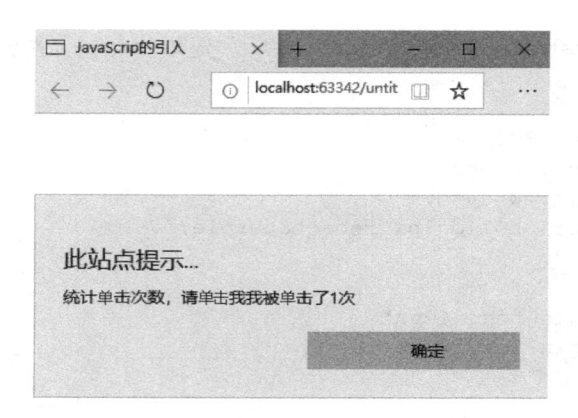

图 2-10　从网页内部引入的运行结果

（2）从网页外部引入

引用网页外部的 JavaScript 代码，可以使 JavaScript 代码和 HTML 文件分离，在此把分离的 JavaScript 代码写成一个 JavaScript 文件，因为一个 JavaScript 文件可被多个 HTML 文件使用。从网页外部引入 JavaScript 代码实际就是从网页外部引用 JavaScript 文件，它使用的是 <script></script> 标记的 src 属性，只需设置 JavaScript 文件的 URL 就可以了。

```
<script src="xxx.js"></script>
```

把上文的 JavaScript 代码写成一个 JavaScript 文件，文件名为 demo.js，具体代码如下。

```
01  var num=0;
02  function fun(id){
03  var s = document.getElementById(id).value;
04  num=num+1;
05  alert(s+"我被单击了"+num+"次");
06  }
```

代码解析：01 行定义全局变量 num，并赋初始值为 0；02 行定义函数，该函数用于接收 id，函数名为 fun；03 行表示查找 id 确定的对象，并将该对象的值赋给 s；04 行使全局变量 num 的值增加 1；05 行向用户展示单击次数。

```
01  <!DOCTYPE html>
02  <html lang="en">
03  <head>
04      <meta charset="UTF-8">
05      <script src="demo.js"> </script>
06  <style type="text/css">
07      html,body{
08          width: 100%;
09          height:100%;
10          margin: 0;
11          padding: 0;
12      }
13      body{
14          display: flex;
15          align-items: center; /*定义body的元素垂直居中*/
```

```
16              justify-content: center;  /*定义body的元素水平居中*/
17          }
18          .box1{
19              width: 300px;
20              height: 100px;
21              margin: 0 auto;
22              border: solid 1px rebeccapurple;
23          }
24          .btn1{
25               margin-top: 40px;
26               margin-left: 70px;
27          }
28      </style>
29          <title>JavaScrip的外部引入</title>
30      </head>
31      <body>
32      <div class="box1">
33      <input type="button" onclick="fun(this.id)" id="a" class="btn1" value ="统计单击次数，请击我">
34          </div>
35      </body>
36      </html>
```

代码解析：05 行指定从网页外部引入的 JavaScript 文件，要求该文件和 HTML 文件在同一个目录下；07 行定义 html、body 的宽度和高度都为 100%，清除内、外边距的默认值；13～17 行定义 body 的相关属性，使用弹性布局（flex）。其中，15 行设置 body 的元素垂直居中；16 行定义 body 的元素水平居中。

运行结果同从网页内部引入的运行结果一致，这里不再重复给出运行结果。

2. JavaScript 的基本语法

JavaScript 包含了标识符、变量、数据类型、运算符、控制语句（条件语句、循环语句）等内容。JavaScript 代码是严格区分字母大小写的，且每条语句的结尾都必须加上分号，语句块则加上花括号（{}）。

（1）标识符

标识符是指在 JavaScript 中定义的符号，如变量名、函数名、对象名等。标识符可以由任意顺序的大小写字母、数字、下画线（_）和美元符号（$）组成，但标识符不能以数字开头，也不能使用系统的保留字。

（2）变量

变量一种引用内存位置的容器，用于保存在执行脚本时可以更改的值。变量的命名要遵循标识符的命名规则。例如，定义如下变量。

```
var a=2, var b=4;
```

（3）数据类型

JavaScript 的数据类型主要有数字型（**Number**）、布尔型（**Boolean**）、字符串型（**String**）

及空型（null），具体如表 2-1 所示。

表 2-1 JavaScript 的数据类型

数据类型	描述
数字型	整数或实数
布尔型	True 或 False
字符串型	如：str="hello zhangsan"
空型	表示是空值的特殊值

（4）运算符

JavaScript 的运算符主要有算术运算符、字符串运算符及布尔运算符等，具体如表 2-2 所示。

表 2-2 JavaScript 的运算符

类别	操作符	实例
算术运算符	+、-、*、/、%（取模）	3+2 4/3 6%3
字符串运算符	+（字符串连接）、+=	var str1="hello ";var str2="jack";

布尔运算符	!、&&、||	True $$ False;//结果 False
		True || False;//结果为 True
		!True;//结果为 False

一元运算符	++、--、+、-	var i=0;i++;
按位运算符	~（按位非）、&（按位与）、|（按位或）、^（按位异或）、<<（左移）、>>（有符号右移）、>>>（无符号右移）	var i=0xff; i=i<<4;
赋值运算符	=、复合赋值（+=、-=、*=、%=）、复合按位赋值（~=、&=、|=、^=、<<=、>>=、>>>=）	var i=0;i+=1;
对象运算符	.（属性访问）、[]（属性或数组访问）、New（调用构造函数创建对象）、delete（删除变量属性）、void（返回 undefined）、in（判断属性）、instanceof（判断原型）	var person={name:'qiye',age:24}; person.name;

关系比较运算符	<、<=、>=、!= 、==、===、!==	2>5;//False
		5>=2;//True
		7==7;//True
		False==0;//True
		False===0;//False

（5）条件语句

JavaScript 使用 if(){}else{}来进行条件判断，并根据一定的条件选择执行路径。具体形式主要有如下几种。

```
if(布尔条件){
//语句块1
}
```

```
if(布尔条件){
//语句块1
}
else{
//语句块2
}
```

```
if(布尔条件){
//语句块1
}
else if{
//语句块2
}
```

下面通过一个例子加以说明。

```
01    <!DOCTYPE html>
02    <html lang="en">
03    <head>
04        <meta charset="UTF-8">
05        <title>JavaScript 的 if 语句</title>
06    </head>
07    <body>
08    <script>
09        var score=60;
10    if(90<=score&& score<=100){
11        alert("成绩为A等！")
12    }
13    else if(80<=score&& score<=89){
14     alert("成绩为B等！")
15    }
16    else if(70<=score&& score<=79){
17     alert("成绩为C等！")
18    }
19    else if(60<=score&& score<=69){
20     alert("成绩为D等！")
21    }
22    else if(0<=score&& score<=59){
23     alert("成绩为E等！")
24    }
25    </script>
26    </body>
27    </html>
```

运行程序，结果如图 2-11 所示。

图 2-11 使用条件语句的结果

（6）循环语句

JavaScript 的循环语句主要有 for 循环语句和 while 循环语句，首先给出 for 循环语句的语法如下。

```
for (语句1；语句2；语句3) {
被执行的语句块
}
```

示例如下。

```
01  <!DOCTYPE html>
02  <html lang="en">
03  <head>
04      <meta charset="UTF-8">
05      <title>Title</title>
06      <style>
07          span {
08              display: inline-block;
09              width: 70px;
10              line-height: 30px;
11          }
12      </style>
13  </head>
14  <body>
15  <script>
16      var i=0;
17      var j=0;
18      for(i=1;i<10;i++) {
19          for(j=1;j<=i;j++) {
20              document.write('<span>')
21              document.write(i + 'x' + j + '=' + i * j + '\t')
22              document.write('</span>')
23          }
24          document.writeln('<br />')
25      }
26  </script>
27  </body>
```

```
28    </html>
```

上面的程序实现了使用 for 循环语句打印九九乘法表。

运行程序，结果如图 2-12 所示。

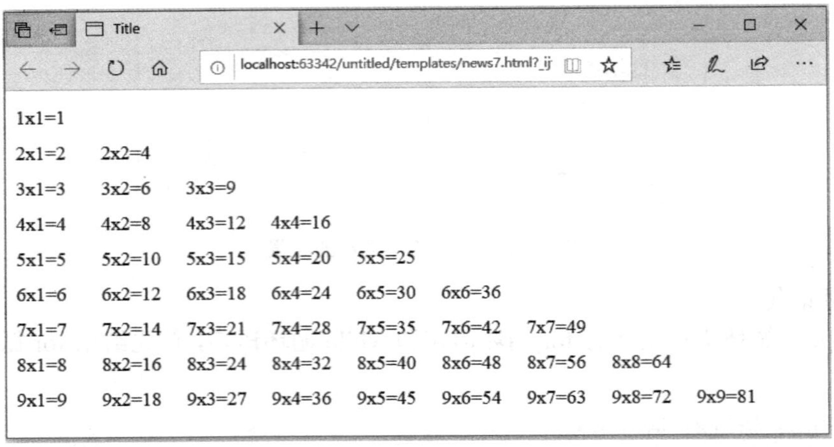

图 2-12 使用 for 循环语句打印九九乘法表的结果

JavaScript 的 while 循环语句的语法如下。

```
while （条件）
{
    需要执行的代码
}
```

或

```
do
{
    需要执行的代码
}
while （条件）;
```

使用 while 循环语句求 1+2+3+…+100 的结果，示例如下。

```
01  <!DOCTYPE html>
02  <html lang="en">
03  <head>
04      <meta charset="UTF-8">
05      <title>1+2+3+...+100</title>
06  </head>
07  <body>
08  <script>
09      var i=0;
10      var sum=0;
11      while (i<=100) {
12          sum=sum+i;
13          i=i+1;
14      }
```

```
15          alert("1+2+3+...+100="+sum);
16      </script>
17  </body>
18  </html>
```

运行程序，结果如图 2-13 所示。

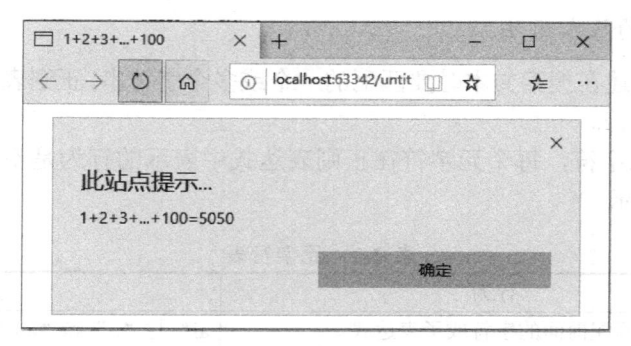

图 2-13　使用 while 循环语句求 1+2+3+...+100 的结果

任务 2　使用正则表达式提取文本中的指定内容

任务演示

给定一个文本，该文本由若干英文单词组成，每个英文单词用空格进行分割，请使用正则表达式将所有的英文单词提取出来，如图 2-14 所示。

```
import re
s="We should never remember the benefits we have offered nor forget the favor received"
pat=r'\s?([a-zA-Z]+)'
r=re.findall(pat,s)
print(r)
```

```
ReDemo
D:\untitled\venv\Scripts\python.exe D:/untitled/venv/pro/ReDemo.py
['We', 'should', 'never', 'remember', 'the', 'benefits', 'we', 'have', 'offered', 'nor', 'forget', 'the', 'favor', 'received']
```

图 2-14　使用正则表达式提取英文单词

知识准备

正则表达式是一个特殊的字符序列，可实现快速检索文本和替换文本，主要用来判断字符串与设定的字符序列是否匹配。

正则表达式是操作字符串的一种逻辑公式，就是用事先定义好的特定字符，以及这些特定字符的组合，组成一个"规则字符串"，这个规则字符串用来表达对字符串的过滤逻辑。

正则表达式是一种文本模式，用于描述在搜索文本时要匹配一个或多个字符串。

正则表达式的具体作用如下。
① 给定的字符串符合正则表达式的过滤逻辑，也被称为匹配。
② 通过正则表达式从字符串中获取想要的特定部分。
③ 对目标字符串进行替换。

1. 正则表达式的基本语法

正则表达式可描述在搜索文本时要匹配的一个或多个字符串，正则表达式包括普通字符和元字符。

元字符也叫特殊字符，每个元字符在正则表达式中表示的行为是不一样的，具体如表2-3所示。

表 2-3 元字符表

元字符	行为	示例
*	零次或多次匹配前面的字符或子表达式	ai* 与 "a" 和 "aii" 匹配
+	一次或多次匹配前面的字符或子表达式	ai+ 与 "ai" 和 "aii" 匹配，但与 "a" 不匹配
?	零次或一次匹配前面的字符或子表达式。当 ? 位于任何限定符（*、+、?、{n}、{n,} 或 {n,m}）之后时，匹配模式是非贪婪的。非贪婪模式用于匹配可搜索到的、尽可能少的字符串，而默认的贪婪模式用于匹配可搜索到的、尽可能多的字符串	zo? 与 "z" 和 "zo" 匹配，但与 "zoo" 不匹配； o+? 只与 "oooo" 中的单个 "o" 匹配，而 o+ 与所有 "o" 匹配； do(es)? 与 "do" 或 "does" 中的 "do" 匹配
^	匹配字符串开始的位置。如果标志包括 m（多行搜索）字符，^ 还将匹配 \n 或 \r 后面的位置。如果将^用作括号表达式中的第一个字符，则会对字符集求反	^\d{3} 与字符串开始处的 3 个数字匹配； [^abc] 与 a、b、c 以外的任何字符匹配
$	匹配字符串结尾的位置。如果标志包括 m（多行搜索）字符，^还将匹配 \n 或 \r 前面的位置	\d{3}$ 与字符串结尾处的3个数字匹配
.	匹配除换行符（\n）之外的任何单字符。若要匹配包括 \n 在内的任意字符，可使用 [\s\S] 之类的模式	a.c 与 "abc" "a1c" 和 "a-c" 匹配
[]	标记括号表达式的开始和结尾	[1-4]与 "1" "2" "3" "4" 匹配； [^aAeEiIoOuU]与任何非元音字符匹配
{}	标记限定符表达式的开始和结尾	a{2,3} 与 "aa" 和 "aaa" 匹配
()	标记子表达式的开始和结尾，可以保存子表达式以备将来使用	A(\d) 与 "A0" "A2" … "A9" 匹配
|	指在两个或多个项之间进行选择	z|food 与 "z" 或 "food" 匹配； (z|f)ood 与 "zood" 或 "food" 匹配
/	表示 JavaScript 中的文本正则表达式的开始或结尾。在第二个 "/" 后添加单字符标志可以指定搜索行为	/abc/gi 是与 "abc" 匹配的 JavaScript 文本正则表达式。g（全局）标志指定查找模式的所有匹配项，i（忽略字母大小写）标志表示在搜索时不区分字母大小写

续表

元字符	行为	示例
\	将下一个字符标记为特殊字符、文本、反向引用或八进制转义字符	\n 与换行符匹配；\(与 "(" 匹配；\\ 与 "\" 匹配
\b	与一个边界字符匹配，即字符与空格间的位置	er\b 与 "never" 中的 "er" 匹配，但与 "verb" 中的 "er" 不匹配
\B	非边界字符匹配	er\B 与 "verb" 中的 "er" 匹配，但与 "never" 中的 "er" 不匹配
\d	数字字符匹配，等效于 [0-9]	在搜索字符串 "12 345" 时，\d{2} 与 "12" 和 "34" 匹配，\d 与 "1" "2" "3" "4" "5" 匹配
\D	非数字字符匹配，等效于 [^0-9]	\D+ 与 "abc123 def" 中的 "abc" 和 "def" 匹配
\w	与以下任意字符匹配：A~Z、a~z、0~9 和下画线，等效于 [A-Za-z0-9_]	在搜索字符串 "The quick brown fox…" 时，\w+ 与 "The" "quick" "brown" 和 "fox" 匹配。
\W	与 A~Z、a~z、0~9、下画线以外的任意字符匹配，等效于 [^A-Za-z0-9_]	在搜索字符串 "The quick brown fox…" 时，\W+ 与 "…" 和所有空格匹配
[xyz]	字符集。与任何一个指定字符匹配	[abc] 与 "plain" 中的 "a" 匹配
[^xyz]	反向字符集。与未指定的任何字符匹配	[^abc] 与 "plain" 中的 "p" "l" "i" 和 "n" 匹配
[a-z]	字符范围。匹配指定范围内的任何字符	[a-z] 与在 a~z 范围内的任何小写字母匹配
[^a-z]	反向字符范围。与不在指定范围内的任何字符匹配	[^a-z] 与不在 a~z 范围内的任何字符匹配
{n}	正好匹配 n 次，n 是非负整数	o{2} 与 "Bob" 中的 "o" 不匹配，但与 "food" 中的两个 "o" 匹配
{n,}	至少匹配 n 次，n 是非负整数 * 与 {0,} 相等 + 与 {1,} 相等	o{2,} 与 "Bob" 中的 "o" 不匹配，但与 "foooood" 中的所有 "o" 匹配
{n,m}	至少匹配 n 次，至多匹配 m 次。n 和 m 是非负整数，n <= m。逗号和数字之间不能有空格。 ? 与 {0,1} 相等	在搜索字符串 "1234567" 时，\d{1,3} 与 "123" "456" "7" 匹配

注意： 若要匹配特殊字符，必须先转义，即在特殊字符前面加反斜线（\）。例如，若要搜索 "?"，可使用表达式 "\?" 进行搜索。

具体示例如下。

```
Pattern1="[a-zA-Z0-9]{6,10}"
```

上面的正则表达式表示该字符串由英文字母、数字组成，长度为 6~10 位。

```
Pattern2="[1][3579]\\d{9}"
```

上面的正则表达式表示该字符串的第一位是 1，第二位是 3、5、7、9 中的一个数，后面再跟长度为 9 位的数字。

```
Pattern3="[1-9]\\d{5, 10}"
```

上面的正则表达式表示该字符串的第一位是非零数字,长度为 5~10 位。

这里给出一个使用正则表达式检查用户名的例子。

```
01  <!DOCTYPE html>
02  <html lang="en">
03  <head>
04      <meta charset="UTF-8">
05      <title>正则表达式</title>
06  </head>
07  <body>
08  <script type="text/javascript">
09   function checkUserName(str){
10      var reg =/^[A-Za-z0-9][A-Za-z0-9_]{5,15}$/;
11       if (!reg.test(str)){
12          return false;
13       }else{
14          return true;
15       }
16   }
17  </script>
18  <script>
19      str="_Zhang1"
20      document.write('<br />');
21      if(checkUserName(str)){
22          document.write("用户名合法");
23      }
24      else{
25          document.write("用户名不合法");
26      }
27  </script>
28  </body>
29  </html>
```

代码解析:09 行定义检查用户名的函数,函数名为 checkUserName,可接收参数 str;10 行定义正则表达式,表示以大小写字母或数字开头,并由大小写字母、数字或"_"组成长度为 5~15 位的字符串;11~15 行表示使用 JavaScript 的 test()方法判断传递过来的用户名是否满足正则表达式,事实上,test()方法的作用是检查一个字符串是否匹配某个模式,test()方法的原型是 RegExpObject.test(string),RegExpObject 表示模式或正则表达式,string 表示待检查的字符串,如果满足正则表达式则返回 True,不满足则返回 False;19 行表示定义字符串 str,该字符串表示用户名;20 行表示向网页输出换行符;21~26 行表示根据 checkUserName()函数的返回值,输出"用户名合法"或"用户名不合法"的判断结果。

运行程序,结果如图 2-15 所示。

图 2-15　使用正则表达式检查用户名的结果

2. 正则表达式的使用

Python 语言通过标准库中的 Re 模块来支持正则表达式，Re 模块提供了一些可根据正则表达式进行查找、替换、分割字符串的函数，这些函数使用一个正则表达式作为第一个参数。Re 模块的常用函数如表 2-4 所示（为使展示直观，表中的函数仅写出函数名）。

表 2-4　Re 模块的常用函数

函数	描述
match(pattern,string,flags=0)	根据 pattern 从 string 的头部开始匹配字符串，只返回第一次匹配成功的对象，否则返回 None
findall(pattern,string,flags=0)	根据 pattern 在 string 中匹配字符串。如果匹配成功，则返回结果列表；否则，返回空列表。当 pattern 有分组时，返回包含多个元组的列表，每个元组对应一个分组。flags 表示规则选项，规则选项用于辅助匹配
sub(pattern,repl,string,count=0)	根据指定的正则表达式替换原字符串中的子串。pattern 是一个正则表达式，repl 是用于替换的字符串，string 是原字符串。如果 count 等于 0，则返回 string 中的所有匹配结果；如果 count 大于 0，则返回前 count 个匹配结果
subn(pattern,repl,string,count=0)	其作用和 sub() 相同，返回一个二元的元组。第一个元素是替换的结果，第二个元素是替换的次数
search(pattern,flags=0)	根据 pattern 在 string 中匹配字符串，只返回第一次匹配成功的对象。如果匹配失败，则返回 None
complie(pattern,flags=0)	编译正则表达式 pattern，返回一个 pattern 的对象
split(pattern,string,maxplit=0)	根据 pattern 分隔 string，maxplit 表示最大的分隔数
escape(pattern)	匹配字符串中的特殊字符，如*、+、？等

（1）re.match()函数

使用 re.match()函数从字符串的起始位置匹配一个模式，如果不是在起始位置匹配成功，就返回 None，否则返回一个对象，函数原型如下。

```
re.match(pattern,string,flags=0)
```

re.match()函数的参数说明如表 2-5 所示。

表 2-5　re.match()函数的参数说明

参数	描述
pattern	要匹配的正则表达式
string	要匹配的字符串
flag	标志位，用于控制正则表达式的匹配方式，如是否区分字母大小写、多行匹配等，也可以理解成修饰符（具体参阅表 2-6）

在使用正则表达式的过程中还用到了修饰符,修饰符也叫标记,标记用于指定额外的匹配策略。修饰符不在正则表达式里,而在正则表达式之外,常用的正则表达式修饰符如表 2-6 所示。

表 2-6 常用的正则表达式修饰符

修饰符	描述
re.I	使匹配过程对字母大小写不敏感
re.L	做本地化识别匹配
re.M	多行匹配,影响^和$
re.S	使"."匹配包括换行符在内的所有字符
re.U	根据 Unicode 字符集解析字符。这个修饰符影响\w、\W、\b、\B
re.X	该修饰符给予更灵活的格式,以便正则表达式更易于理解

关于 re.match()函数的使用,举例如下。

```
01    import re
02    str1="www.baidu.com"
03    str2="www"
04    str3="com"
05    print(re.match(str2,str1,re.I))
06    print(re.match(str3,str1))
```

代码解析:01 行导入 Re 模块;02～04 行定义三个字符串;05 行判断"www"是否在字符串 str1 的起始位置匹配成功,在匹配过程中忽略字母大小写,如果匹配成功则返回匹配的起始位置和结束位置;06 行判断字符串"com"是否在 str1 的起始位置匹配成功。

运行程序,结果如图 2-16 所示。

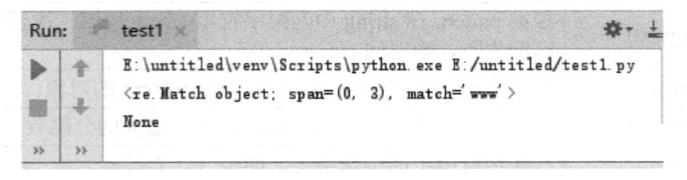

图 2-16 使用 re.match()函数匹配的结果

由运行结果可知,字符串 str2 在字符串 str1 的起始位置匹配成功,并返回了匹配的起始位置和结束位置(0,3),这个区间在程序代码中是一个左闭右开区间,表示匹配成功的位置是 0、1、2 三个位置;字符串 str3 在字符串 str1 的起始位置没有匹配成功,故返回 None。

(2) re.search()函数

使用 re.search()函数扫描整个字符串,并返回第一个匹配成功的对象,如果匹配失败,则返回 None,该函数的原型如下。

```
re.search(pattern, string, flags=0)
```

参数 pattern 表示正则表达式中的模式字符串;参数 string 表示要被查找、替换的原始字符串;参数 flags 表示标志位,用于控制正则表达式的匹配方式。

```
01    import re
02    str1="www.baidu.com"
```

```
03    str2="www"
04    str3="com"
05    str4="baidu"
06    print(re.search(str2,str1,re.I))
07    print(re.search(str3,str1))
08    print(re.search(str4,str1))
```

代码解析：01 行导入 Re 模块；02～05 行定义四个字符串；06 行表示从起始位置进行匹配，且不区分字母大小写；07 行表示不从起始位置进行匹配，查找字符串"com"是否在字符串 str1 中；08 行表示在字符串 str1 中查找字符串 str4。

运行程序，结果如图 2-17 所示。

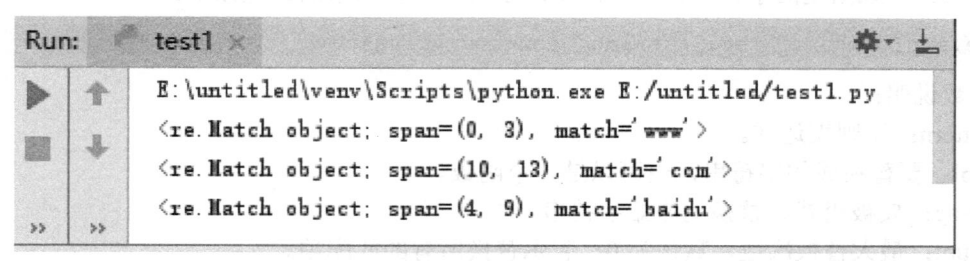

```
E:\untitled\venv\Scripts\python.exe E:/untitled/test1.py
<re.Match object; span=(0, 3), match='www'>
<re.Match object; span=(10, 13), match='com'>
<re.Match object; span=(4, 9), match='baidu'>
```

图 2-17　使用 re.search() 函数匹配的结果

（3）re.findall() 函数

re.findall() 函数与 re.search() 函数类似，re.findall() 函数可以通过遍历获取字符串中的所有匹配的子串，并返回到一个列表中，如果找不到，则返回一个空列表，该函数的原型如下。

```
re.findall(pattern, string, flags=0)
```

参数 pattern 表示正则表达式中的模式字符串；参数 string 表示要被查找、替换的原始字符串；参数 flags 表示标志位，用于控制正则表达式的匹配方式。

注意：re.findall() 函数是逐行进行匹配的，返回 string 中所有与 pattern 匹配的子串，返回形式为列表。

举例如下。

```
01    import re
02    str1="www.baidu.com, www.google.com WWW.G.CN"
03    str2="www"
04    str3="com"
05    str4="baidu"
06    print(re.findall(str2,str1,re.I))
07    print(re.findall(str3,str1))
08    print(re.findall(str4,str1))
09    print(re.findall("GG",str1))
```

代码解析：01 行导入 Re 模块；02～05 行定义字符串；06～08 行表示进行多个位置的匹配、查找；09 行表示在字符串 str1 中查找"GG"。

运行程序，结果如图 2-18 所示。

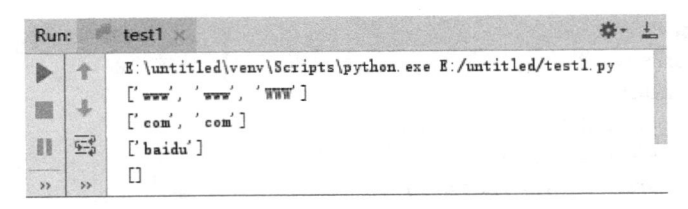

图 2-18　使用 re.findall()函数匹配的结果

（4）re.sub()函数

Python 的 Re 模块提供了 re.sub()函数用于替换字符串中的匹配项，该函数可将匹配成功的字符串替换成指定的字符串，并返回新的字符串，该函数的原型如下。

```
re.sub(pattern, repl, string, count=0, flags=0)
```

参数说明：

pattern：正则表达式。

repl：要替换成的字符串，也可以是一个函数。

string：要被查找、替换的原始字符串。

count：最大替换次数，默认为 0，表示替换所有的匹配项。

flags：编译时用的匹配模式，采用数字形式。

注意：re.sub()函数的前三个参数为必选参数，后两个参数为可选参数。

举例如下。

```
01  import re
02  phone = "400-889-9315 # 这是美的售后客服电话"
03  # 删除注释
04  num = re.sub(r'#.*$', "", phone)
05  print("美的客服电话为 : ", num)
06  # 将非数字的'-'去掉
07  num = re.sub(r'\D', "", phone)
08  print("美的客服电话为 : ", num)
```

注意：在 Python 中，字符串前面加 r 前缀或者 R 前缀的目的是使转义字符"\"的功能失效。

运行程序，结果如图 2-19 所示。

图 2-19　使用 re.sub()函数的结果

（5）re.compile()函数

在使用正则表达式时，Re 模块内部会做两件事情：第一，对正则表达式进行编译，如果正则表达式不合法，程序就会报错；第二，使用编译好的正则表达式匹配字符串。如果正则表达式的使用频率很高，就有必要先确保该正则表达式已经编译好，然后在使用的时候告诉编译器不需要再编译，可以执行匹配操作了。这样一来，执行效率就得到了提高。对此，Python 的 Re 模块提供了 re.compile( )函数。

```
01    import re
02    re_telephone = re.compile(r'^(\d{3})-(\d{3,8})$')   # 编译
03    A = re_telephone.match('010-12345').groups()   # 使用
04    print(A)   # 结果 ('010', '12345')
05    B = re_telephone.match('010-8086').groups()   # 使用
06    print(B)   # 结果 ('010', '8086')
```

运行程序，结果如图 2-20 所示。

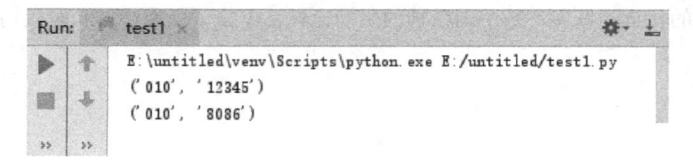

图 2-20　使用 re.compile()函数的结果

任务实施

给定一个字符串 str，该字符串由若干英文单词组成，每个英文单词用空格进行分割，请使用正则表达式将句子"We should never remember the benefits we have offered nor forget the favor received"中的所有英文单词提取出来，代码如下，结果如图 2-21 所示。

```
import re
s='We should never remember the benefits we have offered nor forget the favor received'
pat=r'\s?([a-zA-Z]+)'
r=re.findall(pat,s)
print(r)
```

图 2-21　使用正则表达式提取英文单词的结果

上面的句子可翻译为：自己的好事别去提，别人的恩惠要铭记。

这句话告诉我们，自己做了好事，别到处宣扬，不用说别人也会看在眼里，也许当下没有得到回报，但你所做的好事会在关键时刻助你一臂之力。别人给予的帮助，再小也不要忘记，要做一个懂得感恩、懂得回报的人。

任务拓展

使用正则表达式将伟大抗疫精神——"生命至上、举国同心、舍生忘死、尊重科学、命运与共"从网页上提取出来。

```
01 str1='''
02 <div class="container">
```

```
03      <h2>伟大抗疫精神的时代内涵</h2>
04      <div class="spirit">
05          <p>生命至上</p>
06          <p>举国同心</p>
07          <p>舍生忘死</p>
08          <p>尊重科学</p>
09          <p>命运与共</p>
10      </div>
11      <div class="interpret">
12          <p>
13  伟大抗疫精神,同中华民族长期形成的特质禀赋和文化基因一脉相承,是爱国主义、集体主义、社
    会主义精神的传承和发展,是中国精神的生动诠释,丰富了民族精神和时代精神的内涵。
14      </p>
15  </div>
16  '''
17  import re
18  str1 = re.sub('\n', '', str1)
19  part1=re.compile(r'<div class="spirit">(.*?)</div>',re.I|re.S|re.M)
20  part2=re.compile(r'<p>(.*?)</p>',re.I|re.S|re.M)
21  result1=part1.findall(str1)[0]
22  #sub(模型,替换的字符串,目标原字符串,替换次数)
23  result1=re.sub('<p>|</p>'," ",result1)#替换输出结果中的<p>和</p>
24  result2=part2.findall(str1)
25  print(result1)
26  for i in range(0,len(result2)-1):#减少1次循环
27      print(result2[i])
```

代码解析:01~16 行定义网页的内容,并将网页的内容放到 str1 中;17 行导入 Re 模块;18 行去掉字符串中的换行符;19 行定义提取类名为"spirit"的内容的规则为 part1;20 行定义提取 p 标签内容的规则为 part2;21 行基于规则 part1 使用 findall()函数将类名为"spirit"的内容提取出来,并放到了变量 result1 中;23 行将 result1 中的 p 标签用空格替换;24 行将字符串 str1 中包含了 p 标签的内容提取出来,放到变量 result2 中;25 行打印变量 result1 的值;26 行对 result2 进行遍历;27 行打印每次遍历的结果。

运行程序,结果如图 2-22 所示。

图 2-22 提取网页内容的结果

【教你一招】要特别注意以下代码的写法。

```
re.compile(r'<div class="spirit">(.*?)</div>',re.I|re.S|re.M)
result1=part1.findall(str1)[0]
```

如果改成如下的写法是错误的。

```
re.compile(r'<div class="spirit">(.*?)</div>')
result1=part1.findall(str1, ,re.I|re.S|re.M)[0]
```

要特别注意，"re.I|re.S|re.M"一般放到 re.compile()函数的语句块内。

小　　结

本项目主要介绍了 HTML、CSS、JavaScript 的基础知识，以及 Re 模块的正则表达式。经总结得到 Re 模块的正则表达式主要有以下几种用法。

（1）re.match(pattern,string,flags=0)

该函数表示从字符串的起始位置匹配一个模式，如果不是在起始位置匹配成功，就返回 None，否则返回一个对象。

（2）re.search(pattern, string, flags=0)

使用该函数扫描整个字符串，并返回第一个匹配成功的对象，如果匹配失败，则返回 None。

（3）re.findall(pattern, string, flags=0)

该函数与 re.search()函数类似，re.findall()函数可以通过遍历获取字符串中所有匹配的子串，并返回到一个列表中，如果找不到，则返回一个空列表。

（4）re.sub(pattern, repl, string, count=0, flags=0)

该函数用于替换字符串中的匹配项，即将匹配的字符串替换成指定字符串，并返回新的字符串。

复　习　题

一、单项选择题

1. HTTP 协议的全称是（　　）。
A. 文件传输协议　　　　　　　　　　B. 邮件传输协议
C. 远程登录协议　　　　　　　　　　D. 超文本传输协议
2. 正则表达式 R+[0-9]{3}能匹配出以下哪个字符串？（　　）
A. R3　　　　　B. 039　　　　　C. R09　　　　　D. RR093
3. 以下正则表达式中，属于非贪婪模式匹配，且允许出现 0 次的是（　　）。
A. .　　　　　　B. .*　　　　　　C. .*?　　　　　D. .+?
4. 在发起 HTTP 请求成功后，服务器响应的状态码是（　　）。
A. 200　　　　　B. 303　　　　　C. 404　　　　　D. 500

二、判断题

1. 在 Python 中，我们一般使用 Re 模块实现 Python 正则表达式的功能。（　　）
2. re.search(pattern,string,flags=0)可扫描整个字符串，并返回第一个匹配成功的对象。

(   )

3. re.findall(pattern,string,flags=0)可扫描整个字符串，并将匹配项以字典形式返回。(   )

4. re.sub(pattern, repl, string, count=0, flags=0)用于将匹配的字符串替换成指定的字符串，并返回新的字符串。(   )

5. re.I 表示做多行匹配。(   )

三、编程题

1. 拆分字符串，将下面这首诗中的诗句提取出来。

shici='李白乘舟将欲行，忽闻岸上踏歌声。桃花潭水深千尺，不及汪伦送我情。'

2. 提取用户输入的数据中的数值（数值包含正数和负数在内的实数）并求和。例如，字符串"str1='-6.94hello87nice100bye'"，则可得到：-6.94+87+100=180.06，请编写程序实现上述过程。

```
import re
#str1='-6.94hello87nice100bye'
nums=re.findall(r'-?\d+\.?\d*',str1)
result=sum([float(x) for x in nums])
print(result)
```

项目三　爬取豆瓣电影 TOP250 栏目

项目要求

使用 urllib 框架爬取网页内容，并使用 BeautifulSoup4 将数据从 HTML 中提取出来，放到 Excel 文件和 SQLite 数据库中保存，从而实现数据的持久化存储。需要注意的是，本项目爬取的所有数据都不得商用，且所有数据的获取都满足 Robots 协议。

项目分析

要完成项目三的任务，需要先使用 urllib 框架请求网页，再使用 BeautifulSoup4 对接收到的响应内容进行提取，最后使用 SQLite 数据库实现数据的持久化存储。

技能目标

（1）能正确使用 urllib 框架请求网页。
（2）能使用 BeautifulSoup4 解析网页。
（3）能使用 SQLite 数据库存储数据。
（4）能使用 Python 操作 Excel 表格。

素养目标

通过爬取豆瓣电影 TOP250 栏目，重点学习电影《阿甘正传》的内容简介，引导学生在学习中和工作中不要轻言放弃，要有面对失败的勇气，要有越挫越勇、百折不挠的精神。

知识导图

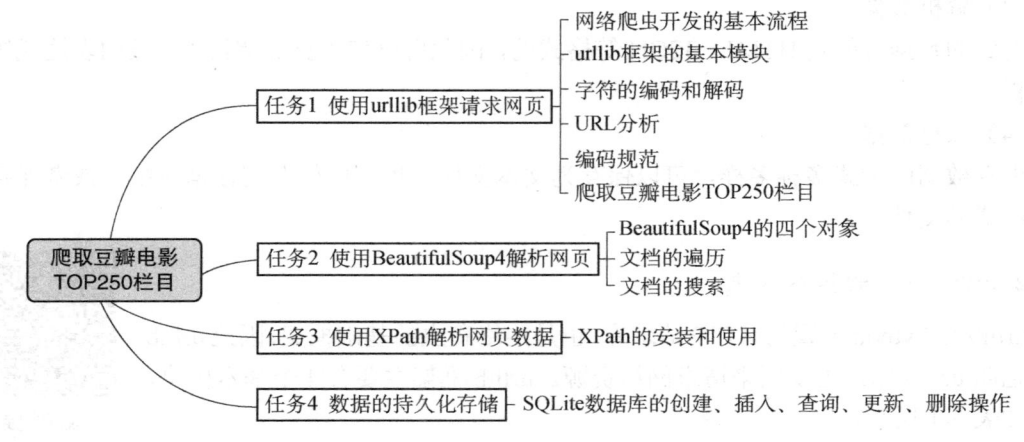

```
                                    ┌─ 网络爬虫开发的基本流程
                                    ├─ urllib框架的基本模块
                                    ├─ 字符的编码和解码
              ┌─ 任务1 使用urllib框架请求网页 ─┤─ URL分析
              │                     ├─ 编码规范
              │                     └─ 爬取豆瓣电影TOP250栏目
              │                        ┌─ BeautifulSoup4的四个对象
爬取豆瓣电影    ├─ 任务2 使用BeautifulSoup4解析网页 ─┤─ 文档的遍历
TOP250栏目     │                        └─ 文档的搜索
              │
              ├─ 任务3 使用XPath解析网页数据 ─ XPath的安装和使用
              │
              └─ 任务4 数据的持久化存储 ─ SQLite数据库的创建、插入、查询、更新、删除操作
```

任务 1　使用 urllib 框架请求网页

任务演示

本任务先使用 Python 内置的 HTTP 请求库——urllib 框架向服务器发出请求，然后输出请求到的网页数据，如图 3-1 所示。

图 3-1　输出请求到的网页数据

知识准备

1. 网络爬虫开发的基本流程

根据网络爬虫开发的基本流程，先向服务器发起请求，然后将请求到的网页进行解析，最后将解析到的数据保存，详细流程如下。

（1）准备工作

通过浏览器查看、分析目标网页，学习编程基础规范。

（2）获取数据

通过 HTTP 请求库向目标站点发起请求，请求可以包含额外的 header（请求头）等信息，如果服务器能正常响应，就会得到目标页面的内容。

（3）解析数据

得到的数据可能是 HTML、JSON 等格式的，因此可以使用页面解析库、正则表达式等进行解析。

（4）保存数据

保存数据的形式多种多样，可以保存为文本文件，也可以保存到数据库中，或者保存为特定格式的文件。

2. urllib 框架的基本模块

urllib 是 Python 内置的 HTTP 请求库，也是网络爬虫的基础框架，因此 urllib 框架也叫 urllib 库，主要用来请求网络资源。urllib 框架主要有 4 个基本模块，具体如表 3-1 所示。

教学视频

表 3-1 urllib 框架的 4 个基本模块

模块	功能
urllib.request	请求模块，用于发起请求
urllib.parse	解析模块，用于解析 URL
urllib.error	异常处理模块，用于处理 request 引起的异常
urllib.robotparser	用于解析 robots.txt 文件

注意：Python2.X 既有 urllib 框架，也有 urllib2 框架，但是在最新版本的 Python3.X 中，urllib2 框架被合并到了 urllib 框架中，urllib 框架在爬取网页的时候会经常用到。urllib 框架不需要安装，只要导入就可以使用。

（1）urllib.request 模块

urllib.request 模块主要负责构造和发起请求，并添加 headers（请求头）、Proxy（IP 代理）等。它可以模拟浏览器发起请求的过程。该模块的主要功能有发起请求、操作 Cookie、设置 IP 代理、添加 headers 等。

① 发起请求。

urllib.request 模块主要有 urlopen()方法，该方法的原型如下。

```
urllib.request.urlopen(url, data=None, [timeout, ]*, cafile=None, capath=None, cadefault=False, context=None)
```

参数说明：

url：需要访问的网址。

data：POST 提交的数据，默认为 None，发送一个 GET 请求到指定的页面。当 data 不为 None 时，发送的是 POST 请求。

timeout：请求的超时参数，单位为秒。

cafile 和 capath：为 HTTPS 请求指定一组可信的 CA 证书（可选的参数）。cafile 指向包含一系列 CA 证书的单个文件，capath 指向散列 CA 证书文件的目录。

cadefault：参数被忽略。

使用 urlopen()方法返回的对象提供了八种方法，如表 3-2 所示。

表 3-2 使用 urlopen()方法返回的对象提供了八种方法

方法	功能
read()	对 HTTPResponse 类型的数据进行操作，获取返回的数据
readline()	对 HTTPResponse 类型的数据进行操作，读取一行数据
readlines()	对 HTTPResponse 类型的数据进行操作，获取多行数据
fileno()	对 HTTPResponse 类型的数据进行操作，返回文件描述符
close()	对 HTTPResponse 类型的数据进行操作，关闭文件
info()	返回 HTTPMessage 对象，表示远程服务器返回的头部信息
getcode()	返回 HTTP 状态码。如果是 HTTP 请求，则 HTTP 状态码为 200 表示请求成功，HTTP 状态码为 404 表示网址未找到
geturl()	返回请求的 URL

首先给出一个使用 GET 方法请求网页的例子。

```
01    import urllib.request
02    url='http://www.baidu.com'
03    response=urllib.request.urlopen(url)
04    print(response.read())
```

代码解析：01 行导入 urllib.request 模块；02 行定义请求的网址；03 行使用 urlopen()方法请求指定的网页；04 行输出请求的结果。

再来看一个使用 GET 方法请求网页的例子。

```
01    import urllib.request
02    import urllib.parse
03    response=urllib.request.urlopen("http://httpbin.org/get")
04    print(response.read().decode("utf-8"))
```

运行程序，结果如下。

```
{
"args": {},
"headers": {
"Accept-Encoding": "identity",
"Host": "httpbin.org",
"User-Agent": "Python-urllib/3.7",
"X-Amzn-Trace-Id": "Root=1-5f2f5457-0d128690cb4472f0da71b820"
  },
"origin": "119.84.239.32",
"url": "http://httpbin.org/get"
}
```

使用 urllib.request 模块请求网页超时，代码如下所示。

```
01    import urllib.request
02    url='http://www.baidu.com'
03    try:
04        response = urllib.request.urlopen(url, 0.01)
05        print(response.read())
06    except Exception as result:
07        print(result)
```

代码解析：01 行导入 urllib.request 模块；02 行定义请求的网址；03~07 行表示在使用 urlopen()方法请求网页时，设置超时值为 0.01 秒，如果超过这个值，则直接捕获异常，并输出异常。

urlopen()方法默认发送 GET 请求，当传入 data 参数时，会发起 POST 请求。这里给出使用 urllib.request 模块发起 POST 请求的例子。

```
01    import urllib.request
02    url='http://www.baidu.com'
03    data=b"Python"
04    try:
05        response = urllib.request.urlopen(url, data=data)
06        print(response.read())
```

```
07    except Exception as result:
08        print(result)
```

代码解析：01 行导入 urllib.request 模块；02 行定义请求的网址；03 行定义字节类型数据；04~08 行表示使用 urlopen()方法携带 data 字符串，向指定网页发出 POST 请求。

注意：data 参数是字节类型数据、文件对象或可迭代对象。

② 操作 Cookie。

Cookie 是浏览器支持的一种本地存储机制，一般在服务端设置和生成，在响应请求时被自动存储在浏览器中。urllib.request 模块可以对 Cookie 进行操作，下面给出一个例子。

```
01    from urllib import request
02    from http import cookiejar
03    # 创建一个 Cookie 对象
04    cookie = cookiejar.CookieJar()
05    # 创建一个 Cookie 处理器
06    cookies = request.HTTPCookieProcessor(cookie)
07    # 创建一个 opener 对象
08    opener = request.build_opener(cookies)
09    # 使用 opener 对象发起请求
10    res =opener.open('https://www.baidu.com/')
11    print(cookies.cookiejar)
```

③ 设置 IP 代理。

运行网络爬虫的时候，经常需要设置 IP 代理，设置 urllib 的 IP 代理的范例如下。

```
01    from urllib import request
02    proxy = 'http://XX.XXX.XXX.XXX:YYYY'   #XX.XXX.XXX.XXX 代表代理服务器的 IP 地
址，   YYYY 代表代理服务器的端口
03    proxy_support = request.ProxyHandler({'http': proxy})
04    opener = request.build_opener(proxy_support)
05    request.install_opener(opener)
06    result = request.urlopen('http://baidu.com')
07    print(result)
```

④ 添加 headers。

为了顺利通过待爬取网页所在服务器的识别，urllib.request 模块还可以使用已有浏览器的请求头来请求网页，具体的代码如下。

```
01    import urllib.request
02    url="http://www.baidu.com"
03    #注意：在 urllib 中, headers 需要是字典类型的
04    headers={"User-Agent":"Mozilla/5.0 (Windows NT 6.1; WOW64; rv:6.0) Gecko/
20100101 Firefox/6.0"}
05    req=urllib.request.Request(url=url,headers=headers)
06    file=urllib.request.urlopen(req)
07    print(file.read())
```

代码解析：01 行导入 urllib.request 模块；02 行定义即将访问的网址；03~04 行定义请求头；05 行使用的 urllib.request.Request 带上了请求头，得到了一个请求对象；06 行表示使用请求头请求网页，得到一个响应对象；07 行输出响应的内容。

（2）urllib.parse 模块

urllib.parse 模块定义了 URL 的标准接口，可实现 URL 的处理，包括 URL 的解析、合并、编码、解码。urllib.parse 模块包含 urlparse()函数，该函数主要用于解析 URL 中的参数，按照一定格式对 URL 进行拆分或拼接。

urlparse()函数把 URL 拆分为 6 个部分，并以元组的形式返回，6 个部分分别是 scheme（协议）、netloc（域名）、path（路径）、params（可选参数）、query（连接键值对）、fragment（锚点）。以下述 URL 为例：https://www.baidu.com/s?ie=utf-8&f=8&rsv_bp=1&rsv_idx=1&tn=baidu&wd=java，那么该 URL 的各部分的对应关系为：scheme="https"，netloc="www.baidu.com"，path="/s"，params=""，query="ie=utf-8&f=8&rsv_bp=1&rsv_idx=1&tn=baidu&wd=java"，fragment=""，即该 URL 指定使用 HTTPS 协议。下面通过一个例子加以说明。

```
01  from urllib import parse
02  url = 'https://blog.csdn.net/weixin_43831576/article/details/84582424?
    utm_medium=distribute.pc_relevant.none-task-blog-BlogCommendFromMachin
    eLearnPai2-10.channel_param&depth_1-utm_source=distribute.pc_relevant.
    none-task-blog-BlogCommendFromMachineLearnPai2-10.channel_param'
03  """
04  url：待解析的 URL
05  scheme=''：默认的协议是 HTTP 和 HTTPS，假如解析的 URL 没有协议，可以设置为默认的协议，如
    果 URL 有协议，则设置此参数无效
06  allow_fragments=True：是否忽略锚点，True 表示不忽略，False 表示忽略
07  """
08  result = parse.urlparse(url=url,scheme='http',allow_fragments=True)
09  print(result)
10  print(result.scheme)
```

代码解析：01 行导入 parse；02 行定义要访问的网址；08 行使用默认的 URL 协议对 URL 进行解析；09 行输出解析的结果；10 行输出 URL 中使用的协议。

程序运行结果如下。

```
ParseResult(scheme='https', netloc='blog.csdn.net', path='/weixin_43831576/
article/details/84582424', params='', query='utm_medium=distribute.pc_relevant.
none-task-blog-BlogCommendFromMachineLearnPai2-10.channel_param&depth_1-utm_so
urce=distribute.pc_relevant.none-task-blog-BlogCommendFromMachineLearnPai2-10.
channel_param', fragment='')
```

urllib.parse 模块还包含 URL 的构造函数，该函数为 urlunparse()，用于构建一个完整的 URL。在使用该函数时，参数必须符合上文介绍的各部分对应关系，如果没有对应的部分，则直接设置为空字符串，请看下面的实例。

```
01  from urllib import parse
02  url_parmas = ('https', 'blog.csdn.net', '/weixin_43831576/article/details/
    84582424', '', '', '')
03  result = parse.urlunparse(url_parmas)
04  print(result)
```

代码解析：01 行导入 parse；02 行定义元组；03 行合并元组中的各个参数；04 行输出合并的结果。

运行结果如图 3-2 所示。

图 3-2　使用 URL 的构造函数的运行结果

（3）urllib.error 模块

在爬取数据时发送请求会出现各种错误，如访问不到服务器、访问被禁止等。出现错误之后，urllib 将错误信息封装成 urllib.error 模块。可将 urllib.error 模块定义为由 urllib.request 模块引发的异常类。异常处理主要用到两个类，即 urllib.error.URLError 和 urllib.error. HTTPError。

URLError 是 urllib.error 异常类的基类，具有 reason 属性，可以返回错误原因，也可以捕获由 urllib.request 模块产生的异常。引起异常的主要原因是服务器连接失败、服务器故障、远程 URL 不存在，以及触发了 HTTPError 等。

下面通过一个例子加以说明。

```
01 from urllib import request,error
02 url="https://www.baidu.cpm/"
03 try:
04     response =request.urlopen(url)
05     print(response.read())
06 except error.URLError as result:
07     print(result)
```

代码解析：01 行从 urllib 中导入 request 和 error；02 行定义请求的网址；03～07 行进行异常处理，输出 error.URLError as result 捕获的异常信息。

上面例子中，请求了一个不存在的网址，于是触发了异常。

运行结果如图 3-3 所示。

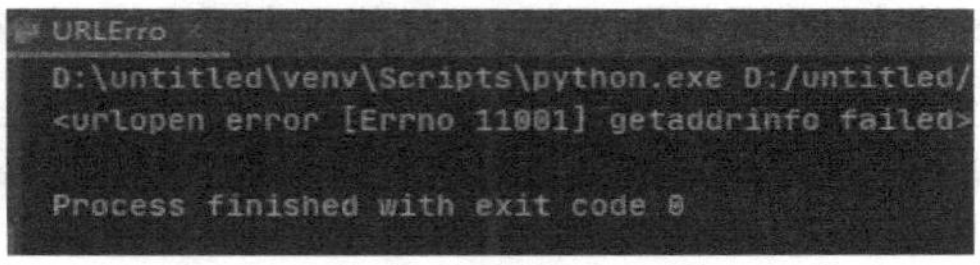

图 3-3　触发异常的运行结果

当请求一个网址，但是请求的具体网页不存在时，可以使用当前的 HTTPError 来捕获异常，请看下面的例子。

```
01 from urllib import request,error
02 url="https://www.baidu.com/s/1232323xxxx"
03 try:
04     response =request.urlopen(url)
05     print(response.read())
06 except error.HTTPError as result:
07     print(result)
```

代码解析：01 行从 urllib 中导入 request 和 error；02 行定义请求的网址；03～07 行表示访问一个不存在的网页，并使用 HTTPError 来捕获异常。

运行该程序，结果如图 3-4。

图 3-4 请求的具体网页不存在的运行结果

在运行结果中得到了 HTTP 状态码为 404。下面介绍一下网络请求中常见的状态码。
① 以 2 开头的状态码。
以 2 开头的状态码表示请求成功，具体如表 3-3 所示。

表 3-3 表示请求成功的状态码

状态码（请求成功）	含义
200	（成功）服务器已成功处理请求，即服务器提供了请求的网页
201	（已创建）请求成功且服务器创建了新的资源
202	（已接受）服务器已接受请求，但尚未处理
203	（非授权信息）服务器已成功处理请求，但返回的信息可能属于另一来源
204	（无内容）服务器成功处理了请求，但没有返回任何内容
205	（重置内容）服务器成功处理了请求，但没有返回任何内容
206	（部分内容）服务器成功处理了部分 GET 请求

② 以 3 开头的状态码。
以 3 开头的状态码表示还需做进一步的操作才能完成请求。通常，这些状态码用来重定向，表示请求被重定向的状态码如表 3-4 所示。

表 3-4 表示请求被重定向的状态码

状态码（请求被重定向）	含义
300	（多种选择）服务器可针对请求执行多项操作。服务器可为请求者（User Agent）选择一项操作，或提供操作列表让请求者选择
301	（永久移动）请求的网页已永久移动到新位置。服务器返回此响应时，会自动让请求者跳转到新位置
302	（临时移动）服务器从不同位置的网页中响应请求，但请求者继续在原有位置发起请求
303	（查看其他位置）当请求者对不同的位置使用单独的 GET 请求来检索响应时，服务器返回此状态码
304	（未修改）自从上次请求后，请求的网页未被修改。服务器返回此响应时，不会返回网页内容
305	（使用代理）请求者只能通过 IP 代理访问请求的网页。如果服务器返回此响应，则表示请求者应设置 IP 代理
307	（临时重定向）服务器从不同位置的网页中响应请求，但请求者继续在原有位置发起请求

③ 以 4 开头的状态码。
以 4 开头的状态码表示请求错误，如表 3-5 所示。

表 3-5　表示请求错误的状态码

状态码（请求错误）	含义
400	（错误的请求语法）服务器不理解请求的语法
401	（未授权）要求身份验证。对于需要登录的网页，服务器可能返回此状态码
403	（禁止）服务器拒绝请求
404	（未找到）服务器找不到请求的网页
405	（方法被禁用）禁用指定的方法
406	（不接受）无法使用请求的内容特性来响应请求的网页
407	（需要代理授权）此状态码与 401（未授权）类似，不同之处在于指定的请求者需要代理授权
408	（请求超时）服务器等候请求超时
409	（冲突）服务器在完成请求时发生冲突。服务器必须在响应中包含有关冲突的信息
410	（已删除）如果请求的资源已永久删除，服务器就会返回此状态码
411	（需要有效长度）服务器不接受不含有效长度的请求
412	（未满足前提条件）服务器未满足请求者在请求中设置的其中一个前提条件
413	（请求实体过大）服务器无法处理请求，因为请求实体过大，超出服务器的处理能力
414	（请求的 URL 过长）请求的 URL（通常为网址）过长，服务器无法处理
415	（不支持的媒体类型）请求的格式不被请求页面支持
416	（请求范围不符合要求）如果页面无法提供请求范围，则服务器返回此状态码
417	（未满足期望值）服务器未满足期望请求标头字段的要求

④ 以 5 开头的状态码。

以 5 开头的状态码表示服务器在尝试处理请求时发生了内部错误。这些内部错误可能是服务器本身的错误，而不是请求出错。表示服务器错误的状态码如表 3-6 所示。

表 3-6　表示服务器错误的状态码

状态码（服务器错误）	含义
500	（服务器内部错误）服务器遇到错误，无法完成请求
501	（尚未实施）服务器不具备完成请求的功能。例如，服务器无法识别请求方何时返回此状态码
502	（错误网关）服务器作为网关或代理，从上游服务器收到无效响应
503	（服务器不可用）服务器无法使用（超载或停机维护）。通常只是暂时的状态
504	（网关超时）服务器作为网关或代理，没有及时从上游服务器收到请求
505	（HTTP 版本不被支持）服务器不支持请求中使用的 HTTP 版本

（4）urllib.robotparser 模块

robots.txt 一般指 Robots 协议。robots.txt（统一为小写字母）是一个存放于网站根目录下的 ASCII 编码的文本文件，通常用于告诉搜索引擎的漫游器（又称网络蜘蛛），此网站中的哪些内容不应被搜索引擎的漫游器获取，哪些可以被获取。urllib.robotparser 是专门用来解析 robots.txt 文件的模块。

此模块提供单个类，RobotFileParser 用于回答特定用户代理是否可以在发布该 robots.txt 文件的网站上获取 URL 的问题。

"urllib.robotparser.RobotFileParser(url='robots.txt 文件对应的完整网址')"，该类提供了 robots.txt 文件应该在 URL 处读取、解析有关文件和回答有关问题的方法。

① read()方法。

该方法用于获取整个 robots.txt 文件。

② parse()方法。

该方法用于解析指定的行数据。

③ can_fetch(useragent,url)方法。

该方法用来判断是否允许 useragent 根据解析文件中包含的规则来获取 robots.txt 文件，也就是说可使用该方法来判断某个网页是否可以爬取。

④ mtime()方法。

返回 robots.txt 文件上次提取文件的时间，这对于需要使用 robots.txt 文件定期检查新文件或长期运行的网络爬虫非常有用。

⑤ modified()方法。

将 robots.txt 文件上次提取文件的时间设置为当前时间。

⑥ crawl_delay (useragent)方法。

返回有问题的 useragent 的 crawl-delay 参数值。

这里给出一个例子。

```
01  import urllib.robotparser
02  rp = urllib.robotparser.RobotFileParser()
03  rp.set_url("https://www.baidu.com/robots.txt")
04  rp.read()
05  print(rp.can_fetch("*",'https://wenku.baidu.com/view/edeb9eaa49d7c1c
    708a1284ac850ad02df80070a.html?fr=search-1_income6'))
```

代码解析：01 行导入 urllib.robotparser 模块；02 行实例化 RobotFileParser 类；03 行设置访问的 robots.txt 文件；04 行读取指定的 robots.txt 文件；05 行根据 can_fetch()方法判断指定的网页是否可以爬取，并打印结果。

运行程序，结果如图 3-5 所示。

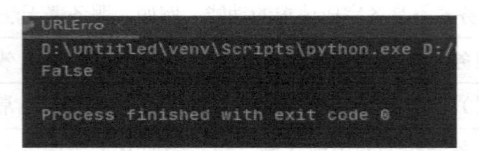

图 3-5　判断指定的网页是否可以爬取的结果

3. 字符的编码和解码

Python3 的默认编码为 Unicode，使用 str 类型数据进行表示。因为二进制数据使用 bytes 类型数据表示，所以不会将 str 类型数据和 bytes 类型数据混在一起。在实际应用中，我们经常需要将两者进行相互转换。实际上，使用 urlopen()方法返回的数据是 bytes 类型的数据，而解析数据时却往往需要 str 类型的数据，因此有必要对数据类型的转换方法做介绍。

```
01  #-*- codeing =utf-8 -*-
02  import urllib.request
```

```
03      response=urllib.request.urlopen("http://www.baidu.com")
04      print(response)
05      print(type(response.read()))
```

代码解析：02 行导入 urllib.request 模块；03 行使用 urllib.request.urlopen()方法请求指定的网页；04 行打印网页的响应内容；05 行打印响应内容的数据类型。

运行程序，结果如图 3-6 所示。

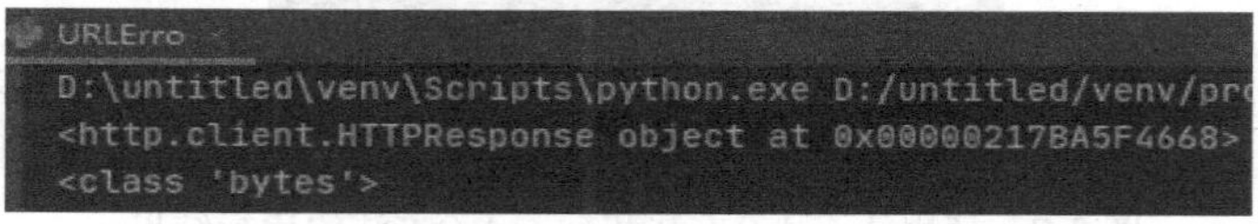

```
URLErro
D:\untitled\venv\Scripts\python.exe D:/untitled/venv/pr
<http.client.HTTPResponse object at 0x00000217BA5F4668>
<class 'bytes'>
```

图 3-6　使用 urllib.request.urlopen()方法请求指定的网页的结果

上述程序返回一个名为"HTTPResponse"的一个对象，该对象返回了请求到的网页的所有信息，可以使用 response.read()方法读取。

```
print(response.read())
```

此时可以得到整个网页的源代码，但是不直观，需要修改上述的代码，新代码如下所示。

```
print(response.read().decode('utf-8'))
```

decode()方法以指定的编码格式解码字符串，经过 decode()方法处理的编码类型为 str 类型。

注意：字符串在 Python 内部表示为 Unicode，因此在编码转换时，通常需要以 Unicode 为中间编码，即先将其他编码的字符串解码（decode）成 Unicode，再将 Unicode 编码（encode）成另一种编码。在将 bytes 类型的数据（字节码）转成 str 类型的数据时，需要使用 decode()方法，也就是 bytes→（decode）→str。在将 str 类型的数据转成 bytes 类型的数据时，需要使用 encode()方法，也就是 str→（encode）→bytes。

encode()方法的作用是将 Unicode 转换成其他编码的字符串，如 str.encode('utf-8')表示将 Unicode 编码的 str 类型的字符串转换成使用 UTF-8 编码的字符串。

```
01      import urllib.request
02      from urllib import error
03      url = "https://www.ygdy.cn/"
04      response = urllib.request.urlopen(url).read()
05      print(type(response))#字节码
06      response=response.decode('gb2312')
07      print(type(response))
08      response=response.encode('utf-8')
09      print(type(response))
10      wfile=open(r'./1.html',r'wb')
11      wfile.write(response)
12      wfile.close()
```

代码解析：01 行导入 urllib.request 模块；02 行导入 error 模块；03 行定义请求的网址；04 行把网页的响应内容放到 response 中；05 行打印 response 的数据类型；06 行将 response 的数据类型转成 str 类型；09 行打印此时 response 的数据类型；10 行以写入方式打开当前

目录下的 1.html 文件；11 行表示将 response 的内容写入 1.html 文件中；12 行表示关闭文件流。

运行结果如图 3-7 所示。

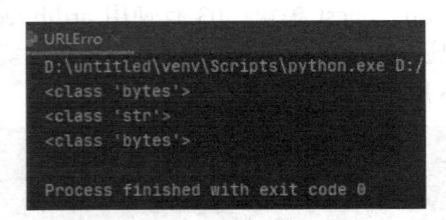

图 3-7　使用 decode()方法和 encode()方法的运行结果

任务实施

在学习了使用 urllib 框架请求网页的基础知识后，就可以使用 urllib 框架进行网页请求了。这里使用 urllib 框架的 GET 方法进行操作。

1. URL 分析

我们要爬取豆瓣电影 TOP250 栏目（https://movie.douban.com/top250?start=25&filter，该链接仅作为教学素材使用，学生可合法查找相关链接学习），下面对该链接对应的页面做一些必要分析。

页面包括 250 条电影数据，10 个网页，每个网页有 25 条电影数据。

每个网页的当前总电影数据的数值=（页数−1）*25。

先使用 Chrome 浏览器输入待访问网页地址，然后按下 F12 键进入开发者模式。借助 Chrome 开发者工具分析网页，在"Elements"选项下找到所需数据的位置。具体操作如图 3-8 所示。

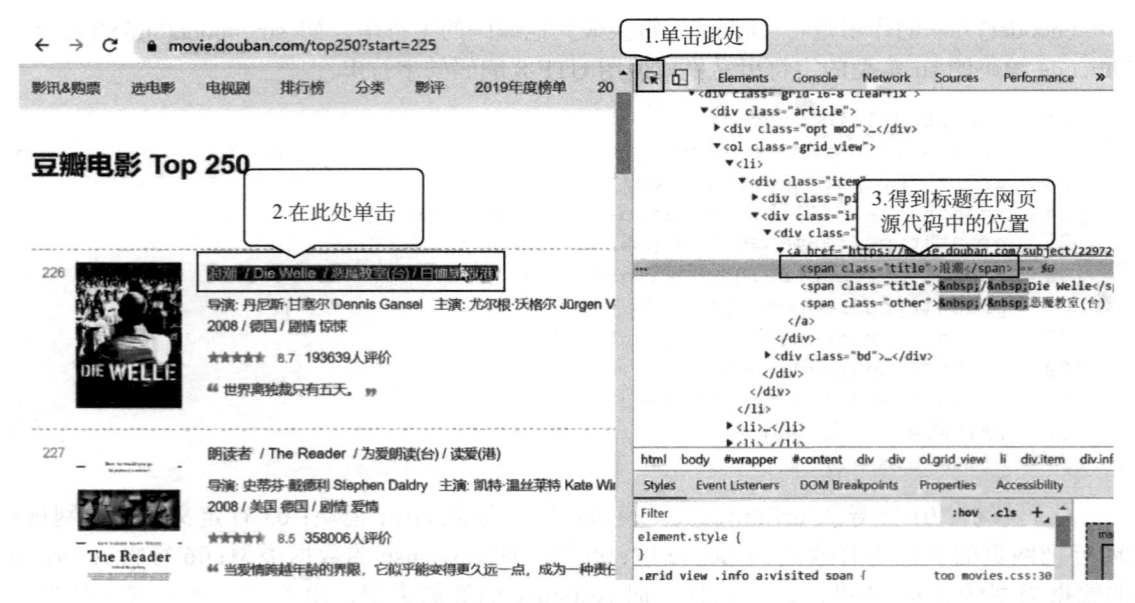

图 3-8　借助 Chrome 开发者工具分析网页

在图 3-8 中，可找到标题"浪潮"在网页源代码中的位置。

2. 编码规范

Python 程序的第一行一般都需要加入如下的一行代码，这样代码中就可以包含中文了。

```
#_*_coding:utf-8 或者 # coding=utf-8
```

在 Python 中，使用函数实现单一功能或相关功能，可以提高代码的阅读性和重复利用率。函数代码块以 def 关键字开头，后接空格、函数标识符名称、圆括号、冒号，圆括号中可以传入参数，函数段缩进（Tab 键或空格，只能选其中的一种），return 用于结束函数，可以返回一个值，也可以不带任何表达式（表示返回 None）。

Python 文件可以使用 main 函数测试程序，具体如下。

```
If __main__=="__main__":
```

3. 爬取豆瓣电影 TOP250 栏目

这里需要爬取的页面有列表页面和电影的详情页面，下面分别进行介绍。

为了更好地练习爬虫项目，在进行具体爬取工作前先对指定站点进行模拟和重构（可以使用配套的资源包来搭建本地网站），这里推荐使用 PHPStudy 集成开发环境来搭建本地网站，使用域名"http://movie.douban.cn/"访问本地资源，具体步骤如下。

① 搜索、下载最新版的 PHPStudy 集成开发环境，完成安装，并开启相关服务，单击"首页"按钮，得到如图 3-9 所示的界面。

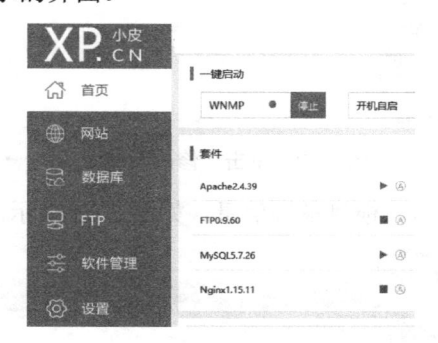

图 3-9 单击"首页"按钮得到的界面

② 开启相应服务，如图 3-10 所示。

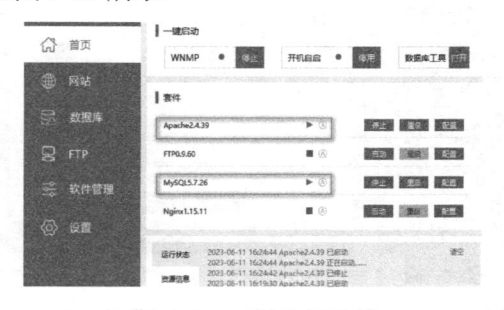

图 3-10 开启相应服务

③ 先单击"网站"按钮，然后单击"管理"按钮，如图 3-11 所示。

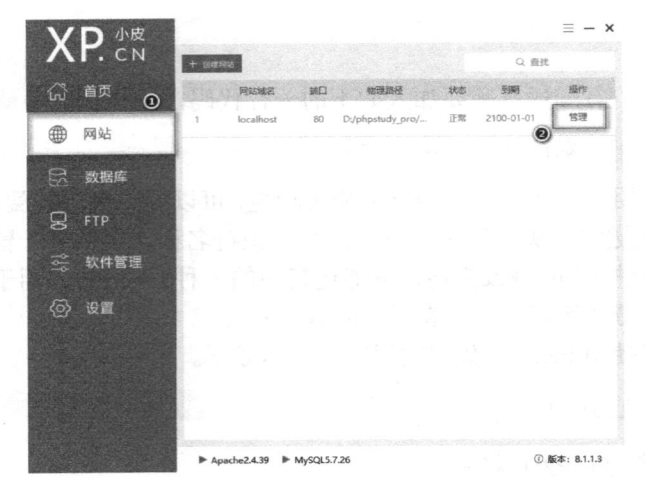

图 3-11 单击"管理"按钮

④ 单击"修改"按钮，如图 3-12 所示。

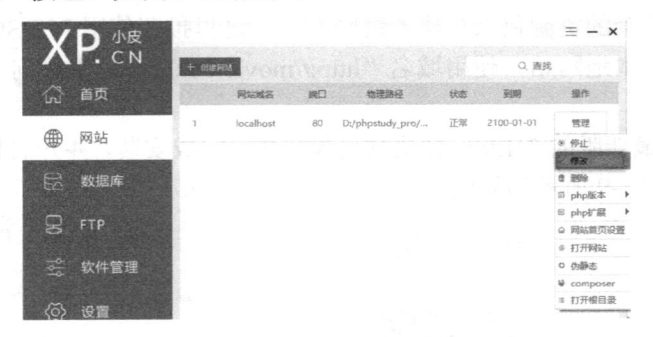

图 3-12 单击"修改"按钮

⑤ 设置访问的域名、端口、根目录等信息，如图 3-13 所示。

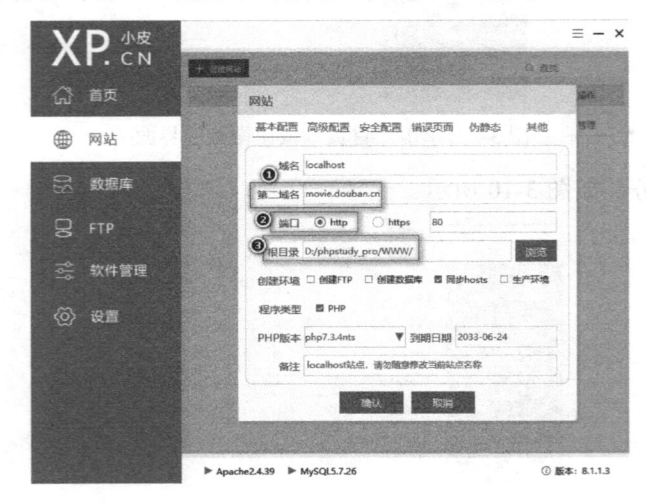

图 3-13 设置访问的域名、端口、根目录等信息

⑥ 找到"C:\Windows\System32\drivers\etc"目录下的 hosts 文件，如图 3-14 所示。

图 3-14 找到 hosts 文件

⑦ 使用 Notepad++编辑器打开 hosts 文件，添加如图 3-15 所示的内容。

```
19 # localhost name resolution is handled within DNS itself.
20 #    127.0.0.1       localhost
21 #    ::1             localhost
22
23 127.0.0.1 movie.douban.cn
24
25
```

图 3-15 添加内容

⑧ 将配套资源拷贝到服务器站点的根目录下，如图 3-16 所示。

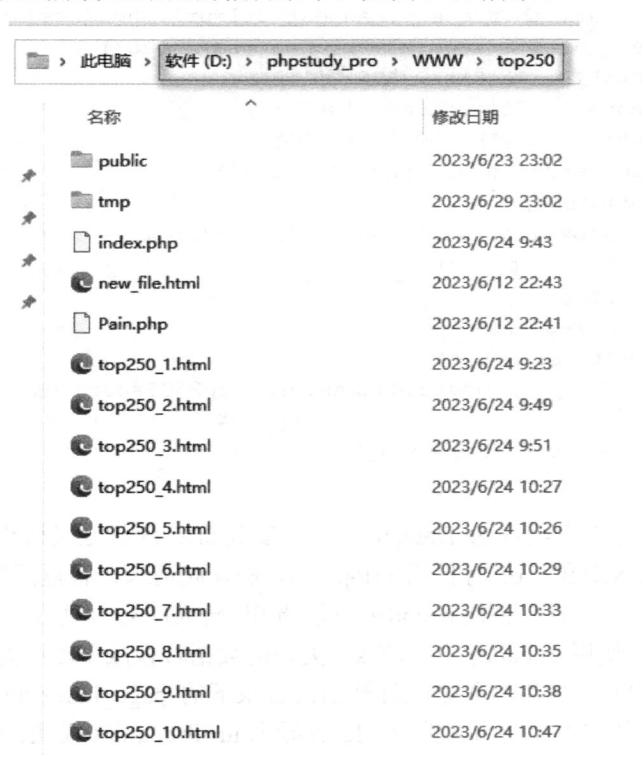

图 3-16 拷贝配套资源到服务器站点的根目录下

⑨ 测试搭建的本地网站能否正常访问，如果出现如图 3-17 所示的内容，则证明本地网站搭建成功。

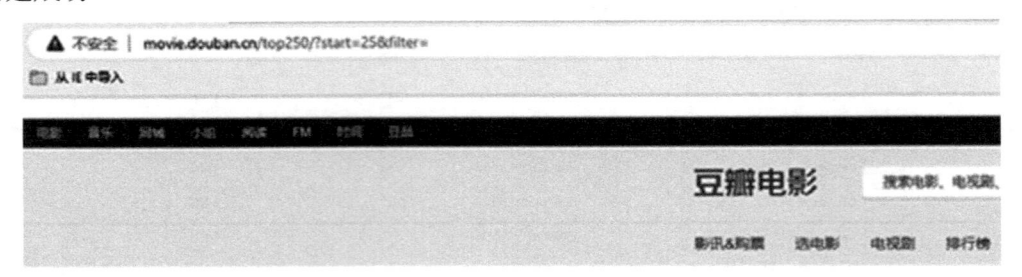

图 3-17　测试搭建的本地网站能否正常访问

本地网站能正常访问后，就可以使用 Python 开发对应的网络爬虫了。这里先不考虑分页，对应代码如下所示。

```
01  def getData(url):
02      # 注意：在 urllib 中，headers 需要是字典类型的
03      headers = {"User-Agent": "Mozilla/5.0 (Windows NT 6.1; WOW64; rv:6.0) Gecko/20100101 Firefox/6.0"}
04      req = urllib.request.Request(url=url, headers=headers)
05      file = urllib.request.urlopen(req).read()
06      print(type(file))#bytes 类型
07      response = file.decode('utf-8')
08      print(type(response))#str 类型
09      response=response.encode('utf-8')
10  print(response)
11      wfile=open(r'./page_index.html',r'wb')
12  wfile.write(response)
13  wfile.close()
14      return response
15  import urllib.request
16  baseurl='https://movie.douban.com/top250?start=0&filter'
17  #爬取列表页
18  datalist=getData(baseurl)
```

代码解析：01 行定义函数 getData()，并接收参数 url；03 行定义请求头；04 行加入 headers 等信息，并构造请求对象；05 行使用 urlopen()方法发起请求，将返回的对象放到 file 中；06 行打印 file 的数据类型；07 行使用 decode()方法将 file 转换成 str 类型的数据；08 行输出 response 的数据类型；09 行使用 encode()方法将 str 类型的数据转换成 bytes 类型的数据；10 行打印 response 的内容；11 行使用写入方式打开当前目录下的 page_index.html 文件；12 行表示将 response 写入文件中；13 行关闭文件流；15 行导入 urllib.request 模块；16 行定义请求的网址；18 行调用 getData()函数，并将返回的结果放到 datalist 中。

运行上面的程序，结果如下。

```
<class 'bytes'>
<class 'str'>
 b'<!DOCTYPE html>\n<html lang="zh-CN" class="ua-windows ua-ff6">\n<head>\n
<meta http-equiv="Content-Type" content="text/html; charset=utf-8">\n<meta name=
"renderer" content="webkit">\n <meta name= "referrer" content="always">\n <meta
name="google-site-verification" content="ok0wCgT20tBBgo9_zat2iAcimt N4Ftf5ccsh092
Xeyw" />….
```

注意：运行结果省略了部分内容。

任务拓展

逗号分隔值（Comma-Separated Values，CSV）是一种通用的文件格式，也称字符分隔值，CSV 文件以文本形式存储表格数据（如数字和文本）。CSV 文件是一个字符序列，无须包含像二进制数字那样需要被解读的数据。CSV 文件由任意数目的记录组成，记录间以某种换行符分隔；每条记录由字段组成，字段间的分隔符是其他字符或字符串，最常见的是逗号或制表符。通常，所有记录都有完全相同的字段序列，且通常都是文本文件。建议使用 WordPad 或记事本打开 CSV 文件，也可以在先另存新文档后再用 Excel 打开 CSV 文件。

爬取的数据可以采用 Excel 表格、数据库、CSV 文件存储，这里先介绍如何使用 CSV 文件保存数据。

Python 如何将数据写入 CSV 文件中，并将数据输出到控制台上？参考代码如下。

```
01 import csv
02 with open("test.csv","w",encoding='utf-8-sig') as csvfile:
03     writer=csv.writer(csvfile)
04     #先写入列名
05     writer.writerow(["编号","列1","列2"])
06     #写入多行数据
07     writer.writerows([[0,1,2],[3,4,5],[6,7,8]])
08 # 用 reader()函数读取 CSV 文件
09 with open("test.csv","r",encoding='utf-8-sig') as csvfile:
10     reader=csv.reader(csvfile)
11     for item in reader:
12         if len(item)!=0:
13             print(item)
```

代码解析：01 行导入 CSV 模块；02 行以写入方式打开 test.csv 文件，指定编码为 "utf-8-sig"，如果该文件不存在，则直接创建；03 行获取写入对象；05 行使用 writerow()方法写入列名；07 行使用 writerows()方法写入多行数据；09 行以只读方式打开 test.csv 文件；10 行使用 reader()方法进行文件读取，并将读取的文件放到 reader 对象中；11 行遍历 reader 对象；12 行表示如果 item 不为空列表，就执行下面的代码；13 行输出列表。

任务 2　使用 BeautifulSoup4 解析网页

任务演示

本次任务先使用 Python 内置的 HTTP 请求库——urllib，向服务器发出 HTTP 请求，然后将请求的网页使用 BeautifulSoup4 进行解析，最后提取该网页中包含的图片和电影标题等内容，如图 3-18 所示为解析的网页数据。

图 3-18　解析的网页数据

知识准备

BeautifulSoup4 是 Python 解析 HTML/XML 的第三方库。它主要借助网页的结构和属性等特性来解析网页。

要使用 BeautifulSoup4，必须先进行安装，安装命令如下。

```
pip install beautifulsoup4
```

安装完成以后使用如下命令导入。

```
from bs4 import beautifulsoup
```

1. BeautifulSoup4 的四个对象

BeautifulSoup4 可将复杂的 HTML 文档转换成一个复杂的树形结构，该树形结构的每个节点都是 Python 对象，Python 对象可以归纳为四种：Tag、NavigableString、BeautifulSoup、Comment。

（1）Tag

Tag 是 HTML 中的标签。通过该标签可以找到与其对应的具体内容，如在 "\<p class='title'>这是标题\</p>" 中，Tag 就是其中的标签 p。接下来介绍一下 Tag 的两大属性：name 和 attrs。

```
01    from bs4 import beautifulsoup
02    str="""
03    <p class='title'>这是标题</p>
04    <p class='sub_title'>这是副标题</p>
05    """
06    bs=beautifulsoup(str,"html.parser")
```

```
07    print(bs.p.name)
08    print(bs.p.attrs)
```

代码解析：01 行从 bs4 模块中导入 BeautifulSoup；02～05 行定义字符串；06 行使用 html.parser 解析器解析字符串；07 行将找到的第一个标签 p 的 name 属性打印出来；08 行将找到的第一个标签 p 的 attrs 属性打印出来。

运行程序，结果如下。

```
p
{'class': ['title']}
```

再看一个例子。

```
01    from bs4 import beautifulsoup
02    file=open("./baidu.html","rb")
03    html=file.read()
04    bs=beautifulsoup(html,"html.parser")#使用了html.parser解析器
05    print(bs.title)
06    print(bs.a)
07    print(bs.head)
08    print(type(bs.head)
```

代码解析：01 行表示从 bs4 模块中导入 BeautifulSoup；02 行以只读方式打开 baidu.html 文件；03 行读取 baidu.html 文件的内容；04 行使用 html.parser 解析器解析网页内容；05 行输出 title 标签的内容；06 行打印 a 标签的内容；07～08 行输出 head 标签和 bs.head 标签的类型。

运行程序，结果如下。

```
<title>百度一下，你就知道</title>
<a class="mnav" href="http://news.baidu.com" name="tj_trnews">新闻</a>
<head>
<meta content="text/html;charset=utf-8" http-equiv="Content-Type"/>
<meta content="IE=edge,chrome=1" http-equiv="X-UA-Compatible"/>
<meta content="always" name="referrer"/>
<meta content="#2932e1" name="theme-color"/>
<meta content="百度" name="description"/>
<link href="/favicon.ico" rel="shortcut icon" type="image/x-icon"/>
<link href="/content-search.xml" rel="search" title="百度" type="application/opensearchdescription+xml"/>
<link href="//www.baidu.com/img/baidu_85beaf5496f291521eb75ba38eacbd87.svg" mask="" rel="icon" sizes="any"/>
<link href="https://ss1.bdstatic.com/5eN1bjq8AAUYm2zgoY3K/r/www/cache/bdorz/baidu.min.css" rel="stylesheet">
<title>百度一下，你就知道</title>
<body link="#0000cc">
<div id="wrapper">
<div id="head">
<div class="head_wrapper">
<div id="u1">
<a class="mnav" href="http://news.baidu.com" name="tj_trnews">新闻</a>
<a class="mnav" href="http://www.hao123.com" name="tj_trhao123">hao123</a>
```

```
    <a class="mnav" href="map.baidu.com" name="tj_trmap">地图</a>
    <a class="mnav" href="http://v.baidu.com" name="tj_trvideo">视频</a>
    <a class="mnav" href="http://tieba.baidu.com" name="tj_trtieba">贴吧</a>
    <a class="bri" href="http://www.baidu.com/more" name="tj_triicon">更多产品
</a>
    </div>
    </div>
    </div>
    </div>
    </body>
    </link></head>
    <class 'bs4.element.Tag'>
```

（2）NavigableString

既然已经得到了标签，那么如果想获取标签内部的内容要怎么办呢？很简单，用 NavigableString 可以获取标签内部的内容。也就是说，如果只提取文字内容，则可以使用 NavigableString。下面通过一个例子加以说明。

```
01  from bs4 import beautifulsoup
02  file=open("./baidu.html","rb")
03  html=file.read()
04  bs=beautifulsoup(html,"html.parser")#使用html.parser解析器
05  print(bs.title)
06  print(type(bs.title.string))
07  print(bs.title.string)
```

运行程序，结果如下。

```
<title>百度一下，你就知道</title>
<class 'bs4.element.NavigableString'>
百度一下，你就知道
```

（3）BeautifulSoup

可使用 BeautifulSoup 表示整个文档对象。BeautifulSoup 表示的是一个文档的全部内容，可以把它当作 Tag，它是一个特殊的 Tag。下面通过代码获取 BeautifulSoup 的属性。

```
01  from bs4 import beautifulsoup
02  file=open("./baidu.html","rb")
03  html=file.read()
04  bs=beautifulsoup(html,"html.parser")#使用html.parser解析器
05  print(bs)
06  print("bs的属性为：")
07  print(type(bs))
```

运行程序，结果如下。

```
<!--DOCTPYE html-->
<html>
<head>
<meta content="text/html;charset=utf-8" http-equiv="Content-Type"/>
<meta content="IE=edge,chrome=1" http-equiv="X-UA-Compatible"/>
<meta content="always" name="referrer"/>
```

```
<meta content="#2932e1" name="theme-color"/>
<meta content="百度" name="description"/>
<link href="/favicon.ico" rel="shortcut icon" type="image/x-icon"/>
<link href="/content-search.xml" rel="search" title="百度" type="application/opensearchdescription+xml"/>
<link href="//www.baidu.com/img/baidu_85beaf5496f291521eb75ba38eacbd87.svg" mask="" rel="icon" sizes="any"/>
<link href="https://ss1.bdstatic.com/5eN1bjq8AAUYm2zgoY3K/r/www/cache/bdorz/ baidu.min.css" rel="stylesheet">
<title>百度一下，你就知道</title>
<body link="#0000cc">
<div id="wrapper">
<div id="head">
<div class="head_wrapper">
<div id="u1">
<a class="mnav" href="http://news.baidu.com" name="tj_trnews">新闻</a>
<a class="mnav" href="http://www.hao123.com" name="tj_trhao123">hao123</a>
<a class="mnav" href="map.baidu.com" name="tj_trmap">地图</a>
<a class="mnav" href="http://v.baidu.com" name="tj_trvideo">视频</a>
<a class="mnav" href="http://tieba.baidu.com" name="tj_trtieba">贴吧</a>
<a class="bri" href="http://www.baidu.com/more" name="tj_triicon">更多产品</a>
</div>
</div>
</div>
</div>
</body>
</link></head></html>
bs 的属性为：
<class 'bs4.BeautifulSoup'>
```

（4）Comment

Comment 是一个特殊的 NavigableString，可以提取标签内字符串的注释内容，但是输出的内容不包含注释符号。

```
01   from bs4 import beautifulsoup
02   import bs4
03   str='<a href="https://www.baidu.com/" class="sister" id="link1"><!-- This is
     Comment --></a>'
04   soup = beautifulsoup(str, 'html.parser')
05   print(soup.a.string)      # 获取注释内容
06   print("soup.a.string 的属性为:")
07   print(type(soup.a.string))
```

代码解析：01 行从 bs4 模块中导入 BeautifulSoup；02 行导入 bs4 模块；03 行定义字符串；04 行使用 html.parser 解析器进行解析；05 行获取注释内容；06~07 行输出 soup.a.string 的属性。

运行程序，结果如下。

```
This is Comment
soup.a.string 的属性为：
<class 'bs4.element.Comment'>
```

2. 文档的遍历

BeautifulSoup 可以遍历子节点、子孙节点及父节点，还可以获取其内容。

（1）contents

可以使用 contents 获取 Tag 的所有节点，并返回一个列表，也就是说 Tag 的 content 属性可以将 Tag 的子节点以列表的方式输出。

举例如下。

```
01  html = """
02  <html><head>
03  <meta content="always" name="referrer"/>
04  <meta content="#2932e1" name="theme-color"/>
05  <meta content="百度" name="description"/>
06  <link href="/favicon.ico" rel="shortcut icon" type="image/x-icon"/>
07  <link href="/content-search.xml" rel="search" title="百度" type="application/opensearchdescription+xml"/>
08  <link href="//www.baidu.com/img/baidu_85beaf5496f291521eb75ba38eacbd87.svg" mask="" rel="icon" sizes="any"/>
09  <link href="https://ss1.bdstatic.com/5eN1bjq8AAUYm2zgoY3K/r/www/cache/bdorz/baidu.min.css" rel="stylesheet">
10  <title>百度首页</title></head>
11  <body>
12  <body link="#0000cc">
13  <div id="wrapper">
14  <div id="head">
15  <div class="head_wrapper">
16  <div id="u1">
17  <a class="mnav" href="http://news.baidu.com" name="tj_trnews">新闻</a>
18  <a class="mnav" href="http://www.hao123.com" name="tj_trhao123">hao123</a>
19  <a class="mnav" href="map.baidu.com" name="tj_trmap">地图</a>
20  <a class="mnav" href="http://v.baidu.com" name="tj_trvideo">视频</a>
21  <a class="mnav" href="http://tieba.baidu.com" name="tj_trtieba">贴吧</a>
22  <a class="bri" href="http://www.baidu.com/more" name="tj_triicon">更多产品</a>
23  </div>
24  </div>
25  </div>
26  </div>
27  </body>
28  """
29  from bs4 import beautifulsoup
30  bs = beautifulsoup(html, "html.parser")   # 使用 html.parser 解析器
31  print(bs.head.contents)
32  print(bs.head.contents[1])
```

代码解析：01～28 行定义字符串 html 的内容，29 行从 bs4 模块中导入 BeautifulSoup；30 行使用 html.parser 解析器解析网页内容；31 行输出 head 标签中的所有内容；32 行获取 head 标签中的第 2 个标签的内容。

运行结果如下。

```
['\n', <meta content="always" name="referrer"/>, '\n', <meta content="#2932e1"
name="theme-color"/>, '\n', <meta content="百度" name="description"/>, '\n', <link
href="/favicon.ico" rel="shortcut icon" type="image/x-icon"/>, '\n', <link href="/
content-search.xml" rel="search" title="百度" type="application/opensearchdescri
ption+xml"/>, '\n', <link href="//www.baidu.com/img/baidu_85beaf5496f291521eb75
ba38eacbd87.svg" mask="" rel="icon" sizes="any"/>, '\n', <link href="https://ss1.
bdstatic.com/5eN1bjq8AAUYm2zgoY3K/r/www/cache/bdorz/baidu.min.css" rel="styles
heet"/>, '\n', <title>百度首页</title>]
    <meta content="always" name="referrer"/>
```

（2）children

在使用 children 获取 Tag 的所有子节点时，返回的不是一个列表，而是一个列表生成器对象。我们可以通过遍历获取所有子节点。

```
01   html="""
02   此处内容同上一个例子的内容一样
03   """
04   from bs4 import beautifulsoup
05   bs = beautifulsoup(html, "html.parser")   # 使用 html.parser 解析器
06   print("bs.head.children 的类型为：")
07   print(bs.head.children)
08   for item in bs.head.children:
09       print(item)
```

代码解析：01～03 行定义字符串 html 的内容，为省略篇幅，此处省略了定义的内容，具体内容参考上一个例子；04 行从 bs4 模块导入 BeautifulSoup；05 行使用 html.parser 解析器；06 行输出提示符；07 行打印所有子节点对象；08～09 行对所有子节点对象进行遍历。

运行结果为如下。

```
bs.head.children 的类型为：
<list_iterator object at 0x0000019BB04274A8>
bs.head.children 遍历出的内容为：
<meta content="always" name="referrer"/>
<meta content="#2932e1" name="theme-color"/>
<meta content="百度" name="description"/>
<link href="/favicon.ico" rel="shortcut icon" type="image/x-icon"/>
<link href="/content-search.xml" rel="search" title="百度" type="application/
opensearchdescription+xml"/><linkhref="//www.baidu.com/img/baidu_85beaf5496f2915
21eb75ba38eacbd87.svg" mask="" rel="icon" sizes="any"/>
<link href="https://ss1.bdstatic.com/5eN1bjq8AAUYm2zgoY3K/r/www/cache/bdorz/ baidu.
min.css" rel="stylesheet"/>
<title>百度首页</title>
```

（3）descendants

contents 和 children 都仅包含 Tag 的子节点，而 descendants 可以对所有 Tag 的子孙节点进行递归循环。和 children 类似，如果要通过 descendants 获取其中的内容，则需要对其进行遍历。

```
01   html = """
02   <html><head>
```

```
03    <meta content="always" name="referrer"/>
04    <meta content="#2932e1" name="theme-color"/>
05    <meta content="百度" name="description"/>
06    <link href="/favicon.ico" rel="shortcut icon" type="image/x-icon"/>
07    <link href="/content-search.xml" rel="search" title="百度" type="application/
      opensearchdescription+xml"/>
08    <link href="//www.baidu.com/img/baidu_85beaf5496f291521eb75ba38eacbd87.svg"
      mask="" rel="icon" sizes="any"/>
09    <link href="https://ss1.bdstatic.com/5eN1bjq8AAUYm2zgoY3K/r/www/cache/bdorz/
      baidu.min.css" rel="stylesheet">
10    <title><a href="www.baidu.com">百度首页</a></title></head>
11    <body>
12    <body link="#0000cc">
13    <div id="wrapper">
14    <div id="head">
15    <div class="head_wrapper">
16    <div id="u1">
17    <a class="mnav" href="http://news.baidu.com" name="tj_trnews">新闻</a>
18    <a class="mnav" href="http://www.hao123.com" name="tj_trhao123">hao123</a>
19    <a class="mnav" href="map.baidu.com" name="tj_trmap">地图</a>
20    <a class="mnav" href="http://v.baidu.com" name="tj_trvideo">视频</a>
21    <a class="mnav" href="http://tieba.baidu.com" name="tj_trtieba">贴吧</a>
22    <a class="bri" href="http://www.baidu.com/more" name="tj_triicon">更多
      产品</a>
23    </div>
24    </div>
25    </div>
26    </div>
27    </body>
28    from bs4 import beautifulsoup
29    bs = beautifulsoup(html, "html.parser")   # 使用html.parser解析器
30    print("bs.head.descendants 的类型为：")
31    print(bs.head.descendants)
32    print("bs.head.children 遍历出的内容为：")
33    for item in bs.head.descendants:
34        print(item)
```

运行结果如下。

```
bs.head.descendants 的类型为：
<generator object Tag.descendants at 0x000001A731D74570>
bs.head.children 遍历出的内容为：
<meta content="always" name="referrer"/>
<meta content="#2932e1" name="theme-color"/>
<meta content="百度" name="description"/>
<link href="/favicon.ico" rel="shortcut icon" type="image/x-icon"/>
<link href="/content-search.xml" rel="search" title="百度" type="application/opensearchdescription+xml"/>
<link href="//www.baidu.com/img/baidu_85beaf5496f291521eb75ba38eacbd87.svg" mask="" rel="icon" sizes="any"/>
```

```
    <link href="https://ss1.bdstatic.com/5eN1bjq8AAUYm2zgoY3K/r/www/cache/bdorz/baidu.
min.css" rel="stylesheet"/>
    <title><a href="www.baidu.com">百度首页</a></title>
    <a href="www.baidu.com">百度首页</a>
百度首页
```

（4）使用 string()方法和 strings()方法获取子节点的内容

如果一个 Tag 里面没有子节点，那么可以使用 string()方法返回 Tag 里面的内容。如果 Tag 包含了多个子节点，Tag 就无法确定 string() 方法应该调用哪个子节点的内容，那么输出结果是 None。此时需要遍历获取内容，输出的字符串中可能包含了很多的空格或空行，使用 .stripped_strings 就可以去除多余的空格或空行。

```
01   """
02   # html="""
03   # 此处内容同上一个例子的内容一样
04   # """
05   from bs4 import beautifulsoup
06   bs = beautifulsoup(html, "html.parser")   # 使用 html.parser 解析器
07   print(bs.title.string)
08   print("******"*20)
09   for item in bs.body.strings:
10       print(item)
11   print("******"*20)
12   for item in bs.body.stripped_strings:
13       print(item)
```

运行程序，结果如下。

```
百度首页
****************************************************************
新闻
hao123
地图
视频
贴吧
更多产品
****************************************************************
新闻
hao123
地图
视频
贴吧
更多产品
```

（5）使用 parent 属性和 parents 属性遍历父节点

parent 属性用来遍历父节点，parents 属性用来遍历所有父节点，请看下面的示例。

```
01   html = """
02   <html><head>
03   <meta content="always" name="referrer"/>
04   <meta content="#2932e1" name="theme-color"/>
```

```
05    <meta content="百度" name="description"/>
06    <link href="/favicon.ico" rel="shortcut icon" type="image/x-icon"/>
07    <link href="/content-search.xml" rel="search" title="百度" type="application/
      opensearchdescription+xml"/>
08    <link href="//www.baidu.com/img/baidu_85beaf5496f291521eb75ba38eacbd87.svg"
      mask="" rel="icon" sizes="any"/>
09    <link href="https://ss1.bdstatic.com/5eN1bjq8AAUYm2zgoY3K/r/www/cache/
      bdorz/baidu.min.css" rel="stylesheet">
10    <title>百度首页</title></head>
11    <body>
12    <body link="#0000cc">
13    <div id="wrapper">
14    <div id="head">
15    <div class="head_wrapper">
16    <div id="u1">
17    <a class="mnav" href="http://news.baidu.com" name="tj_trnews">新闻</a>
18    <a class="mnav" href="http://www.hao123.com" name="tj_trhao123">hao123
      </a>
19    <a class="mnav" href="map.baidu.com" name="tj_trmap">地图</a>
20    <a class="mnav" href="http://v.baidu.com" name="tj_trvideo">视频</a>
21    <a class="mnav" href="http://tieba.baidu.com" name="tj_trtieba">贴吧</a>
22    <a class="bri" href="http://www.baidu.com/more" name="tj_triicon">更多
      产品</a>
23    </div>
24    <p>@2020 Baidu </p>
25    </div>
26    </div>
27    </div>
28    </body>
29    </html>
30    """
31    from bs4 import beautifulsoup
32    bs = beautifulsoup(html, "html.parser")    # 使用 html.parser 解析器
33    p=bs.p
34    print(p.parent.name)
35    title = bs.head.title.string
36    print(title)
37    print("***"*20)
38    for item in title.parents:
39        print(item.name)
```

代码解析：01~30 行定义字符串 html 的内容；31 行从 bs4 模块中导入 BeautifulSoup；32 行使用 html.parser 解析器对字符串 html 进行解析；33 行获取字符串 html 中的 p 标签对象；34 行打印 p 标签的父节点；35 行表示取得变量 title 的内容；36 行打印变量 title 的内容；37 行打印分割线；38~39 行打印所有父节点的内容。

运行程序，结果如下。

```
div
百度首页
************************************************************
```

```
title
head
html
[document]
```

3. 文档的搜索

BeautifulSoup 还提供了搜索功能,可以根据标签名称、标签属性和正则表达式等来搜索或查找。

(1) find_all()方法

find_all()方法可以根据指定的参数查找指定的节点,而且可以找出所有符合条件的节点,该方法的原型如下。

```
find_all(name, attrs, recursive, text, **kwargs, limit)
```

参数说明:
name:基于 name 参数查找。
attrs:基于 attrs 参数查找。
recursive:基于正则表达式查找。
text:基于 text 参数查找。
**kwargs:基于函数查找。
limit:基于 limit 参数查找。

① 基于 name 参数查找。

基于 name 参数对标签进行查找,可以根据标签名称来查找该标签第一次出现的地方,在找到该标签以后,返回一个 BeautifulSoup 的标签对象。

```
01  from bs4 import beautifulsoup
02  file=open("./baidu.html","rb")
03  html=file.read()
04  bs=beautifulsoup(html,"html.parser")#使用 html.parser 解析器
05  t_list=bs.find_all("a")
06  print(t_list)
```

代码解析:01 行从 bs4 模块中导入 BeautifulSoup;02 行以只读方式打开当前目录下的 baidu.html 文件;03 行使用 read()函数读取 baidu.html 文件;04 行使用 html.parser 解析器对 html 文件进行解析;05 行输出查找到的所有 a 标签;06 行输出列表的内容。

运行程序,结果如下。

```
[<a class="mnav" href="http://news.baidu.com" name="tj_trnews"><!--新 1 闻
--></a>, <a class="mnav" href="http://news.baidu.com" name="tj_trnews">新闻</a>,
<a class="mnav" href="http://www.hao123.com" name="tj_trhao123">hao123</a>, <a
class="mnav" href="map.baidu.com" name="tj_trmap">地图</a>, <a class="mnav" href=
"http://v.baidu.com" name="tj_trvideo">视频</a>, <a class="mnav" href="http://
tieba.baidu.com" name="tj_trtieba">贴吧</a>, <a class="bri" href="http://www.baidu.
com/more" name="tj_triicon">更多产品</a>]
```

② 基于函数查找。

```
01  from bs4 import beautifulsoup
```

```
02    import re
03    file=open("./baidu.html","rb")
04    html=file.read()
05    bs=beautifulsoup(html,"html.parser")#使用了html.parser解析器
06    def name_is_exitsts(tag):
07        return tag.has_attr("name")
08    t_list=bs.find_all(name_is_exitsts)
09    for item in t_list:
10        print(item)
```

运行程序,结果如下。

```
<meta content="always" name="referrer"/>
<meta content="#2932e1" name="theme-color"/>
<meta content="百度" name="description"/>
<a class="mnav" href="http://news.baidu.com" name="tj_trnews"><!--新1闻--></a>
<a class="mnav" href="http://news.baidu.com" name="tj_trnews">新闻</a>
<a class="mnav" href="http://www.hao123.com" name="tj_trhao123">hao123</a>
<a class="mnav" href="map.baidu.com" name="tj_trmap">地图</a>
<a class="mnav" href="http://v.baidu.com" name="tj_trvideo">视频</a>
<a class="mnav" href="http://tieba.baidu.com" name="tj_trtieba">贴吧</a>
<a class="bri" href="http://www.baidu.com/more" name="tj_triicon">更多产品</a>
```

③ 基于 attrs 参数查找。

使用 find_all() 方法进行标签属性的查找,可以用 "id="head"" 这样的参数。

```
01    from bs4 import beautifulsoup
02    import re
03    file=open("./baidu.html","rb")
04    html=file.read()
05    bs=beautifulsoup(html,"html.parser")#使用 html.parser 解析器
06    t_list=bs.find_all(id="head")
07    for item in t_list:
08        print(item)
```

运行程序,结果如下。

```
<div id="head">
<div class="head_wrapper">
<div id="u1">
<a class="mnav" href="http://news.baidu.com" name="tj_trnews"><!--新 1 闻
--></a>
    <a class="mnav" href="http://news.baidu.com" name="tj_trnews">新闻</a>
    <a class="mnav" href="http://www.hao123.com" name="tj_trhao123">hao123</a>
    <a class="mnav" href="map.baidu.com" name="tj_trmap">地图</a>
    <a class="mnav" href="http://v.baidu.com" name="tj_trvideo">视频</a>
    <a class="mnav" href="http://tieba.baidu.com" name="tj_trtieba">贴吧</a>
    <a class="bri" href="http://www.baidu.com/more" name="tj_triicon">更多产品
</a>
    </div>
```

```
</div>
</div>
```

上面的程序运行结果反映出了与"id="head""相关的所有内容。如果要根据"class="mnav""查找内容,则可以使用如下代码。

```
01  from bs4 import beautifulsoup
02  import re
03  file=open("./baidu.html","rb")
04  html=file.read()
05  bs=beautifulsoup(html,"html.parser")#使用了html.parser解析器
06  t_list=bs.find_all(class_="mnav")
07  for item in t_list:
08      print(item)
```

④ 基于 text 参数查找。

如果要在文档中查找"hao123"的内容,则可以使用"find_all(text="hao123")"。

```
01  from bs4 import beautifulsoup
02  import re
03  file=open("./baidu.html","rb")
04  html=file.read()
05  bs=beautifulsoup(html,"html.parser")#使用html.parser解析器
06  t_list=bs.find_all(text="hao123")
07  for item in t_list:
08      print(item)
```

运行程序,结果如下。

```
hao123
```

如果要查找特殊的文本内容,还可以用下面的方法。

```
t_list=bs.find_all(text=re.compile("\d"))#利用正则表达式查找包含数字的文本内容
```

如果要查找多个文本内容,还可以用以下方式。

```
t_list=bs.find_all(text=["新闻","地图","hao123"])
```

⑤ 基于正则表达式查找。

```
01  html = """
02  <html><head>
03  <title>百度首页</title></head>
04  <body>
05  <body link="#0000cc">
06  <div id="wrapper">
07  <div id="head">
08  <div class="head_wrapper">
09  <div id="u1">
10  <a class="mnav" href="http://news.baidu.com" name="tj_trnews">新闻</a>
11  <a class="mnav" href="http://www.hao123.com" name="tj_trhao123">hao123
</a>
```

```
12    <a class="mnav" href="map.baidu.com" name="tj_trmap">地图</a>
13    <a class="mnav" href="http://v.baidu.com" name="tj_trvideo">视频</a>
14    <a class="mnav" href="http://tieba.baidu.com" name="tj_trtieba">贴吧</a>
15    <a class="bri" href="http://www.baidu.com/more" name="tj_triicon">更多
产品</a>
16    <span>qiantomyou@baidu.com</span>
17    </div>
18    </div>
19    </div>
20    </div>
21    </body>
22    </html>
23    """
24    from bs4 import beautifulsoup
25    import re
26    key=re.compile('\w+@\w+\.\w+')
27    bs = beautifulsoup(html, "html.parser")   # 使用 html.parser 解析器
28    print(bs.find_all(text=key))
```

代码解析：01～23 行定义字符串；24 行从 bs4 模块中导入 BeautifulSoup；25 行导入 Re 模块；26 行定义正则表达式；27 行使用了 html.parser 解析器；28 行使用正则表达式进行文本查找。

运行结果如下。

```
['qiantomyou@baidu.com']
```

⑥ 基于 limit 参数查找。

可以使用 limit 参数限制查找内容的数量。

```
01    from bs4 import beautifulsoup
02    import re
03    file=open("./baidu.html","rb")
04    html=file.read()
05    bs=beautifulsoup(html,"html.parser")#使用 html.parser 解析器
06    t_list=bs.find_all(class_="mnav",limit=3)
07    for item in t_list:
print(item)
```

运行程序，结果如下。

```
<a class="mnav" href="http://news.baidu.com" name="tj_trnews"><!-- 新 1 闻
--></a>
<a class="mnav" href="http://news.baidu.com" name="tj_trnews">新闻</a>
<a class="mnav" href="http://www.hao123.com" name="tj_trhao123">hao123</a>
```

（2）CSS 选择器

① 通过标签查找。

```
01    t_list=bs.select('title')
02    for item in t_list:
03       print(item)
```

② 通过类名查找。

```
01    t_list=bs.select(".mnav")
02    for item in t_list:
03        print(item)
```

③ 通过 ID 查找。

```
01    t_list=bs.select("#u1")
02    for item in t_list:
03        print(item)
```

④ 通过属性查找。

```
01    t_list=bs.select("a[name='tj_trmap']")
02    for item in t_list:
03        print(item)
```

⑤ 通过子标签查找。

```
01    t_list=bs.select("head > title")
02    print(t_list)
```

⑥ 通过兄弟标签查找。

```
t_list=bs.select(".mnav ~ .bri")
print(t_list[0].get_text())
```

任务实施

在学习了使用 urllib 框架请求网页和使用 BeautifulSoup4 解析网页的知识后，就可以对爬取的豆瓣电影列表数据进行解析了。

```
01    def getData(url):
02        # 注意：在urllib中, headers 需要是字典类型的
03        headers = {"User-Agent": "Mozilla/5.0 (Windows NT 6.1; WOW64; rv:6.0) Gecko/20100101 Firefox/6.0"}
04        req = urllib.request.Request(url=url, headers=headers)
05        file = urllib.request.urlopen(req).read()
06        response = file.decode('utf-8')
07        response=response.encode('utf-8')
08        wfile=open(r'./page_index.html',r'wb')
09        wfile.write(response)
10        wfile.close()
11        return response
12    movielist=[]
13    moviepic=[]
14    movietitle=[]
15    import urllib.request
16    baseurl='https://movie.douban.com/top250?start=0&filter'
17    #爬取列表页
18    datalist=getData(baseurl)
19    from bs4 import beautifulsoup
20    import re
```

```
21     bs=beautifulsoup(datalist,"html.parser")
22     pagelist=bs.find_all("div",class_="item")
23     for item in pagelist:#找到分页中的电影超链接
24         a = item.find('div', class_="hd").a
25         link = a.attrs['href']
26         movielist.append(link)
27     print("从此分页中一共找到的电影超链接为：")
28     print(movielist)
29     print("*****"*30)
30
31     for item in pagelist:#找到分页中的电影图片
32         link = item.find('img').get("src")
33         moviepic.append(link)
34     print("从此分页中一共找到的电影图片为：")
35     print(moviepic)
36     print("*****"*30)
37     print("从此分页中一共找到的电影标题为：")
38     for item in pagelist:#找到分页中的电影标题
39         link = item.find('span', class_='title').get_text()
40         movietitle.append(link)
41     print(movietitle)
```

代码解析：01 行定义函数 getData()，并接收参数，此函数用来爬取网页；03 行定义请求头；04 行用 urllib.request 带上请求头请求网页；05 行读取返回的网页数据；06 行将编码的字符串转换成 Unicode 编码；07 行将 str 类型数据转换成 bytes 类型数据；08 行以写入方式打开当前目录下的 page_index.html 文件；09 行将 response 的内容写入 page_index.html 文件中；10 行关闭文件流；11 行返回 response 的内容；12 行定义列表 movielist，用来存放分页中的电影超链接；13 行定义列表 moviepic，用来存放电影图片；14 行定义列表 movietitle，用来存放电影标题；15 行导入 urllib.request；16 行定义 baseurl；18 行调用 getData()函数得到返回的参数；19 行从 bs4 模块中导入 BeautifulSoup；20 行导入 Re 模块；21 行使用 html.parser 解析器解析数据，得到 bs 对象；22 行使用 find_all()方法查找 "class= "item""的内容；23 行遍历 pagelist；24 行使用 find()方法调用 "class="hd""的内容中的超链接内容；25 行获取超链接；26 行将获取的超链接添加到列表 movielist 中；27 行输出提示语；28 行输出 movielist 列表的内容；29 行输出分割线；31 行遍历 pagelist；32 行使用 find()方法查找 src 等于 img 的内容；33 行将找到的电影图片保存到 moviepic 中；34 行输出提示语；35 行输出 moviepic 列表的内容；36 行输出分割线；37 行输出提示语；38 行遍历 pagelist；39 行使用 find()方法查找与 "class= 'title'"对应的内容；40 行将电影标题添加到 movietitle 列表中；41 行输出列表 movietitle 的内容。

程序运行结果如下。

从此分页中一共找到的电影超链接为：
['https://movie.douban.com/subject/1292052/', 'https://movie.douban.com/subject/1291546/', 'https://movie.douban.com/subject/1292720/', 'https://movie.douban.com/subject/1295644/','https://movie.douban.com/subject/1292722/','https://movie.douban.com/subject/1292063/','https://movie.douban.com/subject/1291561/', 'https://movie.douban.com/subject/1295124/','https://movie.douban.com/subject/3541415/', 'https://movie.douban.com/subject/3011091/','https://movie.douban.com/subject/

1292001/','https://movie.douban.com/subject/1889243/','https://movie.douban.com/subject/1292064/','https://movie.douban.com/subject/3793023/','https://movie.douban.com/subject/2131459/', 'https://movie.douban.com/subject/1291549/','https://movie.douban.com/subject/1292213/', 'https://movie.douban.com/subject/5912992/','https://movie.douban.com/subject/25662329/','https://movie.douban.com/subject/1307914/','https://movie.douban.com/subject/1291841/','https://movie.douban.com/subject/1291560/','https://movie.douban.com/subject/1849031/','https://movie.douban.com/subject/3319755/', 'https://movie.douban.com/subject/6786002/']
****

从此分页中一共找到的电影图片为：

['https://img2.doubanio.com/view/photo/s_ratio_poster/public/p480747492.jpg', 'https://img3.doubanio.com/view/photo/s_ratio_poster/public/p2561716440.jpg', 'https://img2.doubanio.com/view/photo/s_ratio_poster/public/p2372307693.jpg', 'https://img3.doubanio.com/view/photo/s_ratio_poster/public/p511118051.jpg', 'https://img9.doubanio.com/view/photo/s_ratio_poster/public/p457760035.jpg', 'https://img2.doubanio.com/view/photo/s_ratio_poster/public/p2578474613.jpg', 'https://img1.doubanio.com/view/photo/s_ratio_poster/public/p2557573348.jpg', 'https://img2.doubanio.com/view/photo/s_ratio_poster/public/p492406163.jpg', 'https://img2.doubanio.com/view/photo/s_ratio_poster/public/p2616355133.jpg', 'https://img1.doubanio.com/view/photo/s_ratio_poster/public/p524964039.jpg', 'https://img9.doubanio.com/view/photo/s_ratio_poster/public/p2574551676.jpg', 'https://img1.doubanio.com/view/photo/s_ratio_poster/public/p2614988097.jpg', 'https://img2.doubanio.com/view/photo/s_ratio_poster/public/p479682972.jpg', 'https://img3.doubanio.com/view/photo/s_ratio_poster/public/p579729551.jpg', 'https://img3.doubanio.com/view/photo/s_ratio_poster/public/p1461851991.jpg', 'https://img3.doubanio.com/view/photo/s_ratio_poster/public/p1910824951.jpg', 'https://img9.doubanio.com/view/photo/s_ratio_poster/public/p2455050536.jpg', 'https://img9.doubanio.com/view/photo/s_ratio_poster/public/p1363250216.jpg', 'https://img1.doubanio.com/view/photo/s_ratio_poster/public/p2614500649.jpg', 'https://img2.doubanio.com/view/photo/s_ratio_poster/public/p2564556863.jpg', 'https://img9.doubanio.com/view/photo/s_ratio_poster/public/p616779645.jpg', 'https://img9.doubanio.com/view/photo/s_ratio_poster/public/p2540924496.jpg', 'https://img9.doubanio.com/view/photo/s_ratio_poster/public/p2614359276.jpg', 'https://img1.doubanio.com/view/photo/s_ratio_poster/public/p501177648.jpg', 'https://img9.doubanio.com/view/photo/s_ratio_poster/public/p1454261925.jpg']
****

从此分页中一共找到的电影标题为：

['肖申克的救赎', '霸王别姬', '阿甘正传', '这个杀手不太冷', '泰坦尼克号', '美丽人生', '千与千寻', '辛德勒的名单', '盗梦空间', '忠犬八公的故事', '海上钢琴师', '星际穿越', '楚门的世界', '三傻大闹宝莱坞', '机器人总动员', '放牛班的春天', '大话西游之大圣娶亲', '熔炉', '疯狂动物城', '无间道', '教父', '龙猫', '当幸福来敲门', '怦然心动', '触不可及']

任务拓展

除了可以使用 BeautiflSoup4 自带的方法解析网页外，还可以使用 Python 的正则表达式进行解析。

```python
def getData(html):#解析数据
    from bs4 import beautifulsoup
    import re
    datalist=[]
    findLink=re.compile(r'<a href="(.*?)">')#创建正则表达式对象,用于表示规则
    #影片的片名
    findTitle=re.compile(r'<span class="title">(.*)</span>')
    #影片图片的链接规则
    findImgSrc=re.compile(r'<img .*src="(.*?)" ',re.S)#忽略换行符
    #影片的评分
    findRating=re.compile(r'<span class="rating_num" property="v:average">(.*)</span>')
    #评价人数
    findJudge=re.compile(r'<span>(\d)人评价</span>')
    #概况
    findInq=re.compile(r'<span class="inq">(.*)</span>')
    #找到影片的相关内容
    findBd=re.compile(r'<p class="">(.*?)</p>',re.S)
    #逐一解析数据
    soup=beautifulsoup(html,"html.parser")
    for item in soup.find_all('div',class_="item"):#查找符合要求的字符串,形成列表
        data=[]#保存一部电影的所有信息
        item=str(item)
        link=re.findall(findLink,item)[0]#获取影片详情超链接
        data.append(link)
        imgSrc=re.findall(findImgSrc,item)[0]
        data.append(imgSrc)
        titles=re.findall(findTitle,item)
        if(len(titles)==2):
            ctitle=titles[0]
            data.append(ctitle)#添加中文名
            otitle=titles[1].replace("/","")#去掉无关的符号
            data.append(otitle)#添加英文名
        else:
            data.append(titles[0])
            data.append(' ')#如果没有英文名,就留空白
        rating=re.findall(findRating,item)[0]
        data.append(rating)#添加评分
        judgeNum=re.findall(findJudge,item)
        data.append(judgeNum)
        inq=re.findall(findInq,item)
        if len(inq) > 0:
            inq=inq[0].replace("。","")#去掉句号
            data.append(inq)#添加概述
        else:
            data.append("")    # 添加概述
        bd=re.findall(findBd,item)[0]
        bd=re.sub('<br(\s+)/>(\s+)',"",bd)#去掉br
        bd=re.sub('/',"",bd)  #替换/
        data.append(bd.strip())#去掉前后的空格
        datalist.append(data)#把一部电影放到datalist中
    return datalist
```

```
52      #爬取网页
53      def crawler():
54          import urllib.request
55          baseurl = 'https://movie.douban.com/top250?start=0&filter'
56          headers = {
57              "User-Agent":"Mozilla/5.0 (Windows NT 6.1; WOW64) AppleWebKit/537.36 (KHTML, like Gecko) Chrome/72.0.3626.121 Safari/537.36",
58              }
59          req = urllib.request.Request(url=baseurl, headers=headers)   # 构建一个请求对象
60          response = urllib.request.urlopen(req)
61          html=(response.read().decode("utf-8"))
62          return html
63      #调用函数解析数据
64      datalist=getData(crawler())
65      print(datalist)
```

任务3　使用 XPath 解析网页数据

任务演示

本次任务需要使用 XPath 解析网页数据，经解析的数据便于持久化存储，如图 3-19 所示。

```
['https://movie.douban.com/subject/1295644/']
['https://img2.doubanio.com/view/photo/s_ratio_poster/public/p511118051.jpg']
['这个杀手不太冷', '\xa0/\xa0Léon', '\xa0/\xa0终极追杀令(台)　/　杀手莱昂']
['\n                            导演: 吕克·贝松 Luc Besson\xa0\xa0\xa0主演: 让·雷诺']
['9.4']
['2247091人评价']
```

图 3-19　使用 XPath 解析网页数据

知识准备

XPath 的安装和使用

除了可以使用 BeautifulSoup4 解析网页数据，还可以使用 Python 的正则表达式，但两者都不够简单、高效。辅助工具 XPath 解决了这一问题，下面介绍 XPath 的安装和基本用法。

教学视频

XPath（XML Path）是一种查询语言，它能在 XML（eXtensible Markup Language，可扩展标记语言）和 HTML 的树状结构中寻找节点。形象地说，XPath 是一种根据"地址"来"找人"的语言。

当用正则表达式提取信息时，经常会出现不明原因导致无法提取想要的内容，即便绞尽脑汁把想要的内容提取出来了，但却浪费了太多的时间。

（1）XPath 的安装

在 Windows 环境下，可使用命令"pip install lxml"安装 XPath。

如果使用上面的命令安装失败，则可以下载 wheel 文件来安装。

（2）XPath 的节点关系

XPath 共有 7 种类型的节点：元素、属性、文本、命名空间、处理指令、注释、文档节点（也被称为根节点）。每个 XML 的标签都被称为节点，其中，最顶层的节点称为根节点。根节点也称父节点，有父节点必然有对应的子节点、兄弟节点等，如图 3-20 所示。

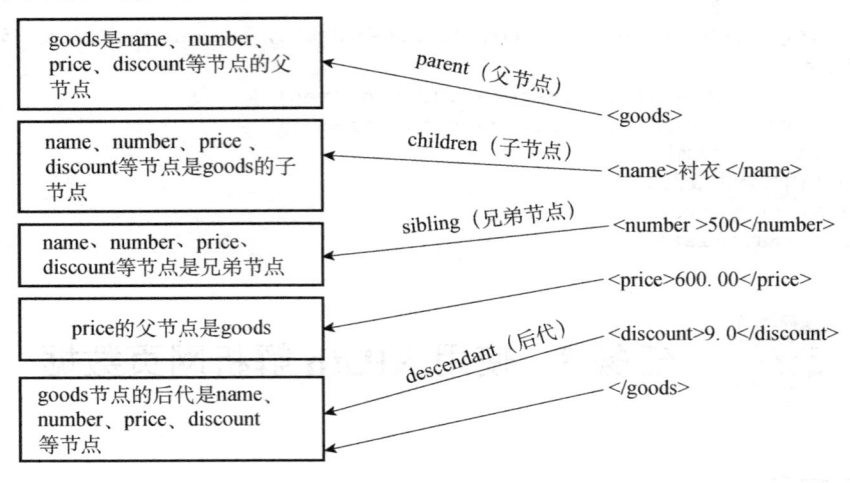

图 3-20 XPath 的节点关系

（3）XPath 的语法

由于 XPath 是通过路径表达式从 XML 文档或 HTML 文档中选取节点或节点位置的，因此有必要对描述节点和节点路径的相关术语做简单介绍。

① 使用 XPath 选取节点

XPath 使用路径表达式在 XML 文档中选取节点。节点是沿路径选取的，通过路径可以找到想要的节点或者节点范围。使用 XPath 选取节点的路径表达式如表 3-7 所示。

表 3-7 使用 XPath 选取节点的路径表达式

表达式	描述	用法	说明
nodename	选取此节点的所有子节点	xpath('li')	选取 li 元素的所有子节点
/	从根节点选取节点	xpath('/span')	从根节点选取 span 节点
//	从当前节点选择文档中的节点，不考虑位置	xpath('//span')	从当前节点选取含有 span 节点的标签
.	选取当前节点	xpath('./span')	选取当前节点下含 span 节点的标签
..	选取当前节点的父节点	—	回到上一级节点
@	选取属性	xpath("//div[@id='1001']")	获取 div 标签中含有 ID 属性且值为 1001 的属性

② 使用谓语选取节点

可使用谓语查找某个特定的节点或包含某个指定值的节点，谓语被嵌在方括号中，带有谓语的路径表达式如表 3-8 所示。

表 3-8　带有谓语的路径表达式

路径表达式	结果
div	选择 div 元素
/div	选择 div 根元素，获取某元素的绝对路径
div/span	选择 div 的子元素的所有 span 元素
//div	选择所有 div 元素（不管 div 元素的位置在哪里）
//img/@data-id	选择 img 标签属性中带有 data-id 的元素
//div/span/text()	选择 div 元素的 span 元素，获取其内容

下面通过一个实例来说明带有谓语的路径表达式的用法。

```
01 from lxml import etree
02 text = '''
03 <html>
04 <head>
05 <title>这是标题</title>
06 </head>
07 <body>
08 <div> <ul>
09     <li class="item-1"><a href="link1.html">first item</a></li>
10     <li class="item-1"><a href="link2.html">second item</a></li>
11     <li class="item-inactive"><a href="link3.html">third item</a></li>
12     <li class="item-1"><a href="link4.html">fourth item</a></li>
13     <li class="item-0"><a href="link5.html">fifth item</a>
14 </ul> </div>
15     <div class="mybox">
16     <span>span 元素</span>
17     测试数据
18     <div>
19     <img src="img/pic.png" data-id="01" data-path="./img/pic.png">
20     <img src="img/pic01.png">
21 </body>
22 </html>
23       '''
24 html = etree.HTML(text)
25 div_list = html.xpath("//div/span/text()")
26 print(div_list)
27 print(len(div_list))
28 div_list1=html.xpath("/div")
29 print("从根目录 html 位置开始找 div 的结果："+str(div_list1))
30 div_list1=html.xpath("/html/body/div")
31 print("从根目录 html 位置开始找 body 目录下 div 的结果："+str(div_list1))
32 photo=html.xpath("//img/@data-id")
33 print(photo)
34 photo1=html.xpath("//img/@src")
35 print(photo1)
36 photo2=html.xpath("//img")
37 print(photo2)
38 span=html.xpath("./span")
39 print(span)
```

代码解析：01 行表示从 lxml 中导入 etree 模块；02～23 行定义字符串；24 行调用 HTML 类进行初始化，构造 XPath 解析对象；25 行使用 XPath 表达式获取 div 元素下的所有 span 元素，并获取其内容；26 行输出列表 div_list；27 行输出列表 div_list 的长度；28～29 行表示从根目录 html 位置开始找 div，并输出结果；30～31 行表示从根目录 html 位置开始找 body 目录下的 div，并输出结果；32～33 行表示查找出 img 标签中带有 data-id 自定义属性的内容；34～35 行获取所有的 src 标签；36～37 行获取所有的 img 对象；38～39 行从当前位置出发，查找所有的 span。

运行程序，结果如图 3-21 所示。

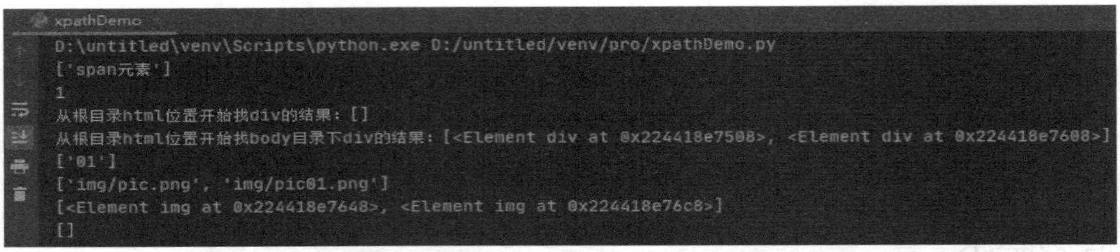

图 3-21 使用带有谓语的路径表达得到的结果

③ 使用 XPath 查找特定的节点

使用 XPath 查找特定节点的路径表达式如表 3-9 所示。

表 3-9 使用 XPath 查找特定节点的路径表达式

路径表达式	结果
//name[@lang="eng"]	选择 lang 属性的值为 eng 的所有 name 元素
//goods/name[1]/text()	选择 goods 元素下的第一个 name 元素，并获取其内容
//goods/name[last()]/text()	选择 goods 元素下的最后一个 name 元素，并获取其内容
//goods/name[last()−1]/text()	选择 goods 元素下的倒数第二个 name 元素，并获取其内容
//goods/price[.>8]/text()	选择 goods 元素中数值大于 8 的 price，并获取其内容
//goods/price[.=8]/text()	选择 goods 元素中数值等于 8 的 price，并获取其内容

下面给出一个实例。

```
01 from lxml import etree
02 text = '''
03 <html>
04 <head>
05 <title>这是标题</title>
06 </head>
07 <body>
08      <goods>
09          <name>苹果</name>
10          <cat>水果</cat>
11          <price>6.00</price>
12          <name lang="eng">香蕉</name>
13          <cat>水果</cat>
14          <price>8.00</price>
15          <name >手机</name>
```

```
16          <cat>通讯</cat>
17          <price>1500.00</price>
18       </goods>
19    </body>
20  </html>
21       '''
22  html = etree.HTML(text)
23  goods_list = html.xpath('//name[@lang="eng"]/text()')
24  print("选择 lang 属性值为 eng 的所有 name 元素："+str(goods_list))
25  goods_list1 = html.xpath('//goods/name[1]/text()')  # 第一个元素
26  print("选择 goods 元素下的第一个 name 元素"+str(goods_list1))
27  goods_list2 = html.xpath('//goods/name[last()]/text()')  # 最后一个元素
28  print("选择 goods 元素下的最后一个 name 元素"+str(goods_list2))
29  goods_list3 = html.xpath('//goods/name[last()-1]/text()')  # 倒数第二个元素
30  print("选择 goods 元素下的倒数第二个 name 元素"+str(goods_list3))
31  goods_list4 = html.xpath('//goods/cat[text()="通讯"]/text()')  # 根据指定
    内容查找
32  print("根据指定内容精确查找的结果为："+str(goods_list4))
33  goods_list5 = html.xpath('//goods/price[.>8]/text()')   # 使用大于符号查找
34  print("价格大于 8 的元素为：" + str(goods_list5))
35  goods_list5 = html.xpath('//goods/price[.=8]/text()')   # 使用.=精确查找
36  print("使用.=精确查找的结果为：" + str(goods_list5))
```

代码解析：01 行表示从 lxml 中导入 etree 模块；02～21 行定义字符串；22 行表示调用 HTML 类进行初始化，构造 XPath 解析对象；23～24 行表示选择 lang 属性值为 eng 的所有 name 元素；25～26 行表示选择 goods 元素下的第一个 name 元素；27～28 行表示选择 goods 元素下的最后一个 name 元素；29～30 行表示选择 goods 元素下的倒数第二个 name 元素；31～32 行表示进行精确查找，找到满足"cat [text()="通讯""的 cat 并输出；33～34 行使用 ".>" 进行查找并输出；35～36 行使用 ".=" 实现精确查找并输出。

运行程序，结果如图 3-22 所示。

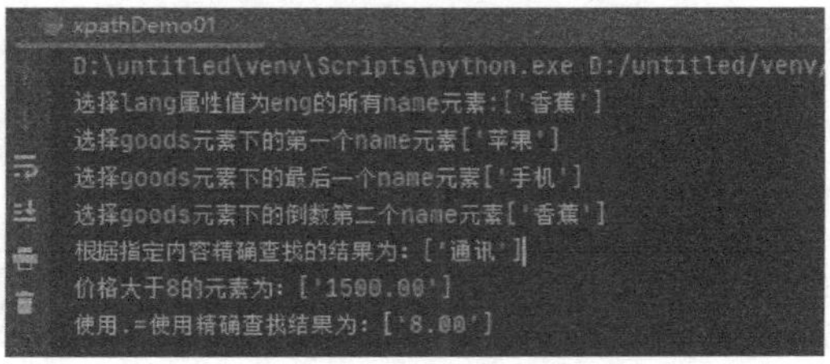

图 3-22 使用 XPath 查找特定节点的结果

④ 不常用的查找方法。

几种不常用的查找方法如表 3-10 所示。

表 3-10 几种不常用的查找方法

路径表达式	结果
//bookstore/book[1]/*[not (@*)]	使用 not 反向取数
//book[@category and @cover]	使用 and 匹配多个满足要求的元素
//book[@category or @cover]	使用 or 定位多个元素
//book/price[contains(.,"29")]	使用 contains 属性进行模糊匹配

示例代码如下。

```
01 from lxml import etree
02 text="""
03 <bookstore>
04 <book category="children">
05 <title lang="en">Harry Potter</title>
06 <author>J K. Rowling</author>
07 <year>2005</year>
08 <price>29.99</price>
09 </book>
10 <book category="cooking">
11 <title lang="en">Everyday Italian</title>
12 <author>Giada De Laurentiis</author>
13 <year>2005</year>
14 <price>30.00</price>
15 </book>
16 <book category="web" cover="paperback">
17 <title lang="en">Learning XML</title>
18 <author>Erik T. Ray</author>
19 <year>2003</year>
20 <price>39.95</price>
21 </book>
22 <book category="web">
23 <title lang="en">XQuery Kick Start</title>
24 <author>James McGovern</author>
25 <author>Per Bothner</author>
26 <author>Kurt Cagle</author>
27 <author>James Linn</author>
28 <author>Vaidyanathan Nagarajan</author>
29 <year>2003</year>
30 <price>49.99</price>
31 </book>
32 </bookstore>
33
34 """
35 html = etree.HTML(text)
36 book_list = html.xpath('//bookstore/book[1]/*[not (@*)]/text()')
37 print(book_list)
38 book_list1 = html.xpath('//book[@category and @cover]/title/text()')
39 print(book_list1)
40 book_list2 = html.xpath('//book/price[contains(.,"29")]/text()')
41 print(book_list2)
```

代码解析：01 行表示导入 etree 模块；02~34 行定义字符串，用于模拟网页中的内容；35 行使用 etree.HTML()方法结构化数据；36 行使用 not 运算符号获取内容；38 行使用 and 运算符获取内容；40 行使用 contains 关键字获取内容。

运行结果如图 3-23 所示。

图 3-23 使用几种不常见的查找方法查找数据

任务实施

在介绍了 XPath 的基本语法,并使用了 urllib.request.Request()方法请求到网页数据后,就可以使用 XPath 的基本语法解析获取到的响应数据了,对应的代码如下。

```
01 import urllib.request
02 from lxml import etree
03 def getData(url):
04     # 注意: 在urllib中, headers 需要是字典类型的
05     headers = {"User-Agent": "Mozilla/5.0 (Windows NT 6.1; WOW64; rv:6.0) Gecko/20100101 Firefox/6.0"}
06     req = urllib.request.Request(url=url, headers=headers)
07     file = urllib.request.urlopen(req).read()
08     response = file.decode('utf-8')
09     response=response.encode('utf-8')
10     return response
11 baseurl='https://movie.douban.com/top250?start=0&filter'
12 #爬取列表页
13 datalist=getData(baseurl)
14 html = etree.HTML(datalist)
15 pagelist=html.xpath('.//div[@class="item"]')
16 #获取超链接
17 for item in pagelist:#找到分页页面中的每个超链接
18    a=item.xpath(".//div[@class='hd']/a/@href")
19    print(a)
20    #获取电影图片
21    img = item.xpath(".//img/@src")
22    print(img)
23    #获取电影标题
24    title = item.xpath(".//div[@class='hd']/a/span/text()")
25    print(title)
26    # 获取电影的导演信息
27    direct = item.xpath(".//div[@class='info']/div[@class='bd']/p/text()")
28    print(direct)
29    # 获取电影评分
30    rating_num = item.xpath(".//span[@class='rating_num']/text()")
31    print(rating_num)
32
33    num = item.xpath(".//div[@class='star']/span[4]/text()")
34    print(num)
35    #获取电影评价
36    inq = item.xpath(".//span[@class='inq']/text()")
37    print(inq)
```

代码解析：01 行导入 urllib.request 模块；02 行导入 etree 模块；03~10 行定义获取数据的函数；05 行定义请求头；06 行发起 GET 请求；07 行使用 read()函数获取网页的响应内容；08 行指定网页的响应内容采用 UTF-8 编码；10 行返回网页的响应内容；11 行定义要爬取的网址；13 行调用 getData()函数接收响应内容；14 行使用 etree.HTML()方法格式化数据，使得使用 XPath 提取数据成为可能；15 行使用 XPath 找出满足 class 等于 item 的 div；17 行表示找出分页页面中的每个超链接；18 行获取超链接中的具体内容；20~37 行获取电影的详细信息。

任务拓展

这里介绍 XPath 的一款插件——XPath Helper，XPath Helper 是一款专用于谷歌浏览器的实用型网页解析工具，可以免费使用。

我们可以通过搜索引擎下载该插件，也可以通过本书提供的资源包找到该插件。接下来介绍一下该插件的安装方法。

① 如果得到的是 xxx.crx 文件，先将该文件的文件名修改为 xxx.rar，然后进行解压，得到解压文件如图 3-24 所示。

图 3-24 解压文件

② 先依次单击谷歌浏览器右上角的"更多工具"→"扩展程序"按钮，然后单击"加载已解压的扩展程序"按钮，选择刚刚解压的文件夹，则安装成功。

【教你一招】打开谷歌浏览器，在地址栏输入"chrome://extensions/"，按下回车键，通过这种方法可以直接进入扩展程序界面中。

接下来介绍一下该插件的使用步骤。

① 重启浏览器，按下 Ctrl+Shift+X 组合键开启 XPath Helper 插件，开启界面如图 3-25 所示。

图 3-25　XPath Helper 插件的开启界面

② 选择开启 XPath Helper，如图 3-26 所示。

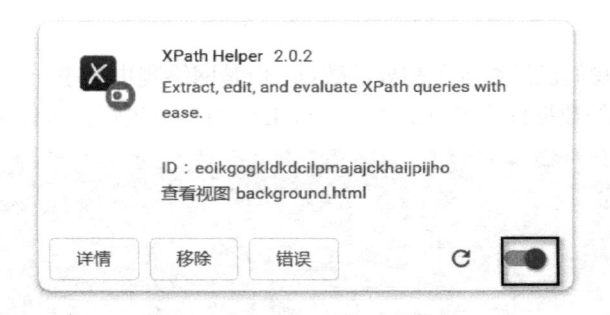

图 3-26　选择开启 XPath Helper

③ 做进一步的设置，让 XPath Helper 在浏览器上显示，操作步骤如图 3-27 所示。

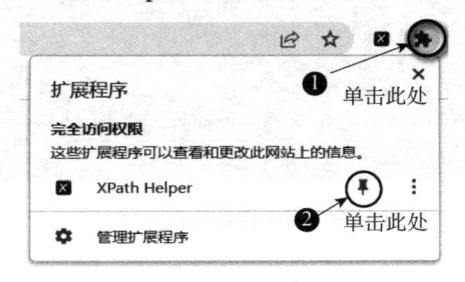

图 3-27　让 XPath Helper 在浏览器上显示

④ 先按住 Ctrl+Shift 组合键不放，将鼠标光标指向需要提取的段落，再按下 X 键开始提取或停止提取，提取到的段落会标记为黄色，如图 3-28 所示。

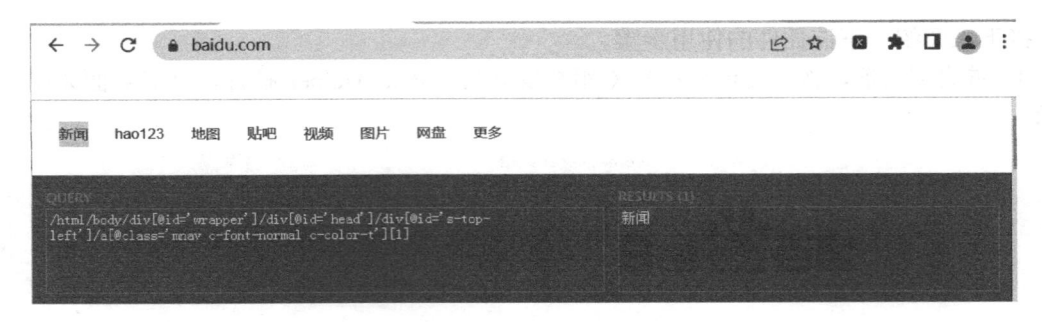

图 3-28　使用 XPath Helper 提取段落

如图 3-28 所示，黑色框的左侧区域为 XPath 的路径表达式，可以根据此表达式在黑色框的右侧区域得到"新闻"。

任务 4　数据的持久化存储

任务演示

在前面的任务中，我们已经得到了想要的数据，但是网络爬虫程序一旦停止，数据就会消失，因此，还需要将提取到的数据使用 Excel 文件和 SQLite 数据库进行持久化存储，如图 3-29 所示。

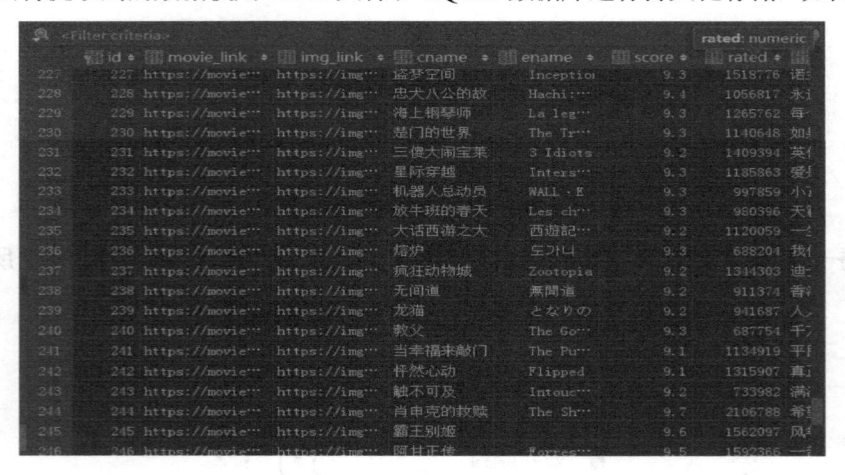

图 3-29　实现数据的持久化存储

知识准备

SQLite 数据库的创建、插入、查询、更新、删除操作

SQLite 是一个实现了自给自足、无服务器、零配置、事务性的 SQL 数据库引擎，是在世界上部署最广泛的 SQL 数据库引擎。下面介绍 SQLite 数据库

教学视频

的创建、插入、查询、更新、删除操作。

```
01  import sqlite3
02  conn=sqlite3.connect("test.db")
03  print("创建数据库成功")
```

代码解析：01 行导入 SQLite3 模块；02 行创建连接对象，指定数据库名为"test.db"，如果数据库不存在，则自动创建；如果数据库存在，则打开此数据库；03 行用于提示用户数据库已经创建成功。

运行程序，结果如图 3-30 所示。

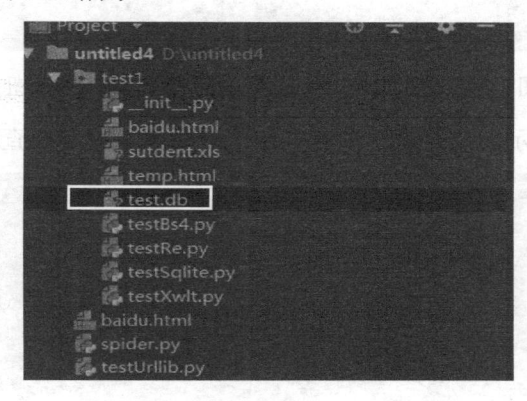

图 3-30　创建 SQLite 数据库

如何在 PyCharm 中查看 SQLite 数据库呢？具体步骤如下。

① 在打开的 PyCharm 软件右上方单击"Database"按钮，如图 3-31 所示。

图 3-31　单击"Database"按钮

② 单击"+"按钮，如图 3-32 所示。

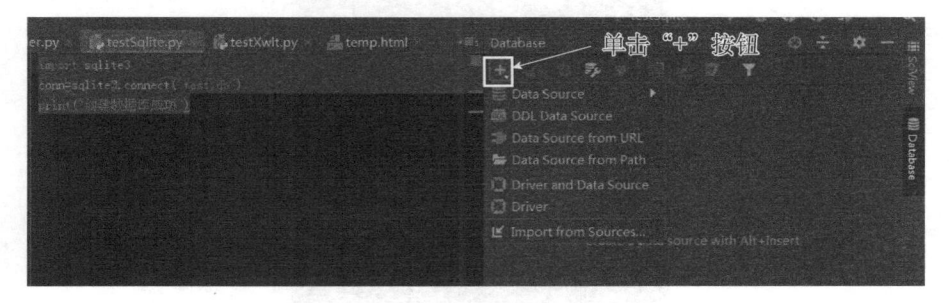

图 3-32　单击"+"按钮

③ 依次单击"Data Source"→"Sqlite"按钮，如图 3-33 所示。

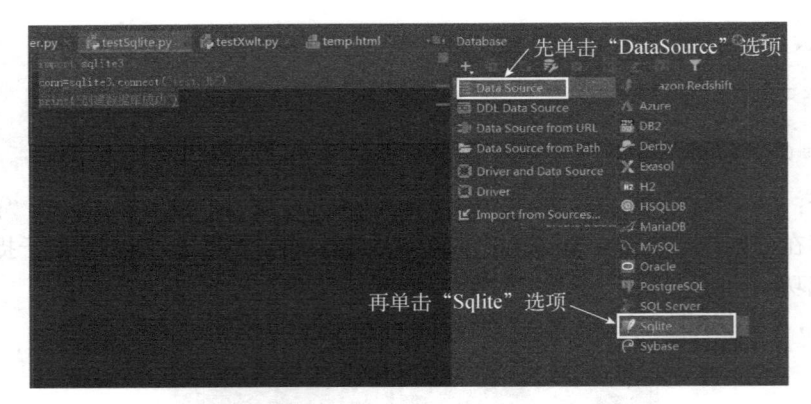

图 3-33 依次单击"Data Source"→"Sqlite"按钮

④ 单击如图 3-34 所示的位置进行浏览,在本地磁盘上找到要查看的数据库。

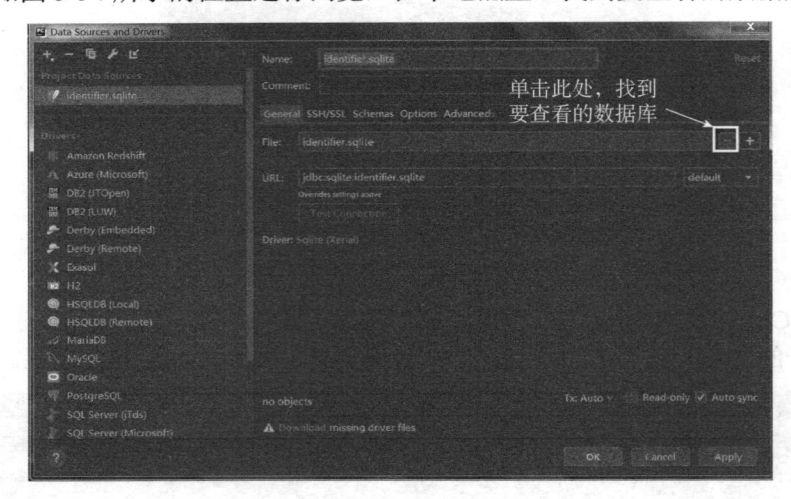

图 3-34 找到要查看的数据库

⑤ 单击"OK"按钮确认,如图 3-35 所示。

图 3-35 单击"OK"按钮确认

⑥ 再次单击"OK"按钮确认,如图 3-36 所示。

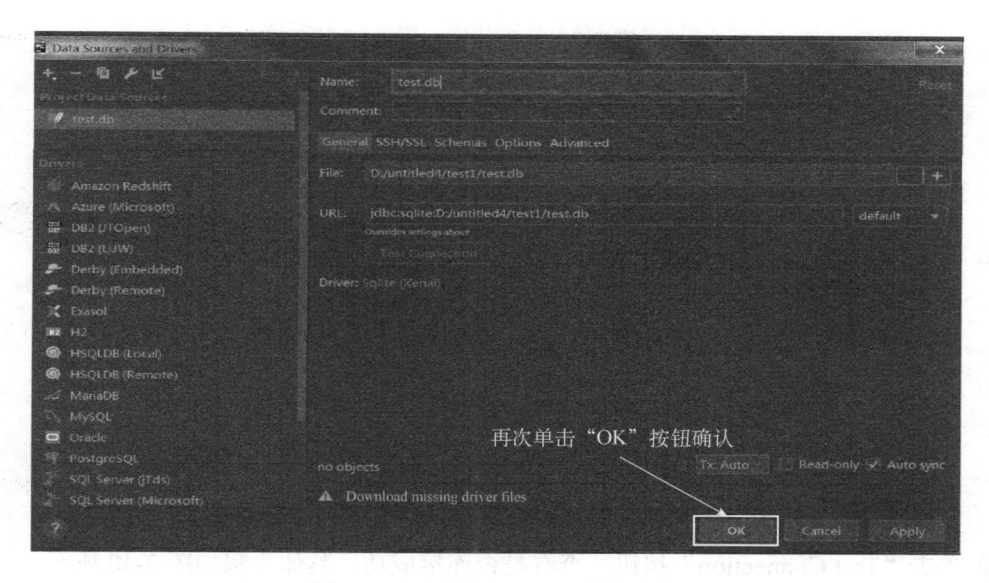

图 3-36 再次单击 "OK" 按钮确认

⑦ 可以看到已经创建数据库 test.db，如图 3-37 所示。

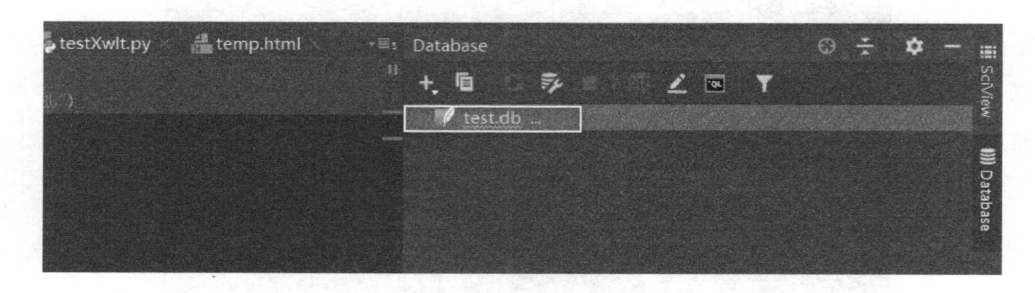

图 3-37 创建数据库 test.db

⑧ 如果数据库不能打开，可以单击如图 3-38 所示的图标。

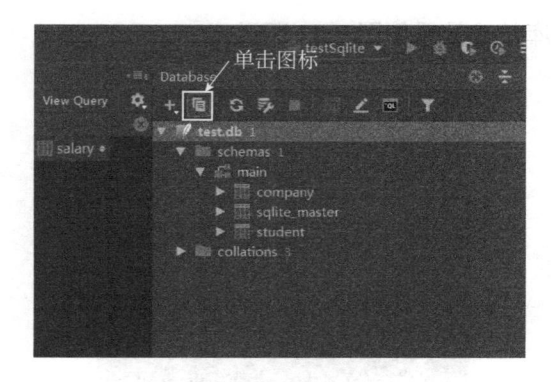

图 3-38 单击图标

⑨ 在打开的对话框中单击 "Download missing driver files" 按钮下载驱动文件并安装，如图 3-39 所示。

图 3-39　单击"Download missing driver files"按钮

⑩ 单击"Test Connection"按钮，查看是否连接成功，具体步骤如图 3-40 所示。

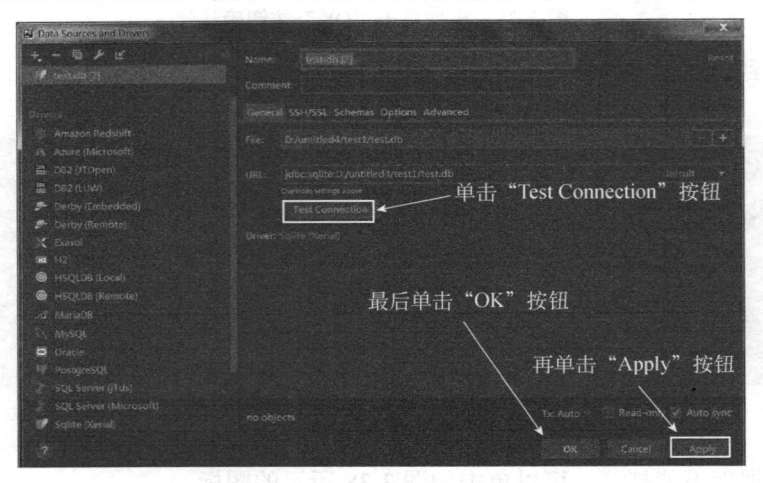

图 3-40　单击"Test Connection"按钮

⑪ 最后得到的数据库结构效果如图 3-41 所示。

图 3-41　数据库结构效果

在创建了名为"test.db"的数据库以后,就可以使用 Python 来创建数据库的表和表的相关字段了。

```
01 import sqlite3
02 conn=sqlite3.connect("test.db")
03 print("成功打开数据库")
04 cursor=conn.cursor()#获取游标对象
05 sql='''
06 create table if not exists info
07 (id integer not null
08 primary key autoincrement,
09 name text not null,
10 age int not null,
11 address char(50),
12 grade real);
13 '''
14 cursor.execute(sql)#执行 SQL 语句
15 conn.commit()#提交事务
16 conn.close()#关闭数据库连接
17 print("成功建表")
```

代码解析:01 行导入 SQLite3 模块;02 行创建连接对象 conn;03 行输出提示信息;04 行获取游标对象;05~13 行定义创建表的 SQL 语句,该语句包含一个整型的、可自动增长的、为主键的 id 字段,并定义了文本类型的 name 字段、整型的 age 字段、字符串型的 address 字段、real 类型的 grade 字段;14 行执行 SQL 语句;15 行提交事务;16 行表示关闭数据库连接;17 行输出相关提示信息。

运行程序,结果如图 3-42 所示。

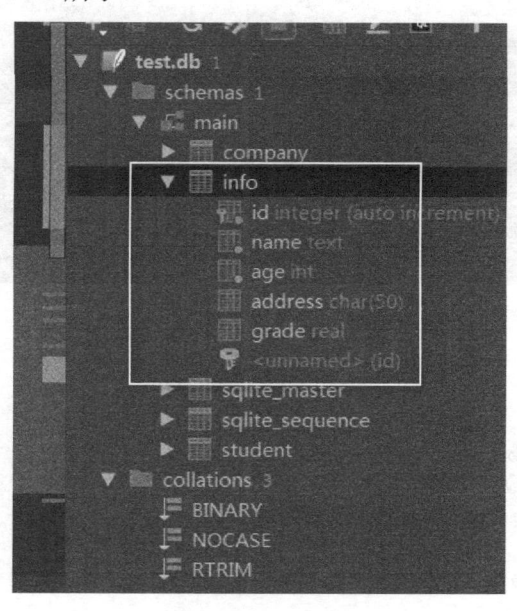

图 3-42 创建数据库的表和表的相关字段

在创建了数据库的表之后,就可以对数据库进行插入、查询、更新、删除等操作了。

(1）插入数据

```
01 import sqlite3
02 conn=sqlite3.connect("data.db")
03 print("成功打开数据库")
04 cursor=conn.cursor()#获取游标对象
05 sql='''
06 insert into info(name,address,age,grade) values ("张三","20","重庆解放碑新华路3号",90)
07 '''
08 try:
09     cursor.execute(sql)   # 执行SQL语句
10     conn.commit()    # 提交事务
11     conn.close()     # 关闭数据库连接
12 except Exception as result:
13     print("插入数据出错，具体错误原因为：")
14 print(result)
15 else:
16     print("数据插入成功！")
```

代码解析：01行导入SQLite3模块；02行创建数据库连接对象；03行输出提示信息；04行获取游标对象；05~07行定义插入数据的SQL语句；09行执行SQL语句；10行提交事务；11行关闭数据库连接；12~13行捕获异常，如果有异常就输出异常信息；16行输出"数据插入成功"的提示信息。

运行程序，结果如图3-43所示。

图3-43　插入数据成功的结果

（2）查询数据

```
01 import sqlite3
02 conn=sqlite3.connect("data.db")
03 print("成功打开数据库")
04 cursor=conn.cursor()#获取游标对象
05 sql='''
06 select * from info;
07 '''
08 datalist=[]
09 try:
10 cursor.execute(sql)
```

```
11 except Exception as result:
12     print("查询出错: ")
13 print(result)
14 else:
15     datalist=cursor.fetchall()
16     for i in range(0,len(datalist)):
17         print("第%d条记录为%s"%(i+1,datalist[i]))
18 conn.commit()
19 conn.close()
```

代码解析: 01 行导入 SQLite3 模块; 02 行创建数据库连接对象; 03 行输出提示信息; 04 行获取游标对象; 05~07 定义 SQL 语句; 08 行定义空列表; 10 行表示执行 SQL 语句; 11~13 行输出异常信息; 15 行使用 fetchall()方法遍历记录; 16~17 行遍历 datalist 集合, 并输出每条记录; 18 行提交事务; 19 行关闭数据库连接。

运行程序, 结果如下。

```
成功打开数据库
第1条记录为(1, '张三', 20, '重庆解放碑新华路3号', 99.0)
第2条记录为(2, '李四', 19, '重庆解放碑新华路3号', 99.0)
第3条记录为(3, '王无忌', 18, '重庆解放碑新华路3号', 99.0)
```

(3) 更新数据

```
01 import sqlite3
02 conn=sqlite3.connect("data.db")
03 print("成功打开数据库")
04 cursor=conn.cursor()#获取游标对象
05 sql='''
06 update info set grade=90 where id =3;
07 '''
08 try:
09 cursor.execute(sql)
10 except Exception as result:
11     print("更新出错, 具体出错的原因是: ")
12 print(result)
13 else:
14 conn.commit()
15 conn.close()
```

代码解析: 01 行导入 SQLite3 模块; 02 行建立数据库连接对象; 03 行向控制台输出提示信息; 04 行获取游标对象; 05~07 行定义更新数据时使用的 SQL 语句; 08~12 行执行 SQL 语句, 并做异常处理; 14~15 行表示在提交事务后, 关闭数据库连接。

运行程序, 结果如图 3-44 所示。

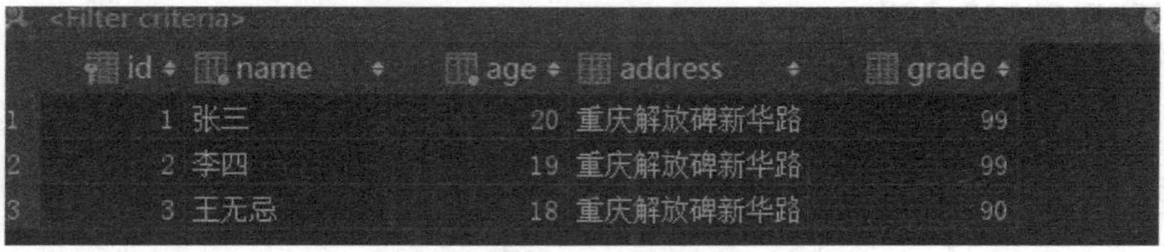

图 3-44 更新数据的结果

（4）删除数据

```
01 import sqlite3
02 conn=sqlite3.connect("data.db")
03 cursor=conn.cursor()#获取游标对象
04 sql='''
05 delete from info where id =3;
06 '''
07 try:
08 cursor.execute(sql)
09 except Exception as result:
10     print("更新出错，具体出错的原因是：")
11 print(result)
12 else:
13 conn.commit()
14 conn.close()
```

代码解析：01 行导入 SQLite3 模块；02 行创建数据库连接对象；03 行获取游标对象；04～06 行定义删除数据的 SQL 语句；08～11 行捕获异常；13 行提交事务；14 行关闭数据库连接。

运行程序，结果如图 3-45 所示。

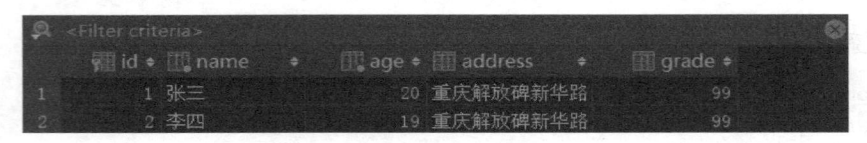

图 3-45　删除数据的结果

任务实施

在介绍了 SQLite 数据库的创建、插入、查询、更新、删除的基本操作以后，就可以将前面爬取到的数据保存到 SQLite 数据库中了。

```
01 def creat_db(dbpath):
02     sql = '''
03     create table if not exists doubanmovie
04     (id integer primary key,
05     movie_link text,
06     img_link text,
07     cname text,
08     ename text,
09     score numeric,
10     rated numeric,
11     description text,
12     info text   );
13     '''
14     conn=sqlite3.connect(dbpath)
15 cursor=conn.cursor()
16 cursor.execute(sql)
17 conn.commit()
```

```
18        conn.close()
```

代码解析：01 行定义函数名，并接收参数 dbpath；02～13 行定义用于创建表的 SQL 语句，如果表 doubanmovie 不存在，则新建；14 行创建数据库连接对象 conn；15 行获取游标对象；16 行执行 SQL 语句；17 行表示提交事务；18 行关闭数据库连接。

```
01  def saveSQliteDB(datalist,dbpath):
02      creat_db(dbpath)
03      conn=sqlite3.connect(dbpath)
04      cursor=conn.cursor()
05      for item in datalist:
06          for index in range(len(item)):
07              if index==4 or index==5:
08                  continue
09              item[index]='"'+item[index]+'"'
10          sql='''
11              insert into doubanmovie(
12                  movie_link,img_link,cname,ename,score,rated,description,info)
13  values(%s)
14          '''%",".join(item)
15      print(sql)
16      cursor.execute(sql)
17      conn.commit()
18      conn.close()
```

代码解析：01 行定义函数 saveSQliteDB()，负责将网络爬虫爬取的数据写入数据库中；02 行调用 creat_db() 函数在数据库中创建表；03 行创建数据库连接对象；04 行获取游标对象；05 行表示遍历 datalist 列表，该列表共有 250 条数据；06 行表示遍历每一条数据的详细内容；07～09 行表示判断每一条数据的 8 个成员是数字还是字符串，如果是数字，则要转换成字符串；10～14 行使用 SQL 语句将当前的一条数据插入数据库中；15 行输出 SQL 语句；16 行执行 SQL 语句；18 行关闭连接对象。

```
01  def main():
02      print("开始爬取")
03      baseurl='https://movie.douban.com/top250?start=0&filter'
04      #1.爬取网页
05      datalist=getData(baseurl)
06      savepath=".\\豆瓣电影TOP250.xls"
07      dbpath="movie.db"
08      #2.解析数据
09      saveData(savepath,datalist)
10      saveSQliteDB(datalist,dbpath)
```

代码解析：01 行定义主函数 main()；02 行向控制台输出提示信息；03 行定义爬取的网页地址；05 行调用函数；06 行定义保存数据的 Excel 文件名；07 行定义保存数据的 SQLite 数据库的库名；09 行表示将数据保存到 Excel 文件中；10 行表示将数据保存到 SQLite 数据库中。

运行程序，得到将数据保存到 SQLite 数据库中的结果如图 3-46 所示。

图 3-46 将数据保存到 SQLite 数据库中的结果

任务拓展

熟悉了使用 SQLite 数据库保存爬取的数据后，我们还可以使用 Excel 文件存储爬取的数据。Python 操作 Excel 的常用库包括 xlrd 和 xlwt，它们都可以使用 pip 安装，安装这两个库的命令如下。

```
pip install xlrd
pip install xlwt
```

xlrd 库：读取 Excel 文件，支持 xls 和 xlsx 格式。
xlwt 库：写入 Excel 文件，只支持 xls 格式。
注意：如果要修改 Excel 文件，则需要使用 xlutils 库，因为 xlwt 库和 xlrd 库都不支持修改 Excel 文件。

```
01 import xlwt
02 workbook=xlwt.Workbook(encoding="utf-8")#创建 workbook 对象
03 worksheet=workbook.add_sheet('sheeet1')#创建工作表
04 worksheet.write(0,0,'hello')#写入数据，第一个参数表示行，第二个参数表示列，第三
   个参数表示数据内容
05 workbook.save('student.xls')
```

代码解析：01 行导入 xlwt 模块；02 行创建 workbook 对象；03 行创建工作表；04 行表示在指定的行和列中写入指定的内容；05 行将数据保存到了名为"student.xls"的文件中。

程序界面如图 3-47 所示。

项目三 爬取豆瓣电影 TOP250 栏目

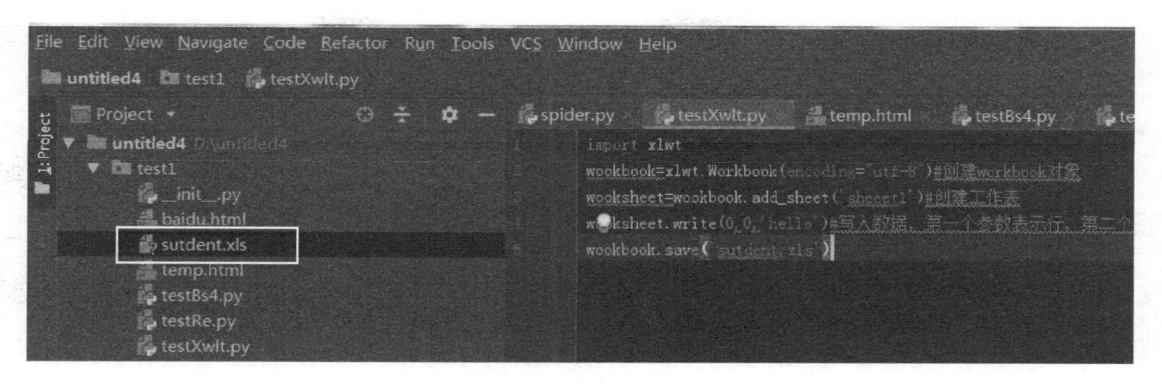

图 3-47 程序界面

```
01 workbook=xlwt.Workbook(encoding="utf-8")#创建 workbook 对象
02 worksheet=workbook.add_sheet('sheeet1')#创建工作表
03 for i in range(0,10):
04     for j in range(0,i+1):
05         worksheet.write(i,j, "%d * %d = %d"%(i+1,j+1,(i+1)*(j+1)))#写入数
   据，第一个参数表示行，第二个参数表示列，第三个参数表示数据内容
06 workbook.save('student.xls')
```

代码解析：01 行创建 workbook 对象；02 行创建工作表；03~05 行使用 for 循环写入相关数据；06 行将数据保存到名为"student.xls"的 Excel 文件中。

运行程序，结果如图 3-48 所示。

	A	B	C	D	E	F	G	H	I	J	K
1	1 * 1 = 1										
2	2 * 1 = 2	2 * 2 = 4									
3	3 * 1 = 3	3 * 2 = 6	3 * 3 = 9								
4	4 * 1 = 4	4 * 2 = 8	4 * 3 = 12	4 * 4 = 16							
5	5 * 1 = 5	5 * 2 = 10	5 * 3 = 15	5 * 4 = 20	5 * 5 = 25						
6	6 * 1 = 6	6 * 2 = 12	6 * 3 = 18	6 * 4 = 24	6 * 5 = 30	6 * 6 = 36					
7	7 * 1 = 7	7 * 2 = 14	7 * 3 = 21	7 * 4 = 28	7 * 5 = 35	7 * 6 = 42	7 * 7 = 49				
8	8 * 1 = 8	8 * 2 = 16	8 * 3 = 24	8 * 4 = 32	8 * 5 = 40	8 * 6 = 48	8 * 7 = 56	8 * 8 = 64			
9	9 * 1 = 9	9 * 2 = 18	9 * 3 = 27	9 * 4 = 36	9 * 5 = 45	9 * 6 = 54	9 * 7 = 63	9 * 8 = 72	9 * 9 = 81		
10	10 * 1 = 10	10 * 2 = 20	10 * 3 = 30	10 * 4 = 40	10 * 5 = 50	10 * 6 = 60	10 * 7 = 70	10 * 8 = 80	10 * 9 = 90	10 * 10 = 100	
11											

图 3-48 程序运行结果

```
01 def main():
02     print("开始爬取")
03     baseurl='https://movie.douban.com/top250?start=0&filter'
04     #1.爬取网页
05     datalist=getData(baseurl)
06     savepath=".\\豆瓣电影 TOP250.xls"
07     #2.解析数据
08     saveData(savepath,datalist)
09     #3.保存数据
10     def saveData(savepath,datalist):
11     workbook = xlwt.Workbook(encoding="utf-8",style_compression=0)    # 创建
   workbook 对象
12     worksheet = workbook.add_sheet('豆瓣电影 TOP250', cell_overwrite_ok=
```

教学视频

```
   True)  # 创建工作表
13     col=("电影详情链接","图片链接","影片中文名","影片英文名","评分","评价数","概况","相关信息")
14     for i in range(0,len(col)):
15        worksheet.write(0,i,col[i])#列名
16     for i in range(0,250):
17        print("第%d 条" %(i+1))
18        data=datalist[i]
19        for j in range(0,8):
20 worksheet.write(i+1,j,data[j])
21 workbook.save(savepath)
```

代码解析：01 行表示定义函数 main()；02 行输出“开始爬取”的提示信息；03 行定义即将爬取的网址；05 行表示调用 getData()函数获取爬取到的数据，并将爬取到的数据存放到 datalist 中；06 行定义 Excel 文件的保存路径；08 行定义保存数据的函数，函数接收 savepath 和 datalist 两个参数；11 行创建 workbook 对象；12 行创建工作表；13 行表示定义元组；14～15 行将元组中的内容写入 Excel 文件的行和列中；16 行开始进入第一个 for 循环；17 行输出提示信息；18 行将每条电影数据存放到 data 中；19 行开始进入第二个 for 循环；20 行将数据写入到 Excel 文件的指定位置；21 行保存整个 Excel 文件。

```
01 if __name__=="__main__":
02 main()
03     print("爬取完毕")
```

代码解析：01 行定义 Python 程序的入口地址；02 行调用 main()函数；03 行向控制台输出提示信息。

运行程序，结果如图 3-49 所示。

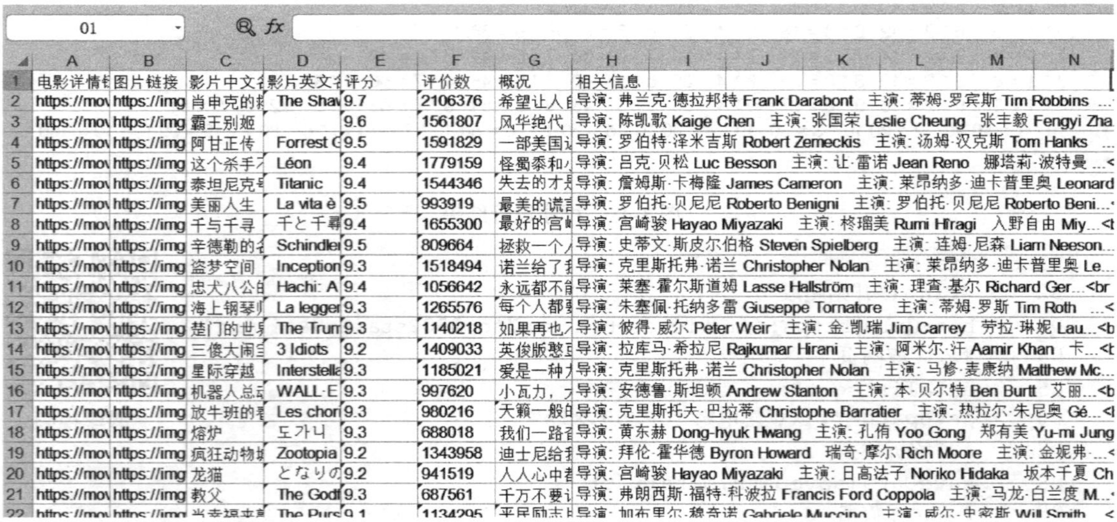

	A	B	C	D	E	F	G	H
1	电影详情链	图片链接	影片中文名	影片英文名	评分	评价数	概况	相关信息
2	https://mov	https://img	肖申克的救	The Shaw	9.7	2106376	希望让人自	导演：弗兰克·德拉邦特 Frank Darabont 主演：蒂姆·罗宾斯 Tim Robbins ...
3	https://mov	https://img	霸王别姬		9.6	1561807	风华绝代	导演：陈凯歌 Kaige Chen 主演：张国荣 Leslie Cheung 张丰毅 Fengyi Zha
4	https://mov	https://img	阿甘正传	Forrest G	9.5	1591829	一部美国近	导演：罗伯特·泽米吉斯 Robert Zemeckis 主演：汤姆·汉克斯 Tom Hanks ...
5	https://mov	https://img	这个杀手不	Léon	9.4	1779159	怪蜀黍和小	导演：吕克·贝松 Luc Besson 主演：让·雷诺 Jean Reno 娜塔莉·波特曼 ...<
6	https://mov	https://img	泰坦尼克号	Titanic	9.4	1544346	失去的才是	导演：詹姆斯·卡梅隆 James Cameron 主演：莱昂纳多·迪卡普里奥 Leonard
7	https://mov	https://img	美丽人生	La vita è	9.5	993919	最美的谎言	导演：罗伯托·贝尼尼 Roberto Benigni 主演：罗伯托·贝尼尼 Roberto Beni...
8	https://mov	https://img	千与千寻	千と千尋	9.4	1655300	最好的宫崎	导演：宫崎骏 Hayao Miyazaki 主演：柊瑠美 Rumi Hîragi 入野自由 Miy...<b
9	https://mov	https://img	辛德勒的名	Schindler	9.5	809664	拯救一个人	导演：史蒂文·斯皮尔伯格 Steven Spielberg 主演：连姆·尼森 Liam Neeson...
10	https://mov	https://img	盗梦空间	Inception	9.3	1518494	诺兰给了我	导演：克里斯托弗·诺兰 Christopher Nolan 主演：莱昂纳多·迪卡普里奥 Le...
11	https://mov	https://img	忠犬八公的	Hachi: A	9.4	1056642	永远都不能	导演：莱塞·霍尔斯道姆 Lasse Hallström 主演：理查·基尔 Richard Ger...<br
12	https://mov	https://img	海上钢琴师	La legger	9.3	1265576	每个人都要	导演：朱塞佩·托纳多雷 Giuseppe Tornatore 主演：蒂姆·罗斯 Tim Roth ...<
13	https://mov	https://img	楚门的世界	The Trum	9.3	1140218	如果再也不	导演：彼得·威尔 Peter Weir 主演：金·凯瑞 Jim Carrey 劳拉·琳妮 Lau...<b
14	https://mov	https://img	三傻大闹宝	3 Idiots	9.2	1409033	英俊版憨豆	导演：拉库马·希拉尼 Rajkumar Hirani 主演：阿米尔·汗 Aamir Khan 卡...<b
15	https://mov	https://img	星际穿越	Interstella	9.3	1185021	爱是一种力	导演：克里斯托弗·诺兰 Christopher Nolan 主演：马修·麦康纳 Matthew Mc...
16	https://mov	https://img	机器人总动	WALL·E	9.3	997620	小瓦力，大	导演：安德鲁·斯坦顿 Andrew Stanton 主演：本·贝尔特 Ben Burtt 艾丽...<b
17	https://mov	https://img	放牛班的春	Les chori	9.3	980216	天籁一般的	导演：克里斯托夫·巴拉蒂 Christophe Barratier 主演：热拉尔·朱尼奥 Gé...<b
18	https://mov	https://img	熔炉	도가니	9.3	688018	我们一路奋	导演：黄东赫 Dong-hyuk Hwang 主演：孔侑 Yoo Gong 郑有美 Yu-mi Jung
19	https://mov	https://img	疯狂动物城	Zootopia	9.2	1343958	迪士尼给我	导演：拜伦·霍华德 Byron Howard 瑞奇·摩尔 Rich Moore 主演：金妮弗·...<
20	https://mov	https://img	龙猫	となりの	9.2	941519	人人心中都	导演：宫崎骏 Hayao Miyazaki 主演：日高法子 Noriko Hidaka 坂本千夏 Ch
21	https://mov	https://img	教父	The Godf	9.3	687561	千万不要记	导演：弗朗西斯·福特·科波拉 Francis Ford Coppola 主演：马龙·白兰度 M...
22	https://mov	https://img	当幸福来敲	The Purs	9.1	1134295	平民励志片	导演：加布里尔·穆奇诺 Gabriele Muccino 主演：威尔·史密斯 Will Smith <

图 3-49　运行结果

从图 3-49 中可以看到有部电影叫《阿甘正传》，根据概况（也称内容简介）可知，它

讲述了先天智障的小镇男孩福瑞斯特·甘自强不息地生活，最终"傻人有傻福"地得到上天的眷顾，在多个领域创造奇迹的励志故事。这部电影教育我们，任何人都不要轻言放弃，要有面对失败的勇气，要有越挫越勇的精神。

小　结

本项目主要介绍了在使用 urllib 框架请求网页后，使用 BeautifulSoup4 和 XPath 解析网页数据，并实现持久化存储数据。urllib 框架最常用的几种方法如下。

① urllib.request.urlopen()：该方法主要用于访问指定网页，并得到指定网页的响应内容。

② urllib.request.Request()：该方法声明了 request 对象，该对象可以自定义请求头（header）、请求方式等信息。

③ request.build_opener()：该方法可创建请求对象，用于代理 IP 和 Cookie 对象的加载。

BeautifulSoup4 是一个可以从 HTML 文件或 XML 文件中提取数据的 Python 库，使用方法如下。

① bs.a：表示返回第一个标签 a。

② bs.a.getText()：获取第一个标签 a 的值。

使用 find_all() 方法和 find() 方法可以实现精确查找，具体如下。

① bs.find_all("a",id="art1")：查找 id 等于 art1 的 a 标签。

② bs.find_all("a", class_="div1",id="art1")：查找 id 等于 art1 且类名为 div1 的 a 标签。

复　习　题

一、单项选择题

1. 关于 HTTP 的相关协议，以下说法错误的是（　　）。
A. HTTPS 在 HTTP 的基础上加入了 SSL 协议
B. HTTP 全过程分为请求和响应两个阶段
C. HTTP 响应状态码 404 代表服务器正常响应
D. HTTP 是应用层协议

2. 用 HTML 标记语言编写一个简单的网页，该网页最基本的结构是（　　）。
A. <html> <head>…</head> <frame>…</frame> </html>
B. <html> <title>…</title> <body>…</body> </html>
C. <html> <title>…</title> <frame>…</frame> </html>
D. <html> <head>…</head> <body>…</body> </html>

3. 下面哪个选项不是 HTML 标签名称？（　　）
A. link　　　　　　B. table　　　　　　C. form　　　　　　D. List

4. 如果当前网页请求的 URL 是"https://www.website.com/test/images/abc.jpg"，那

么执行代码"request.url.split("/")[-1]"的结果是（　　）。

　　A. abc.jpg　　　　B. /abc.jpg　　　　C. .jpg　　　　D. images/abc.jpg

5. 下面关于XPath路径表达式解释错误的是（　　）。

　　A. 选取属性id为content的div元素：//div[@id='content']

　　B. 选取所有带有属性class的div元素：//div[@class]

　　C. 选取div节点中的第二个p元素的文本：//div/p[1]/text()

　　D. 选取div节点中的最后一个p元素的文本：//div/p[last()]/text()

6. 下面哪个选项不是常用的Python数据解析方式或解析网页需要用到的包？（　　）

　　A. lxml　　　　B. bs4　　　　C. XPath　　　　D. PyMySQL

7. 使用Python网络爬虫时，下列关于反爬虫的常见应对策略不可取的是（　　）。

　　A. 修改请求头，模拟浏览器请求

　　B. 修改爬虫间隔时间，模拟用户浏览

　　C. 修改访问的IP地址，模拟多人访问

　　D. 动用黑客手段，直接攻击网站服务器

8. 下面是使用XPath解析网页数据的代码，为保证代码正常运行，①和②处填写的内容分别是（　　）。

```
import requests from lxml import etree url = "http://www.xxx.com" html = requests.
①(url).content  selector = etree.HTML(html)  tags = selector.②('//div[@class=
"s-top-wrap"]')
```

　　A. get，path　　　　B. get，xpath　　　　C. select，path　　　　D. select，xpath

二、判断题

1. 根据使用场景，可将网络爬虫分为通用网络爬虫和聚焦网络爬虫两种。（　　）

2. HTTP通信由两部分组成，即客户端请求消息与服务器响应消息。（　　）

3. 在Python3中，由str类型转bytes类型可使用decode()方法，由bytes类型转str类型可使用encode()方法。（　　）

4. 在使用requests发起请求后，可以使用text和content接收响应内容。（　　）

5. xlrd库支持xlsx格式的Excel文件的所有操作。（　　）

三、编程题

1. 首先使用urllib框架请求URL代表的网页，然后使用正则表达式解析网页，最后输出该网页的标题和正文内容。

```
URL="http://kjj.cq.gov.cn/zwxx_176/bmdt/202104/t20210406_9072956.html"
```

项目四 使用 requests 库爬取电影网站

项目要求

本项目将使用 requests 库爬取网页内容,首先使用 BeautifulSoup4 将数据从 HTML 中提取出来,然后将提取出来的数据放到 MySQL 数据库中保存,实现数据的持久化存储。

要完成项目任务,需要使用 requests 库或 requests-html 库向服务器发起请求,使用 BeautifulSoup4 提取数据,并将提取的数据进行保存。

技能目标

(1)能正确安装 requests 库。
(2)会编写使用 requests 库请求网页的代码。
(3)能正确安装 requests-html 库。
(4)会编写使用 requests-html 库请求网页的代码。

素养目标

通过爬取电影网站,让学生学习网页数据解析工具,增长新知识、新技能,养成循序渐进的学习习惯。

知识导图

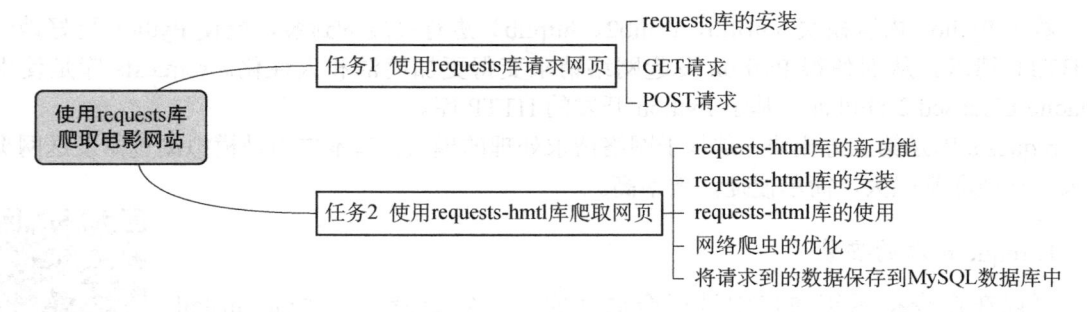

```
                              ┌── requests库的安装
          ┌── 任务1 使用requests库请求网页 ──┼── GET请求
          │                   └── POST请求
使用requests库 ──┤
爬取电影网站    │                      ┌── requests-html库的新功能
          │                      ├── requests-html库的安装
          └── 任务2 使用requests-hmtl库爬取网页 ──┼── requests-html库的使用
                                 ├── 网络爬虫的优化
                                 └── 将请求到的数据保存到MySQL数据库中
```

任务 1　使用 requests 库请求网页

任务演示

首先使用 requests 库对服务器网页发起请求，然后使用 BeautifulSoup4 对响应的内容进行解析，最后对解析到的内容进行提取，如图 4-1 所示。

图 4-1　使用 requests 库请求网页

知识准备

基于 Python 内置模块（urllib、urllib2、httplib）进行高度的封装，能使 Python 更好地进行 HTTP 请求，从而使得 Python 发起网络请求变得更加简洁和人性化。requests 库是使用 Apache Licensed 2 许可证、基于 Python 开发的 HTTP 库。

requests 库是第三方模块，是基于网络请求处理的模块，基本作用是模拟浏览器发送网页请求，功能非常强大，简单便捷，效率高。

1. requests 库的安装

可以在命令提示符窗口中进行全局性安装，安装命令为"pip install requests"。当然，也可以在 PyCharm 中进行安装，这里不再介绍。

安装完成后，在 PyCharm 中输入如下命令。

```
01    import requests
02    resp = requests.get('http://httpbin.org/get')
```

如果运行时没有报错，就证明 requests 库安装成功了，否则请重新安装。

2. GET 请求

requests 库的 GET 请求被分成没有参数的 GET 请求和有参数的 GET 请求，下面首先介绍没有参数的 GET 请求。

（1）没有参数的 GET 请求

此处请求的网页是 http://httpbin.org/get，先向该网页发送一个 GET 请求，再将请求和响应封装在 resp 对象中。

```
01   import requests
02   resp = requests.get('http://httpbin.org/get')
03   print(resp.text)
04   print(resp.url)
```

代码解析：01 行导入 requests 库；02 行使用 get()方法发起 GET 请求；03 行输出响应的内容；04 行输出响应的 URL。

resp 对象实际上是一个 response 对象，这个对象的属性如表 4-1 所示。

表 4-1　response 对象的属性

属性	含义
对象.url	输出 URL，如 resp.url
对象.headers	以字典对象存储服务器的响应头，但是这个字典比较特殊，它的键不区分字母大小写，若键不存在则返回 None
对象.status_code	返回连接状态，状态码为 200 表示正常
对象.content	以字节形式（二进制）返回。字节形式的响应体会自动解码（gzip）、自动压缩（deflate）
对象.json()	把网页中的 JSON 数据转换成字典数据，并将其返回
对象.encoding	获取当前的编码
对象.encoding = 'ISO-8859-1'	指定编码，"对象.text" 返回的数据类型写在 "对象.text" 之前

运行结果如图 4-2 所示。

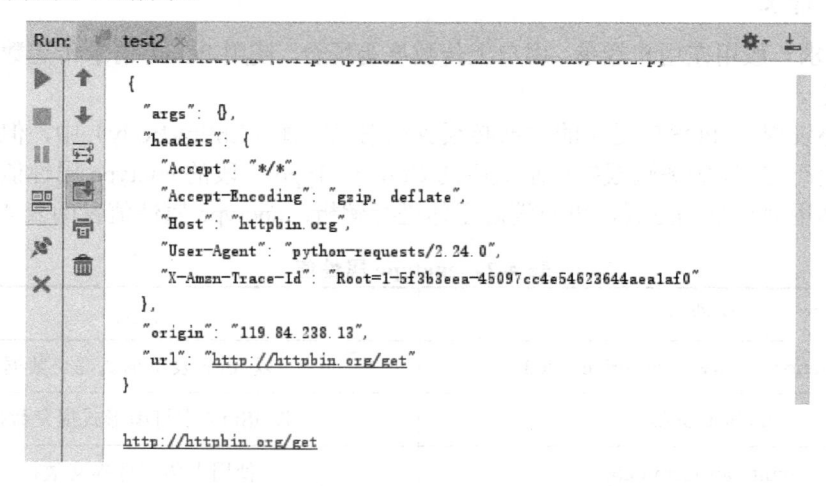

图 4-2　没有参数的 GET 请求的运行结果

(2) 有参数的 GET 请求

此处请求的网页是 http://httpbin.org/get，先向该网页发送一个 GET 请求，且要求附带参数 python，请求和响应封装在 resp 对象中。

```
01    import requests
02    payload={'wd':'python','page':'10'}
03    resp = requests.get("http://httpbin.org/get", params=payload)
04    print(resp.text)
05    print(resp.url)
```

代码解析：01 行导入 requests 库；02 行定义字典，该字典作为 GET 请求的参数；03 行发起带参数的 GET 请求；04 行输出响应的内容；05 行输出响应的 URL。

运行程序，结果如图 4-3 所示。

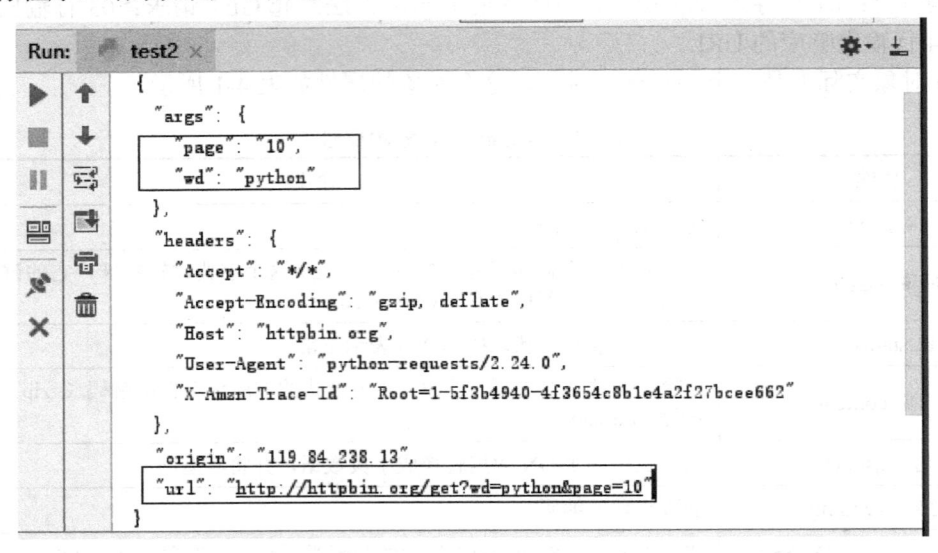

图 4-3　有参数的 GET 请求的运行结果

3. POST 请求

POST 请求一般用在用户登录、用户上传数据等场合，使用 POST 请求传递数据远比使用 GET 请求安全。

HTTP 协议规定 POST 提交的数据必须放在消息主体（Entity-Body）中，但协议并没有规定数据的编码方式，服务端根据请求头中的 Content-Type 字段的 enctype 属性值来获知请求中的消息主体用何种编码方式，再对消息主体进行解析。enctype 属性值参阅表 4-2。

表 4-2　enctype 属性值

属性值	含义
application/x-www-form-urlencoded	以 form 表单形式提交数据
application/json	以 JSON 字符串形式提交数据
multipart/form-data	使用上传文件提交数据

（1）以 form 表单形式发送 POST 请求

requests 库支持以 form 表单形式发送 POST 请求，只需要将请求的参数构造成一个字典，传给 requests.post() 的参数 data 即可。

```
response=requests.post(url,data=data,headers=headers)
01   import requests
02   headers = {
03       'user-agent': 'Mozilla/5.0 (Windows NT 6.1; WOW64)'
04   }
05   data = {'name':'zhangsan', 'email':'10086@qq.com'}
06   resp=requests.post('http://httpbin.org/post',data=data,headers=headers)
07   print("请求到的内容为：")
08   print(resp.text)
09   print("请求的url为：")
10   print(resp.url)
11   print("请求的状态码为：")
12   print(resp.status_code)
```

代码解析：01 行导入 requests 库；02～04 行构造一个请求头；05 行构造 POST 提交的数据；06 行向指定链接发出 POST 请求；07～08 行表示输出请求的响应数据；09～10 行表示输出请求的网页地址；11～12 行表示输出请求的状态码。

运行程序，结果如图 4-4 所示。

图 4-4　以 form 表单形式发送 POST 请求的结果

（2）以 JSON 字符串形式发送 POST 请求

在以 requests.post()方法发送 POST 请求时，传入的参数可以是 JSON 格式的数据。Python 一般以字典形式存储 JSON 数据。首先通过"import json"命令导入 JSON 模块，使用 json.dumps()方法将 Python 对象编码成 JSON 字符串，也可以使用 json.loads()方法将已编码的 JSON 字符串解码为 Python 对象。

```
01    import json
02    data=[{'name':'zhangsan', 'email':'10086@qq.com'}]
03    print("JSON 编码前：")
04    print("原始数据的类型："+str(type(data)))
05    print("原始数据："+str(data))
06    jsondata=json.dumps(data)
07    print("JSON 编码后：")
08    print("原始数据的类型："+str(type(jsondata)))
09    print("原始数据："+str(jsondata))
10    print("将 JSON 数据还原：")
11    data1=json.loads(jsondata)
12    print("还原数据的类型："+str(type(data1)))
13    print("还原数据："+str(data1))
```

代码解析：01 行导入 JSON 模块；02 行定义一个列表 data；03～05 行输出 data 的原始数据和数据类型；06 行将列表转成 JSON 格式，实际的数据类型是 str 类型；07～09 行表示输出已转成 JSON 格式的数据和数据类型；11 行表示将 JSON 格式还原成原始的数据格式；11～12 行输出还原后的数据和数据类型。

运行程序，结果如图 4-5 所示。

```
JSON编码前：
原始数据的类型：<class 'list'>
原始数据：[{'name': 'zhangsan', 'email': '10086@qq.com'}]
JSON编码后：
原始数据的类型：<class 'str'>
原始数据：[{"name": "zhangsan", "email": "10086@qq.com"}]
将JSON数据还原：
还原数据的类型：<class 'list'>
还原数据：[{'name': 'zhangsan', 'email': '10086@qq.com'}]
```

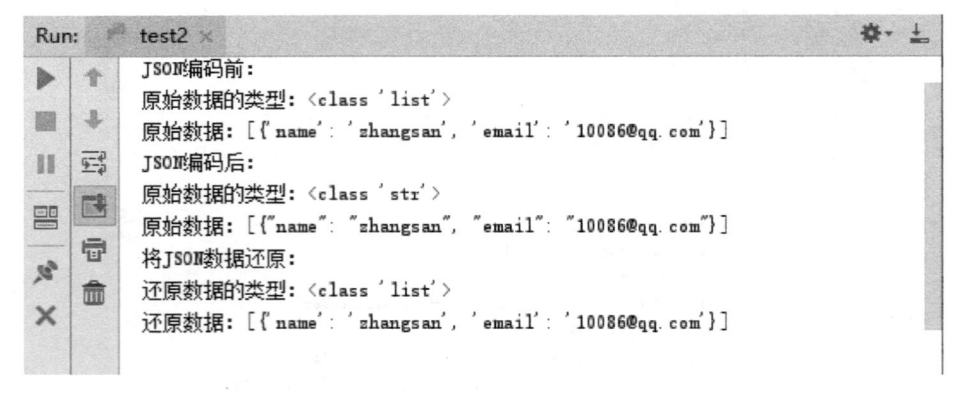

图 4-5 程序运行结果

在学习了 JSON 的相关知识以后，我们就可以以 JSON 字符串形式发送 POST 请求了，具体实例如下。

```
01    import requests
02    headers = {
03        'Content-Type': 'application/json;charset=UTF-8',
04        'user-agent': 'Mozilla/5.0 (Windows NT 6.1; WOW64)'
05    }
06    data = {'name':'zhangsan', 'email':'10086@qq.com'}
```

```
07    resp=requests.post('http://httpbin.org/post',json=data,headers=headers)
08    print("请求到的内容为：")
09    print(resp.text)
10    print("请求的url为：")
11    print(resp.url)
12    print("请求的状态码为：")
13    print(resp.status_code)
```

代码解析：01 行导入 requests 库；02~05 行定义请求头，指定数据格式为 JSON 格式，并定义了 user-agent 参数；06 行定义字典；07 行附带 JSON 格式的数据和 headers 文件；08~13 行输出响应信息。

运行程序，结果如图 4-6 所示。

图 4-6 以 JSON 字符串形式发送 POST 请求的结果

任务实施

有了 requests 库的相关知识储备后，我们准备爬取电影网站的数据。由于更新网站、更改网页结构会使得代码失效，因此我们在本地搭建一个名为"阳光电影网"的网站，使用的域名是"www.ygdy.cn"，使用的集成开发环境是 PHPStudy 集成开发环境（网站源码请参阅配套的素材）。大家可以自行下载 PHPStudy 的最新版并安装。接下来，按照如下步骤进行设置。

设置本地网站的第二域名、端口和根目录等信息，如图 4-7 所示。

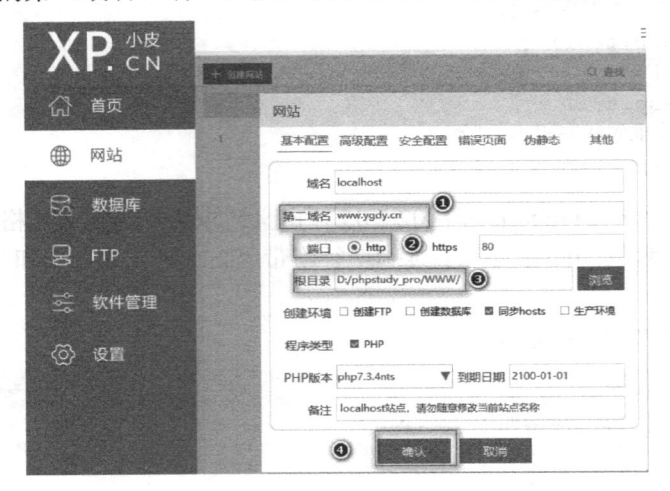

图 4-7　设置本地网站的第二域名、端口和根目录等信息

按照如图 4-8 所示的内容对 Windows 系统下的 hosts 文件进行本地域名映射设置。

```
20  #       127.0.0.1       localhost
21  #       ::1             localhost
22  127.0.0.1   www.gydy.cn
23  127.0.0.1   gydy.cn
```

图 4-8　本地域名映射设置

本地域名映射设置完成后，先将准备好的网站源码放到如图 4-7 所示的根目录下，然后使用"www.gydy.cn"进行测试，如果可以正常访问，则开始开发爬虫程序。

首先，确定要爬取的网页如下：

http://www.ygdy.cn/ygdy/html/gndy/dyzz/index.html

通过分析要爬取的网页得到两个地址，一个地址如下：

http://www.ygdy.cn/ygdy/html/gndy/dyzz/index.html,

另外一个地址如下：

https://www.ygdy.cn/ygdy/html/gndy/dyzz/list_23_1.html

列表页分页地址分别如下：

http://www.ygdy.cn/ygdy/html/gndy/dyzz/list_23_1.html
http://www.ygdy.cn/ygdy/html/gndy/dyzz/list_23_2.html
http://www.ygdy.cn/ygdy/html/gndy/dyzz/list_23_3.html
http://www.ygdy.cn/ygdy/html/gndy/dyzz/list_23_4.html
http://www.ygdy.cn/ygdy/html/gndy/dyzz/list_23_5.html
…

如果不考虑分页，只获取列表页的首页，则可以采用如下代码。

```
01  import requests
02  url = 'https://www.ygdy.cn/ygdy/html/gndy/dyzz/list_23_1.html1'
```

```
03    headers = {
04      'user-agent': 'Mozilla/5.0 (Windows NT 6.1; WOW64)'
05    }
06    def getPageList():#获取列表页
07      response = requests.get(url, headers=headers)
08      print(response.content.decode(encoding="gbk", errors="ignore"))
09    getPageList()
```

代码解析：01 行导入 requests 库；02 行定义请求的网址；03～05 行定义请求头；06 行定义函数 getPageList()；07 行发出 GET 请求；08 行打印网页响应内容；09 行调用函数 getPageList()。

如果考虑分页的话，可以将上面代码进行如下修改。

```
01  import requests
02  headers = {
03    'user-agent': 'Mozilla/5.0 (Windows NT 6.1; WOW64)'
04  }
05  def getPageList():#获取列表页
06    i = 1
07    baseurl = 'https://www.ygdy.cn/ygdy/html/gndy/dyzz/list_23_'
08    for i in range(1,6):#请求列表页的前 5 个页面
09      url=baseurl+str(i)+'.html'#构建完整的 URL
10      response = requests.get(url, headers=headers)
11      print(response.url)
12      # print(response.content.decode(encoding="gbk", errors="ignore"))
13  getPageList()
```

代码解析：01 行导入 requests 库；02～04 定义请求头；05 行定义函数 getPageList()；06 行定义循环变量 i；07 行定义基本的网页地址 baseurl；08 行定义 for 循环，通过 for 循环请求列表页的每个页面；09 行表示构建完整的 URL；10 行发出 GET 请求；11 行输出请求的网页。

运行程序，结果如图 4-9 所示。

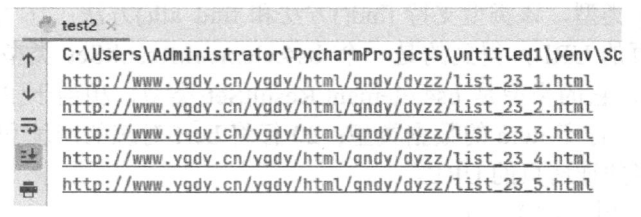

图 4-9　请求列表页的结果

任务拓展

在获取列表页的代码的基础上，进一步得到每个列表页包含的详情页信息，这里需要对每个列表页的信息进行简单解析，并得到每部电影的详情页网址，代码如下。

```
01  import requests
02  from bs4 import BeautifulSoup
```

```
03 headers = {
04  'user-agent': 'Mozilla/5.0 (Windows NT 6.1; WOW64)'
05 }
06 def getPageList():#获取列表页
07     i = 1
08     baseurl = 'https://www.ygdy.cn/ygdy/html/gndy/dyzz/list_23_'
09     starturl='https://www.ygdy.cn'
10     for i in range(1,2):#请求列表页的前2个页面
11         url=baseurl+str(i)+'.html'#构建完整的列表页网址
12         response = requests.get(url, headers=headers)
13         response.encoding = 'gb2312'
14         bs = BeautifulSoup(response.content, "html.parser")#使用html.parser
   解析器
15         print(type(bs))#是bs4.element.Tag 类型,该类型有find()方法和find_
   all()方法
16         pagelist = bs.find_all(name="a",attrs={"class":"ulink"})
17         print(type(pagelist))#是bs4.element.ResultSet 类型,相当于列表
18         for item in pagelist:
19             print(type(item))#bs4.element.Tag 类型
20             detail_url=starturl+str(item['href'])
21             print(detail_url)
22 getPageList()
```

代码解析:01 行导入 requests 库;02 行从 bs4 中导入 BeatifulSoup 模块;03~05 行定义请求头;06 行定义函数 getPageList(),用于获取列表页;07 行定义变量 i;08 行定义列表页的基本样式;09 行定义爬取网站的根网址,用户构建详情页的根网址;10~21 行定义 for 循环,向每个列表页发起请求,将返回的内容进行解析,提取每个列表页包含的 25 条电影记录的电影详情页网址;其中,11 行构建完整的列表页网址;12 行使用 requests 库发起 GET 请求,使用变量 response 接收网页的响应内容;13 行设定网页响应内容的编码;14 行使用 BeautifulSoup 模块中的 html.parser 解析器解析网页内容;15 行打印变量 bs 的类型,此时的类型是 bs4.element.Tag 类型,该类型支持 find()方法和 find_all()方法;16 行使用 find_all()方法查找所有电影详情页的 URL,得到的是一个 bs4.element.ResultSet 类型的数据;17 行打印 pagelist 的数据类型,它的类型是 bs4.element.ResultSet 类型,相当于 Python 中的列表;18 行遍历 pagelist;19 行打印 item 的数据类型;20 行将 herf 对应的网址和 starturl 的值拼接在一起,构成每部电影的详情页的 URL。

运行程序,结果如图 4-10 所示。

图 4-10 解析列表页信息的结果

接下来对某个电影详情页中电影的图片、片名、产地、磁力链接等进行逐一解析，下面给出了示例代码。

```
01  import requests
02  from bs4 import BeautifulSoup
03  import re
04  test_url='https://www.ygdy.cn/ygdy/html/gndy/dyzz/20230525/63750.html'
05  def detail_info(url):
06      response = requests.get(url, headers=headers)
07      response.encoding = 'gb2312'
08      bs = BeautifulSoup(response.content, "html.parser")  # 使用html.parser解析器
09      data = bs.find_all(name="div", attrs={"id": "Zoom"})
10      # print(data)
11      print(type(data))
12      for item in data:
13          print(item)
14          print(type(item))
15          #图片
16          pic_list=[]
17          img=item.find_all("img")
18          for i in img:
19              pic_list.append(i.get('src'))
20          print(pic_list[0])
21          item=str(item)
22          #译名
23          name = re.findall(r'◎译     名 (.*?)<br/>', item)
24          #片名
25          name1=re.findall(r'◎片     名 (.*?)<br/>', item)
26          #年代
27          age =re.findall(r'◎年     代 (.*?)<br/>', item)
28          #产地
29          place = re.findall(r'◎产     地 (.*?)<br/>', item)
30          #磁力链接
31          magnet = re.findall(r'<a href="(.*?)">',item)
32          print(name[0])
33          print(name1[0])
34          print(age[0])
35          print(place[0])
36          print(magnet[0]
37  detail_info(test_url)
```

代码解析：01 行导入 requests 库；02 行从 bs4 中导入 BeautifulSoup；03 行导入 Re 模块；04 行定义要爬取的网址；05～36 行定义获取详情页信息的函数 detail_info()；06 行接收传递过来的 URL 和请求头，使用 requests 库向服务器发起 GET 请求，使用 response 变量接收网页响应内容；07 行表示将响应内容编码为 GB2312 编码；08 行表示使用 html.parser 解析器解析 response.content 的内容；09 行提取网页中 id 等于 Zoom 的 div 的内容；12 行对 data 进行遍历；13 行表示输出 item 的内容；14 行表示打印 item 的类型；16 行表示定义空列表；17 行表示 div 中所有包含 img 标签的内容；18 行表示遍历 img 标签；19 行使用 get('src')方法获

取图片，将其放入到 pic_list 列表中；20 行表示打印 pic_list 列表中第一个元素的内容；21 行将 item 的类型转成字符串类型；23 行使用正则表达式提取包含了"'◎译　　名　(.*?)
'"的内容，"(.*?)"是要提取的内容；25 行提取电影的片名；27 行提取电影的年代；29 行提取电影的产地；31 行提取电影的磁力链接。32～36 行输出电影的译名、片名、年代、产地等信息。

运行代码，结果如图 4-11 所示。

```
test2
C:\Users\Administrator\PycharmProjects\untitled1\venv\Scripts\python.exe C:/Users/Administrator/PycharmProj
<class 'bs4.element.ResultSet'>
<div id="Zoom">
<!--Content Start--><span style="FONT-SIZE: 12px"><td>
<img alt="" border="0" src="https://img9.doubanio.com/view/photo/l_ratio_poster/public/p2885276893.jpg" sty
</td>
</span></div>
<class 'bs4.element.Tag'>
https://img9.doubanio.com/view/photo/l_ratio_poster/public/p2885276893.jpg
同路前行/The　Lulus
La guerre des　Lulus
2022
法国
magnet:?xt=urn:btih:f51a9d70d2bb77db3cf8abe78abcbf6bffb55623&amp;dn=%e9%98%b3%e5%85%89%e7%94%b5%e5%bd%b1dy.
```

图 4-11　代码运行结果

每个列表页有 25 条记录，表示有 25 部电影，那么如何得到一个列表页的 25 部电影的详细信息呢？代码如下。

```python
01 import requests
02 from bs4 import BeautifulSoup
03 import re,time
04 headers = {
05  'user-agent': 'Mozilla/5.0 (Windows NT 6.1; WOW64)'
06 }
07 def detail_info(url):
08     response = requests.get(url, headers=headers)
09     response.encoding = 'gb2312'
10     bs = BeautifulSoup(response.content, "html.parser")   # 使用html.parser
   解析器
11     data = bs.find_all(name="div", attrs={"id": "Zoom"})
12     for item in data:
13         #图片
14         pic_list=[]
15         img=item.find_all("img")
16         for i in img:
17             pic_list.append(i.get('src'))
18         item=str(item)#将bs4.element.Tag 类型转 str 类型后，直接可以使用正则表达式
19         #译名
20         name = re.findall(r'◎译　　名　(.*?)<br/>', item)#注意<br/>的写法，网页
   中是<br />
21         #片名
22         name1=re.findall(r'◎片　　名　(.*?)<br/>', item)
23         #年代
24         age =re.findall(r'◎年　　代　(.*?)<br/>', item)
```

```
25          #产地
26          place = re.findall(r'◎产      地 (.*?)<br/>', item)
27          #磁力链接
28          magnet = re.findall(r'<a href="(.*?)">',item)
29          print(magnet[0])
30      time.sleep(3)
31  def getPageList():#获取列表页
32      i = 1
33      baseurl = 'https://www.ygdy.cn/ygdy/html/gndy/dyzz/list_23_'
34      starturl='https://www.ygdy.cn'
35      for i in range(1,2):#请求列表页的前1个页面,要爬取多个页面,需要修改range()的结束值
36          url=baseurl+str(i)+'.html'#构建完整的URL
37          response = requests.get(url, headers=headers)
38          response.encoding = 'gb2312'
39          bs = BeautifulSoup(response.content, "html.parser")#使用html.parser解析器
40          pagelist = bs.find_all(name="a",attrs={"class":"ulink"})
41          for item in pagelist:
42              detail_url=starturl+str(item['href'])
43              detail_info(detail_url)
44  getPageList()
```

上述的大部分代码已经用过,而且给出了注释,这里就不一一解释了。如果要采集多个列表页的内容,则需要在第 35 行修改 for 循环的 range()的结束值,如将第 35 行代码中的 2 修改为 10;43 行直接使用得到的某个电影详情页的 URL 调用 detail_info()函数,就可以获取每部电影的详细信息。

注意:使用正则表达式提取网页内容的时候,不能完全照抄网页中的符号,比如"name= re.findall(r'◎译   名(.*?)
', item)"中的
,如果写成"name = re.findall(r'◎译   名 (.*?)
"则获取不了内容。

运行程序,结果如图 4-12 所示。

图 4-12 程序运行结果

任务 2　使用 requests-html 库解析网页

任务演示

使用 requests-html 库对指定服务器上的网页进行解析，如图 4-13 所示，提取其主要内容，实现数据的持久化存储。

```
('poster_pic', 'https://looking.com/images/2020/05/18/P5NaGq.jpg')
('describe_pic', '/images/bbs_btn.gif')
('iscore', '')
('download_url', 'ftp://ygdy8:ygdy8@yg18.dydytt.net:3044/')
('introduction', '\xa0\xa0\u3000\u30001990年代的北英格兰小镇，一个少女想当音乐记者，而她朴素害羞的风格跟乐队、演出
('movie_id', '002')
('ygdy_movie_url', 'https://www.ygdy.cn/ygdy/html/gndy/dyzz/20200810/60356.html')
('tname', '\u3000如何培养一个女孩 / 青春期少女的养成方法')
```

图 4-13　对指定服务器上的网页进行爬取

知识准备

在上一个任务中，我们已经请求到了网页，接下来使用工具对网页进行解析。本任务介绍如何使用 requests-html 库对网页进行解析。requests-html 库的作者与 requests 库的作者是同一个，requests-html 库是一个用于解析 HTML 的库，除具备 requests 库的功能以外，还新增了网页解析等强大的功能。下面对 requests-html 库的基本用法做详细介绍。

1. requests-html 库的新功能

- 支持 JavaScript。
- 支持 CSS 选择器。
- 支持 XPath 选择器。
- 可自定义模拟 User-Agent（模拟 Web 浏览器）。
- 自动追踪重定向。
- 连接池与 Cookie 持久化。
- 支持异步请求。

注意：requests-html 库要求 Python 版本为 3.6 及以上版本。

2. requests-html 库的安装

安装 requests-html 库非常简单，具体命令如下：

```
pip install requests-html
```

如果使用上面命令安装失败，则可以使用下面的任意一条命令进行安装。

```
pip3 install requests-html -i http://pypi.douban.com/simple/ --trusted-host
pypi.douban.com
pip3 install requests-html -i http://pypi.douban.com/simple/
```

3. requests-html 库的使用

requests-html 库本身就具有请求网页的功能,也有 GET 请求和 POST 请求,使用规则与 requests 库的规则是一样的。接下来使用 requests-html 库请求网页。

```
01  from requests_html import HTMLSession
02  # 获取请求对象
03  session = HTMLSession()
04  # 向服务器发送 GET 请求
05  resp = session.get(' https://www.chinaz.com/ ')
06  print(resp.status_code)
07  resp.encoding = 'gb2312'
08  # 获取响应文本信息,与 requests 库无区别
09  print(resp.text)
10  print("打印该网页中的所有链接")
11  print(resp.html.links)
12  print('*' * 1000)
13  print(resp.html.absolute_links)#输出所有绝对路径的超链接
```

代码解析:01 行从 requests_html 模块中导入 HTMLSession;03 行实例化 HTMLSession 对象;05 行向服务器发送 GET 请求;06 行输出状态码;07 行设置响应对象的编码为网页的编码,同为 GB2312;09 行打印响应信息。

运行程序,结果如图 4-14 所示。

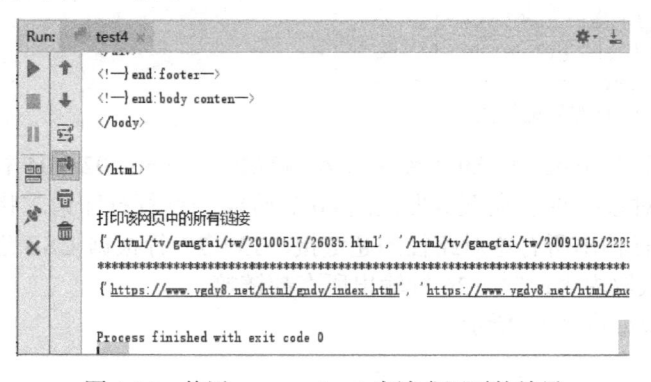

图 4-14 使用 requests-html 库请求网页的结果

request_html 库支持 CSS 选择器与 XPath,可通过如下代码体现。

```
01  from requests_html import HTMLSession
02  headers = {
03      'user-agent': 'Mozilla/5.0 (Windows NT 6.1; WOW64)'
04  }
05  # 获取请求对象
06  session = HTMLSession()
07  # 向服务器发送 GET 请求
08  resp = session.get('https://www.chinaz.com/')
```

```
09  print(resp.status_code)
10  resp.encoding = 'utf-8'
11  print(resp.html.absolute_links)#输出所有绝对路径的超链接
12  #1.通过CSS选择器选取一个Element对象
13  content = resp.html.find('div.section-title>h3', first=True)#选择类名为
    section-title的容器下的h3对象
14  print(content)
15  #2.获取一个Element对象的文本内容
16  print(content.text)
17  #3.获取Element对象内的指定的所有子对象,返回列表
18  content = resp.html.find('div.friend-link>a')#选择类名为friend-link的容
    器下的超链接对象,结果是一个列表
19  #4.遍历列表中的对象
20  for i in range(0,len(content)):
21      print(content[i])
22  #5.遍历获取a标签内所有属性的href属性
23  for a in content:
24      print(a.attrs['href'])
25  #6.在获取的页面中通过search()查找文本
26  text = resp.html.search('版权所有{}yeky@chinaz.com')[0]  # 获取在"版权所
    有"和"yeky@chinaz.com"之间的所有内容
27  print(text)
28  #7.支持XPath
29  link = resp.html.xpath('//a')    # 获取HTML内所有的a标签
30  print('*'*100)
31  for i in range(0,len(link)):
32      try:
33          link[i].attrs['href']
34          print(link[i].attrs['href'])
35      except Exception as result:
36          print("有的超链接为空")
```

代码解析：01行从requests_html库中导入HTMLSession；02～04行定义请求头；05～06行表示获取请求对象；08行向服务器发送GET请求；09行打印请求状态码；10行设置响应信息的编码；11行输出所有绝对路径的超链接；13～27行根据CSS选择器选择内容；29行根据XPath规则获取内容；31～36行输出所有超链接。

运行程序，结果如图4-15所示。

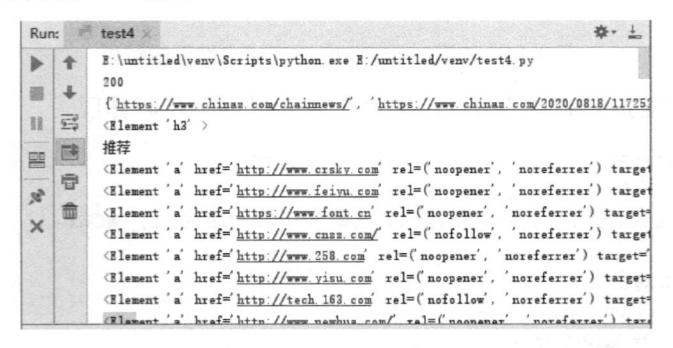

图4-15 根据CSS选择器和XPath选择内容的结果

任务实施

学习了使用 requests-html 库解析网页的基础知识后,我们就可以对前面爬取的网页进行解析了。

```
01  import re
02  import time
03  from requests_html import HTMLSession
04  #获取电影详情页信息
05  headers = {
06      'User-Agent': "Mozilla/5.0 (Windows NT 10.0; WOW64) AppleWebKit/537.36 (KHTML, like Gecko) Chrome/63.0.3239.132 Safari/537.36"
07  }
08  movie = {}  # 定义字典
09  import re
10  import pymysql
11  from requests_html import HTMLSession
12  url = 'https://www.ygdy.cn/ygdy/html/gndy/dyzz/20200818/60356.html'
13  def my_replace(str):    # 字符串中的空格、"\u3000"及"\xa0"等字符的替换处理
14      actors = []
15      str = str.strip().replace(u'\u3000', u' ').replace(u'\xa0', u' ')
16      str = str.split('<br />')
17      for i in range(0, len(str)):
18          if str[i] == '':
19              break
20          actors.append(str[i].strip())
21      return actors
22  #获取电影详情页信息
23  def get_movie_content(url,movie_id):
24      session = HTMLSession()
25      resp = session.get(url, headers=headers)
26      resp.encoding = 'gb2312'
27      # print(resp.status_code)
28      zooms = resp.html.xpath("//div[@id='Zoom']")[0]
29      m_infos = zooms.xpath(".//text()")
30      movie_pic = zooms.xpath(".//img/@src")  # 图片
31      img1 = movie_pic[0]
32      movie['poster_pic'] = img1
33      if len(movie_pic) > 1:
34          img2 = movie_pic[1]
35          movie['describe_pic'] = img2
36      else:
37          movie['describe_pic'] = ""
38
39      for index, info in enumerate(m_infos):
40          # 1.译名
41          if info.startswith('◎译     名'):
42              tname = zooms.search("◎译     名{}◎")[0]
43              tname = re.sub("<br />", '', tname)
44              movie['tname'] = tname
```

```
45          # 2.片名
46          if info.startswith('◎片    名'):
47              title = zooms.search("◎片    名{}◎")[0]
48              title = re.sub("<br />", '', title)
49              movie['title'] = title
50          # 3.年代
51          if info.startswith('◎年    代'):
52              time = zooms.search("◎年    代{}◎")[0]
53              time = re.sub("<br />", '', time)
54              movie['time'] = time
55          # 4.产地
56          if info.startswith('◎产    地'):
57              place = zooms.search("◎产    地{}◎")[0]
58              place = re.sub("<br />", '', place)
59              movie['place'] = place
60          # 5.类别
61          if info.startswith('◎类    别'):
62              category = zooms.search("◎类    别{}◎")[0]
63              category = re.sub("<br />", '', category)
64              movie['category'] = category
65          # 6.语言
66          if info.startswith('◎语    言'):
67              language = zooms.search("◎语    言{}◎")[0]
68              language = re.sub("<br />", '', language)
69              movie['language'] = language
70          # 7.字幕
71          if info.startswith('◎字    幕'):
72              subtitle = zooms.search("◎字    幕{}◎")[0]
73              subtitle = re.sub("<br />", '', subtitle)
74              movie['subtitle'] = subtitle
75          # 8.上映日期
76          if info.startswith('◎上映日期'):
77              release_date = zooms.search("◎上映日期{}◎")[0]
78              release_date = re.sub("<br />", '', release_date)
79              movie['release_date'] = release_date
80          # 9.IMDb 评分
81          if info.startswith('◎IMDb 评分'):
82              iscore = zooms.search("◎IMDb 评分{}◎")[0]
83              iscore = re.sub("<br />", '', iscore)
84              movie['iscore'] = iscore
85          else:
86              movie['iscore']=""
87          # 10.豆瓣评分
88          if info.startswith('◎豆瓣评分'):
89              dscore = zooms.search("◎豆瓣评分{}◎")[0]
90              dscore = re.sub("<br />", '', dscore)
91              movie['dscore'] = dscore
92          # 11.文件格式
93          if info.startswith('◎文件格式'):
94              file_format = zooms.search("◎文件格式{}◎")[0]
```

```
95                file_format = re.sub("<br />", '', file_format)
96                movie['file_format'] = file_format
97            # 12.视频尺寸
98            if info.startswith('◎视频尺寸'):
99                vodie_size = zooms.search("◎视频尺寸{}◎")[0]
100               vodie_size = re.sub("<br />", '', vodie_size)
101               movie['vodie_size'] = vodie_size
102           # 13.文件大小
103           if info.startswith('◎文件大小'):
104               film_size = zooms.search("◎文件大小{}◎")[0]
105               film_size = re.sub("<br />", '', film_size)
106               movie['film_size'] = film_size
107           # 14.片长
108           if info.startswith('◎片      长'):
109               film_length = zooms.search("◎片      长{}◎")[0]
110               film_length = re.sub("<br />", '', film_length)
111               movie['film_length'] = film_length
112           # 15.导演
113           if info.startswith('◎导      演'):
114               director = zooms.search("◎导      演{}◎")[0]
115               director = re.sub("<br />", '', director)
116               movie['director'] = director
117           # 16.编剧
118           if info.startswith('◎编      剧'):
119               screenwriter = zooms.search("◎编      剧{}◎")[0]
120               screenwriter = re.sub("<br />", '', screenwriter)
121               movie['screenwriter'] = screenwriter
122           # 17.主演
123           if info.startswith('◎主      演'):
124               to_star = zooms.search("◎主      演{}◎")[0]
125               movie['to_star'] = my_replace(to_star)
126           # 18.标签
127           if info.startswith('◎标      签'):
128               label = zooms.search("◎标      签{}◎")[0]
129               label = re.sub("<br />", '', label)
130               movie['label'] = label
131           # 下载地址
132           download_url = zooms.search('<a target="_black"href="magnet:?{}"><strong>'[0]
133           movie['download_url'] = "magnet:?"+download_url
134           # 简介
135           profile = zooms.search("◎简      介{}<strong>")[0]
136           profile = re.sub("<br />", '', profile)
137           movie['introduction'] = profile
138           movie['movie_id']=movie_id
139           movie['ygdy_movie_url'] = url
140       return movie
141 data=get_movie_content(url,'002')
142 print(data)
```

运行程序，结果如图 4-16 所示。

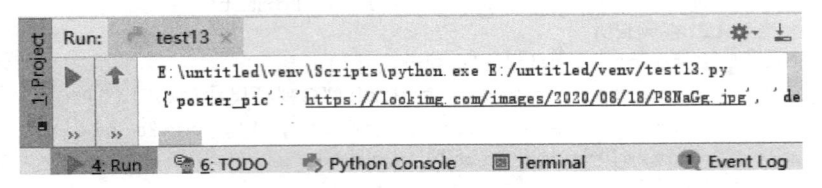

图 4-16 解析爬取到的网页信息的结果

任务拓展

1. 网络爬虫的优化

上一个任务使用 Python 网络爬虫实现了对电影详情页信息的爬取。如果要爬取大量数据，有些服务器可能对此并不友好，此时可以采用下面两种方法。

① 定时更改请求头中的 User-Agent 参数，让服务器认为这是由多台计算机发出的请求。

② 使用代理 IP 进行网页信息的爬取。

```
01  import requests
02  import parsel
03  import time
04  import random
05  def get_user_agent():
06      MY_USER_AGENT = [
07          "Mozilla/4.0 (compatible; MSIE 6.0; Windows NT 5.1; SV1; AcooBrowser; .NET CLR 1.1.4322; .NET CLR 2.0.50727)",
08          "Mozilla/4.0 (compatible; MSIE 7.0; Windows NT 6.0; Acoo Browser; SLCC1; .NET CLR 2.0.50727; Media Center PC 5.0; .NET CLR 3.0.04506)",
09          "Mozilla/4.0 (compatible; MSIE 7.0; AOL 9.5; AOLBuild 4337.35; Windows NT 5.1; .NET CLR 1.1.4322; .NET CLR 2.0.50727)",
10          "Mozilla/5.0 (Windows; U; MSIE 9.0; Windows NT 9.0; en-US)",
11          "Mozilla/5.0 (compatible; MSIE 9.0; Windows NT 6.1; Win64; x64; Trident/5.0; .NET CLR 3.5.30729; .NET CLR 3.0.30729; .NET CLR 2.0.50727; Media Center PC 6.0)",
12          "Mozilla/5.0 (compatible; MSIE 8.0; Windows NT 6.0; Trident/4.0; WOW64; Trident/4.0; SLCC2; .NET CLR 2.0.50727; .NET CLR 3.5.30729; .NET CLR 3.0.30729; .NET CLR 1.0.3705; .NET CLR 1.1.4322)",
13          "Mozilla/4.0 (compatible; MSIE 7.0b; Windows NT 5.2; .NET CLR 1.1.4322; .NET CLR 2.0.50727; InfoPath.2; .NET CLR 3.0.04506.30)",
14          "Mozilla/5.0 (Windows; U; Windows NT 5.1; zh-CN) AppleWebKit/523.15 (KHTML, like Gecko, Safari/419.3) Arora/0.3 (Change: 287 c9dfb30)",
15          "Mozilla/5.0 (X11; U; Linux; en-US) AppleWebKit/527+ (KHTML, like Gecko, Safari/419.3) Arora/0.6",
16          "Mozilla/5.0 (Windows; U; Windows NT 5.1; en-US; rv:1.8.1.2pre) Gecko/20070215 K-Ninja/2.1.1",
17          "Mozilla/5.0 (Windows; U; Windows NT 5.1; zh-CN; rv:1.9) Gecko/20080705 Firefox/3.0 Kapiko/3.0",
```

18   "Mozilla/5.0 (X11; Linux i686; U;) Gecko/20070322 Kazehakase/0.4.5",
19   "Mozilla/5.0 (X11; U; Linux i686; en-US; rv:1.9.0.8) Gecko Fedora/1.9.0.8-1.fc10 Kazehakase/0.5.6",
20   "Mozilla/5.0 (Windows NT 6.1; WOW64) AppleWebKit/535.11 (KHTML, like Gecko) Chrome/17.0.963.56 Safari/535.11",
21   "Mozilla/5.0 (Macintosh; Intel Mac OS X 10_7_3) AppleWebKit/535.20 (KHTML, like Gecko) Chrome/19.0.1036.7 Safari/535.20",
22   "Opera/9.80 (Macintosh; Intel Mac OS X 10.6.8; U; fr) Presto/2.9.168 Version/11.52",
23   "Mozilla/5.0 (Windows NT 6.1; WOW64) AppleWebKit/536.11 (KHTML, like Gecko) Chrome/20.0.1132.11 TaoBrowser/2.0 Safari/536.11",
24   "Mozilla/5.0 (Windows NT 6.1; WOW64) AppleWebKit/537.1 (KHTML, like Gecko) Chrome/21.0.1180.71 Safari/537.1 LBBROWSER",
25   "Mozilla/5.0 (compatible; MSIE 9.0; Windows NT 6.1; WOW64; Trident/5.0; SLCC2; .NET CLR 2.0.50727; .NET CLR 3.5.30729; .NET CLR 3.0.30729; Media Center PC 6.0; .NET4.0C; .NET4.0E; LBBROWSER)",
26   "Mozilla/4.0 (compatible; MSIE 6.0; Windows NT 5.1; SV1; QQDownload 732; .NET4.0C; .NET4.0E; LBBROWSER)",
27   "Mozilla/5.0 (Windows NT 6.1; WOW64) AppleWebKit/535.11 (KHTML, like Gecko) Chrome/17.0.963.84 Safari/535.11 LBBROWSER",
28   "Mozilla/4.0 (compatible; MSIE 7.0; Windows NT 6.1; WOW64; Trident/5.0; SLCC2; .NET CLR 2.0.50727; .NET CLR 3.5.30729; .NET CLR 3.0.30729; Media Center PC 6.0; .NET4.0C; .NET4.0E)",
29   "Mozilla/5.0 (compatible; MSIE 9.0; Windows NT 6.1; WOW64; Trident/5.0; SLCC2; .NET CLR 2.0.50727; .NET CLR 3.5.30729; .NET CLR 3.0.30729; Media Center PC 6.0; .NET4.0C; .NET4.0E; QQBrowser/7.0.3698.400)",
30   "Mozilla/4.0 (compatible; MSIE 6.0; Windows NT 5.1; SV1; QQDownload 732; .NET4.0C; .NET4.0E)",
31   "Mozilla/4.0 (compatible; MSIE 7.0; Windows NT 5.1; Trident/4.0; SV1; QQDownload 732; .NET4.0C; .NET4.0E; 360SE)",
32   "Mozilla/4.0 (compatible; MSIE 6.0; Windows NT 5.1; SV1; QQDownload 732; .NET4.0C; .NET4.0E)",
33   "Mozilla/4.0 (compatible; MSIE 7.0; Windows NT 6.1; WOW64; Trident/5.0; SLCC2; .NET CLR 2.0.50727; .NET CLR 3.5.30729; .NET CLR 3.0.30729; Media Center PC 6.0; .NET4.0C; .NET4.0E)",
34   "Mozilla/5.0 (Windows NT 5.1) AppleWebKit/537.1 (KHTML, like Gecko) Chrome/21.0.1180.89 Safari/537.1",
35   "Mozilla/5.0 (Windows NT 6.1; WOW64) AppleWebKit/537.1 (KHTML, like Gecko) Chrome/21.0.1180.89 Safari/537.1",
36   "Mozilla/5.0 (iPad; U; CPU OS 4_2_1 like Mac OS X; zh-cn) AppleWebKit/533.17.9 (KHTML, like Gecko) Version/5.0.2 Mobile/8C148 Safari/6533.18.5",
37   "Mozilla/5.0 (Windows NT 6.1; Win64; x64; rv:2.0b13pre) Gecko/20110307 Firefox/4.0b13pre",
38   "Mozilla/5.0 (X11; Ubuntu; Linux x86_64; rv:16.0) Gecko/20100101 Firefox/16.0",
39   "Mozilla/5.0 (Windows NT 6.1; WOW64) AppleWebKit/537.11 (KHTML, like Gecko) Chrome/23.0.1271.64 Safari/537.11",
40   "Mozilla/5.0 (X11; U; Linux x86_64; zh-CN; rv:1.9.2.10) Gecko/20100922 Ubuntu/10.10 (maverick) Firefox/3.6.10",
41   "Mozilla/5.0 (Windows NT 10.0; Win64; x64) AppleWebKit/537.36 (KHTML, like Gecko) Chrome/58.0.3029.110 Safari/537.36",

```python
42         ]
43     return MY_USER_AGENT
44 headers={
45     # 'User-Agent':'User-Agent,Mozilla/5.0 (Windows NT 6.1; rv,2.0.1) Gecko/20100101 Firefox/4.0.1'
46     'user-agent': random.choice(get_user_agent()),
47     'Accept-Encoding': 'gzip, deflate',
48     'Accept-Language': 'zh-CN,zh;q=0.8,zh-TW;q=0.7,zh-HK;q=0.5,en-US;q=0.3,en;q=0.2',
49 }
50 #1.分析目标网页
51 proxies_list=[]
52 #代理IP
53 def getIpData(url):
54     response = requests.get(url, headers=headers)
55     # print(response)
56     data = response.text
57     html_data = parsel.Selector(data)
58     parsel_list = html_data.xpath('//table[@class="table table-bordered table-striped"]/tbody/tr')
59     for tr in parsel_list:
60         http_typt=tr.xpath('./td[4]/text()').extract_first()#协议类型
61         ip_num=tr.xpath('./td[1]/text()').extract_first()#IP地址
62         ip_port=tr.xpath('./td[2]/text()').extract_first()#IP端口
63         # print(http_typt,ip_num,ip_port)
64         proxies_dict={}
65         proxies_dict[ http_typt] =ip_num+":"+ip_port
66         proxies_list.append(proxies_dict)
67         print(proxies_dict)
68 for page in range(1,8):
69     print('======================================正在爬取第{}页数据========================='.format(page))
70     time.sleep(1)#休眠
71     base_url = 'http://www.ip3366.net/free/?stype=1&page={}'.format(str(page))
72     getIpData(base_url)
73 def check_ip(proxies_list):
74     canz_use=[]
75     for ip in proxies_list:
76         try:
77             resp=requests.get(url='http://www.jsons.cn/useragent/',headers=headers,proxies=ip,timeout=0.2)
78             if resp.status_code==200:
79                 canz_use.append(ip)
80         except Exception as result:
81             print("当前代理IP:",ip,"请求超时，检查不合格")
82         finally:
83             print("当前代理IP:", ip, "请求超时，检查通过")
84     return canz_use
85 print("=======================真正检查代理IP质量=======================
```

```
86    canz_use=check_ip(proxies_list)
87    print("可用代理IP",canz_use)
88    print("可用代理IP的个数：",len(canz_use))
89    #测试
90    resp=requests.get('https://www.dytt8.net/html/gndy/dyzz/20200818/60372.html',headers=headers,proxies=random.choice(canz_use))
91    print(resp.text)
92    print("使用代理IP请求网页")
93    print(resp.status_code)
```

代码解析：01 行导入 requests 库；03 行导入 time 模块；04 行导入 random 模块；05 行定义函数 get_user_agent()；06～41 行定义列表 MY_USER_AGENT；44～49 行表示定义请求头；51 行定义列表 proxies_list；53～67 行表示定义获取 IP 的函数，先使用 requests.get()方法请求网页，得到响应内容后，使用 parsel 模块的 Selector()方法解析响应内容，然后使用 XPath 进行元素定位，最后使用 for 循环进行遍历，将协议类型、IP 地址和 IP 端口等提取出来，并将 IP 地址和 IP 端口格式化后放入 proxies_list 列表中；68 行定义 for 循环，获取该网站的 8 个页面提供的 IP 地址；69 行输出提示符；70 行定义休眠时间；71 行定义 base_url 地址，该地址将作为获取 IP 的分页地址；72 行调用 getIpData()函数获取该网站的所有 IP；73～84 行定义函数 check_ip()，主要用来检查代理 IP 的有效性，其中的 74 行用来定义列表存放可用代理 IP，75～83 行表示在 proxies_list 中进行遍历，用列表中的每一个代理 IP 去请求指定的网站，如果得到的状态码是 200，则把该代理 IP 添加到 canz_use 中，这里同时做了异常处理；85 行表示输出提示；86 行表示调用 check_ip()函数检查代理 IP 的有效性，并把可用代理 IP 放到 canz_use 中；87～88 行表示输出可用代理 IP 及可用代理 IP 的个数；90 行使用代理 IP 请求网页；91～93 行表示输出请求到的网页和状态码。

2. 将请求到的数据保存到 MySQL 数据库中

在采集到数据以后，要将数据保存到数据库中，因此必须先在数据库中创建表，然后调用 PyMySQL 模块的相关方法创建数据库。

```
01    #在数据库中创建表
02    create_table_flag = 0
03    def creat_table1():
04        conn = pymysql.connect(host='localhost', port=3306, user='root', password='root', db='movie', charset='utf8')
05        cursor = conn.cursor()
06        sql = '''
07            create table if not exists movie_detailes(
08            id int primary key auto_increment,
09            tname varchar(100),
10            title varchar(100),
11            time varchar(30),
12            place varchar(50),
13            category varchar(20),
14            language varchar(20),
15            subtitle varchar(40),
16            release_date varchar(40),
```

```
17          iscore varchar(20),
18          dscore varchar(30),
19          file_format varchar(30),
20          vodie_size varchar(20),
21          film_length varchar(20),
22          film_size varchar(20),
23          director varchar(40),
24          screenwriter varchar(40),
25          to_star text,
26          label varchar(100),
27          introduction text,
28          movie_id varchar(20),
29          poster_pic varchar(100),
30          describe_pic varchar(100),
31          download_url text,
32          ygdy_movie_url varchar(300)
33          )ENGINE=MyISAM DEFAULT CHARSET=utf8;
34
35       '''
36      if create_table_flag == 1:
37          try:
38              cursor.execute(sql)
39              conn.commit()    # 提交事务
40          except Exception as result:
41              print("创建表失败")
42              print(result)
43          else:
44              print("表已经存在或创建成功")
45          finally:
46              conn.close()
```

代码解析：02 行定义标志位 create_table_flag；03～46 行定义函数 creat_table1()；04 行定义数据库连接对象；05 行获取游标对象；06～35 行定义 SQL 语句；36 行表示如果标志位 create_table_flag 为 1，则提交事务，执行 SQL 语句；40～42 行进行异常处理；43 行表示如果没有异常，则输出相应的提示信息；46 行表示关闭数据库连接对象。

```
01  def sava_movie_detailes(dict):
02      # 保存到数据库
03      # creat_table1()#创建表
04      conn = pymysql.connect(host='localhost', port=3306, user='root',
    password='root', db='movie', charset='utf8')
05      cursor = conn.cursor()
06      # 定义SQL语句
07      sql = '''
08      insert into movie_detailes(poster_pic,describe_pic,tname,title,time,
    place,category,language,subtitle,release_date,iscore,dscore,file_form
    at,vodie_size,film_size
09      ,film_length,director,screenwriter,label,download_url,introduction,
    movie_id,ygdy_movie_url,to_star
```

```
10          ) values(
11          %s,%s,%s,%s,%s,%s,%s,%s,%s,%s,%s,%s,%s,%s,%s,%s,%s,%s,%s,%s,
   %s,%s)
12
13          '''
14      try:
15          cursor.execute(sql,
16                         (dict['poster_pic'], dict['describe_pic'], dict['tname'],
   dict['title'], dict['time'],
17                          dict['place'],
18                          dict['category'], dict['language'], dict['subtitle'],
   dict['release_date'],
19                          dict['iscore'], dict['dscore'], dict['file_format'],
   dict['vodie_size'], dict['film_size'],
20                          dict['film_length'], dict['director'], dict['screenwriter'],
   dict['label'],
21                          dict['download_url'],
22                          dict['introduction'], movie['movie_id'], movie['ygdy_
   movie_url'],pymysql.escape_string(','.join(dict['to_star']))
23                          ))
24          conn.commit()
25      except Exception as result:
26          print(result)
27          print("插入数据失败")
28      else:
29          print("成功插入数据")
30      finally:
31          conn.close()
```

代码解析：01 行定义保存电影详情页的函数；04 行表示定义数据库连接对象；05 行获取游标对象；07~13 行定义插入数据库的 SQL 语句；14~31 行表示执行插入数据的操作，并进行异常处理。

```
01  def get_save_movie_detailes(url,m_id):
02      dict = get_movie_content(url, m_id)
03      sava_movie_detailes(dict)
04  count=0
05  def getPageList():#用于获取列表页
06      print("开始爬取-------------")
07      datalist=[]
08      movieContent=[]
09      i = 1
10      baseurl = 'https://www.ygdy.cn/ygdy/html/gndy/dyzz/list_23_'
11      # 获取请求对象
12      session = HTMLSession()
13      for i in range(1,2):#遍历列表页
14          url=baseurl+str(i)+'.html'#构建完整的URL
15          response = session.get(url, headers=headers)
16          # print(response.url)
17          response.encoding = 'gb2312'
```

```
18              # text = response.html.search('本站首页{}最新电影')[0]
19              # print(text)
20              content=response.html.find('table.tbspan a')
21              for i in range(0,len(content)):
22                  m_trans_name=content[i].attrs['href']#电影标题
23                  datalist.append(m_trans_name)
24                  m_dytt8_url=content[i].text#获取电影链接
25                  detail_url=baseurl+content[i].attrs['href']#构造电影详情页网址
26                  import re
27                  pattern =re.compile(r'(\d+).html')
28                  movie_id=''.join(pattern.findall(detail_url))
29                  movie_id=movie_id.strip()#去掉首尾空格
30                  datalist.append(detail_url)
31                  # 获取电影详情页
32                  global count
33                  count=count + 1
34                  resp = session.get(detail_url, headers=headers)
35
36                  if resp.status_code!=200:
37                      break
38                  try:#跳出被删除的网页
39                      resp.encoding = 'gb2312'
40                      resp.html.xpath("//div[@id='Zoom']")[0]
41                  except Exception as result:
42                      break
43                  print("正在爬取第%d条数据" %count)
44                  print("id为%s" %movie_id)
45                  get_save_movie_detailes(detail_url,movie_id)
46                  rand=random.randint(1,10)
47                  time.sleep(rand)
48                  # print(content[i].text)
49          print("爬取完毕")
50              #电影属性
51  getPageList()
```

代码解析：01 行定义函数 get_save_movie_detailes()；02 行调用 get_movie_content()函数获取电影详情页，并将其放到 dict 变量中；03 行调用 sava_movie_detailes()函数保存 dict；04 行定义变量 count；05 行定义函数 getPageList()；07 行定义列表 datalist；08 行定义列表 movieContent；09 行定义变量 i；10 行定义列表页地址 baseurl；12 行定义 session 对象；13 行遍历列表页；14 行表示构建完整的 URL；15 行携带请求头使用 session.get()方法请求网页；17 行设置网页响应内容的编码；20 行使用 find()方法查找 table 标签下类名为 tbspan 的所有超链接；21 行开始遍历；22 行获取电影标题；23 行将电影标题添加到 datalist 中；24 行获取电影链接；25 行构造电影详情页网址；26 行导入 Re 模块；27 行设置正则表达式的匹配规则，提取数字；28 行提取电影详情页网址中的数字，当中的数字就是电影的 ID；29 行将 ID 中的首尾空格去掉；30 行将电影详情页网址添加到 datalist 列表中；32 行将 count 声明为全局变量；33 行将 count 的值加 1；34 行请求详情页内容，将网页的响应内容保存到 resp 中；36 行表示如果响应的状态码不等于 200，则直接跳出；39 行设置网页响应的内容的编码；40 行提取网页中"id='Zoom'"的 div 的内容；41 行进行异常处理；43 行输出提示信息；44 行输出当前详情页的电影 ID；45 行传入电影详情页网址和电影 ID，调用 get_save_movie_detailes()函数获取电影详情页信息；46 行产生 1~10 的随机数；47 行设置休眠时间为随机指定的时间；49 行输出提示信息。

小　　结

本项目主要介绍了 Python 的两个库，即 requests 库和 request-html 库，它们满足编写网络爬虫的需求，是爬虫开发人员首选的爬虫库。

requests-html 库是在 requests 库的基础上进一步封装而成的，这两个爬虫库是由同一个开发者开发的。requests-html 库除了包含 requests 库的所有功能，还新增了数据提取功能和 AJAX 数据动态渲染功能。

requests-html 库只能使用 requests 库的 session 模式，该模式可使请求保持连接状态。数据提取由 lxml 模块和 PyQuery 模块实现，这两个模块分别支持 XPath Selectors 和 CSS Selectors 定位，通过 XPath 或 CSS 定位，可以精确地提取网页里的数据。

复　习　题

一、单项选择题

1. 下面有关 requests 库的说法不正确的是（　　）。
A. requests 是 Python 的一个 HTTP 请求库
B. 在 Windows 环境下安装 requests 库，可以使用命令"pip install requests"
C. 在 Linux 环境下安装 requests 库，可以使用命令"sudo pip install requests"
D. requests 库的 GET 请求不能携带参数

2. 假定响应对象为 r，下列关于使用 requests 库获取响应内容的方法不正确的是（　　）。
A. r.status_code 表示响应状态码
B. r.raw 表示原始响应体，使用 r.raw.read()读取
C. r.text 表示字符串方式的响应体，会自动根据响应头部的字符编码进行解码
D. r.url 表示获取网页中的所有网址

二、判断题

1. 通用网络爬虫常采用串行工作方式。（　　）
2. 需要登录的网站一般通过 GET 请求实现登录。（　　）
3. 代理中间件的可用代理列表一定要写在 setting.py 中。（　　）
4. 所有的异步加载都会向后台发送请求。（　　）
5. requests 的 GET 请求方法的使用形式表现为 requests.get(url)。（　　）

三、编程题

1. 使用 requests 库（请求框架）和 BeautifulSoup（解析框架）爬取变量 url 指定的网页，获取网页的标题和内容。

```
url=http://kjj.cq.gov.cn/zwxx_176/bmdt/202104/t20210406_9072956.html"
```

2. 使用 XPath 实现对图书信息的爬取，网址为 http://books.toscrape.com/，具体要求如下。
① 爬取的图书的字段包括书名、价格和评分。
② 使用 XPath 将所有网页的图书信息爬取下来。
③ 将数据保存于文件中（推荐使用 CSV 文件）。

3. 使用 requests_html 库请求网页，请求的 URL 是 "https://www.ygdy.cn/ygdy/html/gndy/dyzz/index.html"，并将指定网页中的所有超链接输出到控制台上。

项目五　通过模拟用户登录爬取网站

项目要求

随着网站服务器的负荷日益增大，很多网站都采取了反爬措施，比如要求用户登录、JS加密、JS混淆、CSS字体等。为了访问网络资源，本项目使用代码模拟用户登录，从而达到访问和爬取服务器资源的目的。

项目分析

有些网页需要用户登录后才能获取信息，所以网络爬虫需要模拟用户的登录行为（简称模拟用户登录），并在登录后保存登录信息，以便浏览该网站的其他页面。本项目将实现模拟用户登录的功能。

技能目标

（1）能识别网站的登录验证密码。
（2）会编写模拟用户登录的代码。
（3）会使用 Selenium 实现登录。

素养目标

通过爬取古诗文网的案例，激发学生的学习兴趣和求知欲，培养学生知难而进的精神。在开发网络爬虫的过程中，给学生输送我国优秀古诗文文化，坚定文化自信，弘扬爱国精神。

知识导图

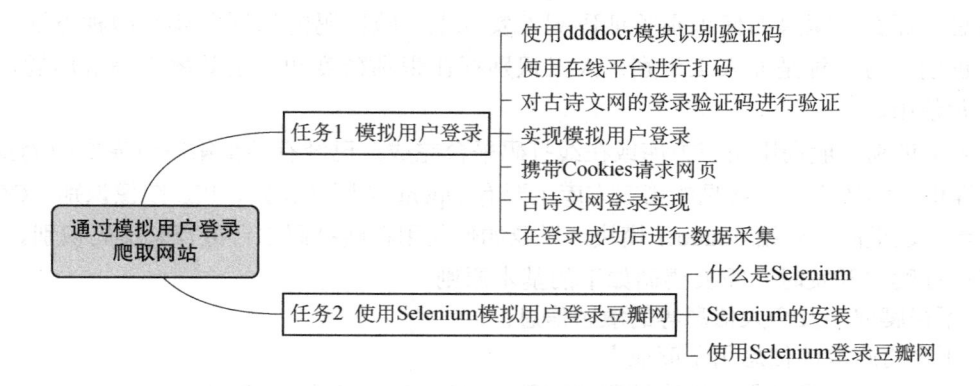

通过模拟用户登录爬取网站
- 任务1　模拟用户登录
  - 使用ddddocr模块识别验证码
  - 使用在线平台进行打码
  - 对古诗文网的登录验证码进行验证
  - 实现模拟用户登录
  - 携带Cookies请求网页
  - 古诗文网登录实现
  - 在登录成功后进行数据采集
- 任务2　使用Selenium模拟用户登录豆瓣网
  - 什么是Selenium
  - Selenium的安装
  - 使用Selenium登录豆瓣网

任务 1　模拟用户登录

任务演示

本次任务将在登录网站时使用验证码模块或在线打码平台进行验证码识别，实现模拟用户登录。如图 5-1 所示为实现用户自动登录的界面。

图 5-1　实现用户自动登录的界面

知识准备

有些网站要求用户先登录用户账号，才可以访问网站页面及其相关内容，那么使用爬虫工具爬取网页内容就必须先注册用户账号，然后使用用户账号请求服务器资源，甚至携带其 Cookies 访问网站的内容。此外，还有些网站要求用户先输入验证码才能正常登录或发表信息。那么，爬虫如何识别验证码呢？实际上，验证码的识别主要有两种方法，一种是人工识别，另一种是非人工识别。人工识别存在识别精度和识别效率不高等问题，故一般不推荐使用。

非人工识别一般利用第三方库或在线打码平台完成。已经有不少第三方库专门为验证码的识别提供了解决方案。常见的第三方库主要有 OpenCV 图像识别、PIL 图像识别、OCR 文字识别等。这里简单介绍 ddddocr 模块，以及如何使用在线打码平台进行验证码识别。

在进行爬虫开发时，需要遵循如下的基本原则。
① 不得爬取涉及个人信息等的敏感信息；
② 不得将爬取的信息用于商业上；
③ 不得开启大量线程，造成被爬取的服务器瘫痪和其他不良影响。

1. 使用 ddddocr 模块识别验证码

ddddocr 模块是国内开发的一款用于识别验证码的框架。在使用该框架前，先要使用如下命令进行安装。

```
pip install ddddocr
```

接下来进行程序的编写，代码如下：

```
01  import ddddocr
02  ocr = ddddocr.DdddOcr()
03  with open('yzm2.png', 'rb') as f:
04      img_bytes = f.read()
05  result = ocr.classification(img_bytes)
06  print(result)
```

代码解析：01 行导入 ddddocr 模块；02 行表示实例化，用 ocr 变量接收数据；03～04 行表示使用只读方式打开图片 yzm2.png，并使用 read()函数读取，将读取到的内容放到 img_bytes 变量中；05 行表示使用 classification()函数进行图片识别，将识别到的结果放到 result 变量中；06 行输出结果。

运行程序，结果如图 5-2 所示。

图 5-2　程序运行结果

图片内容（即验证码的内容）如图 5-3 所示。

图 5-3　验证码的内容

可见，使用该模块识别到的验证码是正确的。

2. 使用在线平台进行打码

爬取古诗文网的内容需要自动登录，登录网站的时候使用了验证码。验证码除了可以通过人工识别外，也可以考虑使用在线打码平台进行打码。打码就是先将要识别的验证码上传到在线打码平台，然后使用该平台进行自动识别。下面介绍如何使用在线打码平台识别验证码。

这里使用了超级鹰专业验证码识别平台（简称"超级鹰网站"或"超级鹰"）。首先，先在此网站注册一个账号，记录好自己的用户账号和密码。在线打码平台一般都是付费的，需要积分才能使用。

通过首页的开发文档的网页链接可以找到相关资料，具体下载步骤如下。

① 找到 Python 语言对应的开发文档进行下载，如图 5-4 所示。

注意：在线打码平台一般都比较小众，所以一定要注意保护账号安全和财产安全，注意甄别不可靠网站。

图 5-4　找到 Python 语言对应的开发文档

② 进入"Python 语言 Demo 下载"页面之后，单击"点击这里下载"按钮进行文件下载，如图 5-5 所示。

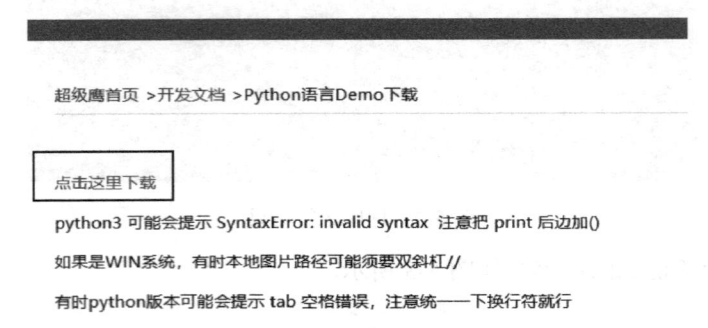

图 5-5　下载文件

③ 解压下载的文件，得到如图 5-6 所示的解压内容。

图 5-6　解压下载文件得到的解压内容

接下来,我们对如图 5-6 所示的示例代码文件 chaojiying.py 进行分析。

```python
01  #!/usr/bin/env python
02  # coding:utf-8
03  import requests
04  from hashlib import md5
05  class Chaojiying_Client(object):
06      def __init__(self, username, password, soft_id):
07          self.username = username
08          password = password.encode('utf8')
09          self.password = md5(password).hexdigest()
10          self.soft_id = soft_id
11          self.base_params = {
12              'user': self.username,
13              'pass2': self.password,
14              'softid': self.soft_id,
15          }
16          self.headers = {
17              'Connection': 'Keep-Alive',
18              'User-Agent': 'Mozilla/4.0 (compatible; MSIE 8.0; Windows NT 5.1; Trident/4.0)',
19          }
20      def PostPic(self, im, codetype):
21          """
22          im: 图片字节
23          codetype: 题目类型 参考 http://www.chaojiying.com/price.html
24          """
25          params = {
26              'codetype': codetype,
27          }
28          params.update(self.base_params)
29          files = {'userfile': ('ccc.jpg', im)}
30          r = requests.post('http://upload.chaojiying.net/Upload/Processing.php', data=params, files=files, headers=self.headers)
31          return r.json()
32      def ReportError(self, im_id):
33          """
34          im_id:报错题目的图片ID
35          """
36          params = {
37              'id': im_id,
38          }
39          params.update(self.base_params)
40          r = requests.post('http://upload.chaojiying.net/Upload/ReportError.php', data=params, headers=self.headers)
```

```
41              return r.json()
42      if __name__ == '__main__':
43          chaojiying = Chaojiying_Client('超级鹰用户名', '超级鹰用户名的密码', '96001')
#用户中心>>软件 ID
44          im = open('a.jpg', 'rb').read()
            #本地图片文件路径//
45          print chaojiying.PostPic(im, 1902)
```

代码解析：03 行导入 requests 库；04 行导入 md5 模块；05 行定义类 Chaojiying_Client；06 行声明类的初始化参数；07 行使类的 username 等于参数 username；08 行将参数 password 编码成 str 类型的数据；09 行使类的 password 等于进行 md5 加密后的参数 password，hexdigest()用于返回十六进制数；10 行使类的 soft_id 等于参数 soft_id；11～15 行表示定义类的字典变量，其中包含了 user、pass2 及 softid 三个键；16～19 行表示定义字典变量 headers 是 Python 请求网页的请求头；20～31 行定义函数 PostPic()，用于接收参数 im 和参数 codetype，且函数中定义了字典 params；28 行将类中定义的基本参数 base_params 添加到字典 params 中；29 行定义字典 files；30 行携带参数和文件发出 POST 请求；31 行返回 JSON 格式的响应数据；32～41 行定义函数 ReportError()，并接收参数 im_id；36～38 行定义字典 params；39 行将类的基本参数添加到字典 params 中；40 行发出 POST 请求；41 行返回 JSON 格式的响应结果；43 行实例化 Chaojiying_Client 类对象为 chaojiying，并给出三个参数；44 行读取本地图片文件 a.jpg；45 行调用 PostPic()函数得到并输出远程服务器识别到的验证码，如果使用的 Python 版本是 Python3，则需将 print 语句修改为带圆括号的 print 语句，也就是"print(chaojiying, PostPic(im, 1902))"。

下面将该代码文件的参数进行修改，如图 5-7 所示。

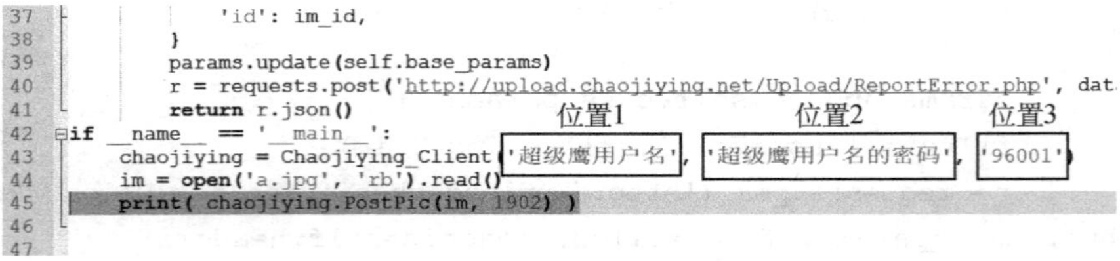

图 5-7 修改代码文件的参数

如图 5-7 所示的位置 1 和位置 2 分别是在超级鹰专业验证码识别平台上注册的用户账号和密码，位置 3 代表需要填写软件 ID。软件 ID 如何获取呢？请按照如下步骤获取。

① 进入超级鹰专业验证码识别平台的用户中心，找到当前界面左侧位置的"软件 ID"选项，如图 5-8 所示。

注意：使用注册的用户账名和密码登录网站。

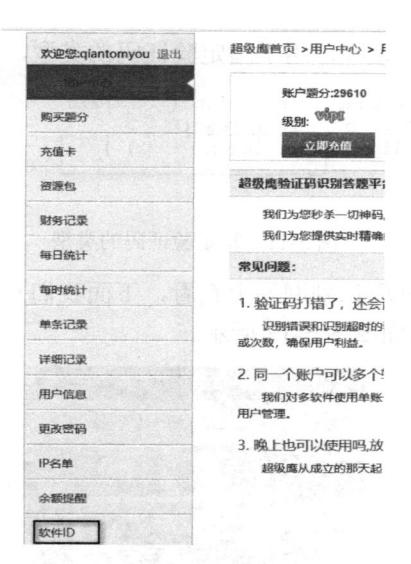

图 5-8 找到"软件 ID"选项

② 单击"软件 ID"按钮,进入"软件 ID"界面后单击"生成一个软件 ID"按钮,如图 5-9 所示。

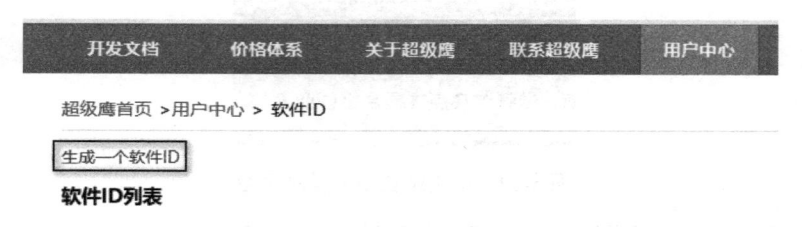

图 5-9 单击"生成一个软件 ID"按钮

③ 填入相关信息,其中"软件 KEY"的值是自动生成的,无须设置,如图 5-10 所示。

图 5-10 填入相关信息

④ 查看软件 ID。

将如图 5-10 所示的三项内容填写好并保存,单击"提交"按钮就可以查看软件 ID 了。

需要配置前面下载的示例代码文件,用于指定验证码的类型,如图 5-11 所示。

```
chaojiying = Chaojiying_Client('超级鹰用户名','超级鹰用户名的
im = open('a.jpg', 'rb').read()
print( chaojiying.PostPic(im, 1902) )
```

图 5-11　指定验证码的类型

验证码的类型需要在验证码识别网站上查看,下面我们介绍几个网站的验证码类型。
① 中国站长站的登录页面如图 5-12 所示。

图 5-12　中国站长站的登录页面

由图 5-12 可以看出,中国站长站的验证码是滑块验证码。
② 汇博人才网的登录页面如图 5-13 所示。

图 5-13　汇博人才网的登录页面

由图 5-13 可知,汇博人才网使用的是由 4 位数字组成的图片验证码。
③ 古诗文网的登录页面如图 5-14 所示。

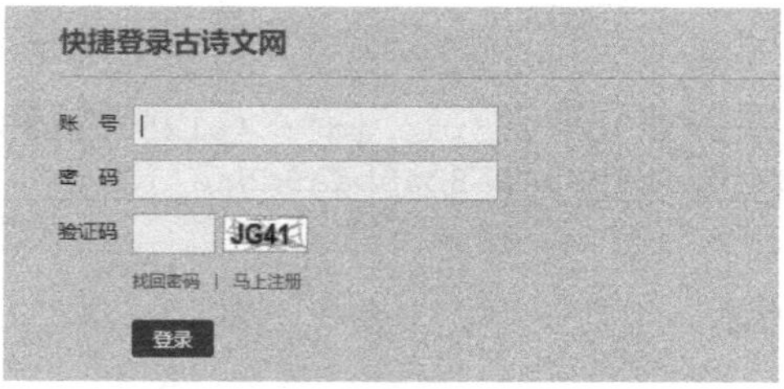

图 5-14 古诗文网的登录页面

由图 5-14 可知，古诗文网使用的是数字和字母混合的验证码。

可根据待登录网站的验证码类型到超级鹰网站对应的 price.html 页面查看对应的验证码类型，如图 5-15 所示。

英文字母或数字		
验证码类型	验证码描述	官方单价(题分)
1902	4~6位英文字母或数字	10,12,15
1101	1位英文字母或数字	10
1004	1~4位英文字母或数字	10
1005	1~5位英文字母或数字	12
1006	1~6位英文字母或数字	15
1007	1~7位英文字母或数字	17.5
1008	1~8位英文字母或数字	20
1009	1~9位英文字母或数字	22.5
1010	1~10位英文字母或数字	25
1012	1~12位英文字母或数字	30
1020	1~20位英文字母或数字	50

中文汉字		
验证码类型	验证码描述	官方单价(题分)
2001	1位纯汉字	10

5-15 查看验证码类型

注意：正确填写验证码类型，有利于提高识别验证码的准确率，方便快速开发网络爬虫。填写好必要的配置信息以后，可以将配置部分的代码修改为如下所示的代码。

```
01  if __name__ == '__main__':
02      chaojiying = Chaojiying_Client('qiantomyou', '111111', '910675')  #用户中心>>软件ID
03      im = open('a.jpg', 'rb').read()      #可使用本地图片文件的路径来替换 a.jpg
04      result=chaojiying.PostPic(im, 1902)
05      print(result)
06      print(result['pic_str'])
```

当确保该示例代码文件和 a.jpg 同在一个目录下时，就可以进行测试了。运行程序，结果如下。

```
    {'err_no': 0, 'err_str': 'OK', 'pic_id': '6125712485290000041', 'pic_str':
'rcsx', 'md5': '8e0c83d24b25b29b545a8ba5baa9d5aa'}
rcsx
```

图片的内容如图 5-16 所示。

图 5-16 图片的内容

由图 5-16 可以知道，图片上的验证码与识别到的验证码是一样的。

任务实施

1. 对古诗文网的登录验证码进行验证

下面我们通过一个实例来进一步说明验证码的识别方法，在此对古诗文网的登录验证码进行识别。

① 使用谷歌浏览器打开网址"https://so.gushiwen.cn/user/login.aspx"。

② 按下 F12 键进入开发者模式，单击如图 5-17 所示的图标。

图 5-17 进入开发者模式

③ 单击如图 5-18 所示的验证码图片。

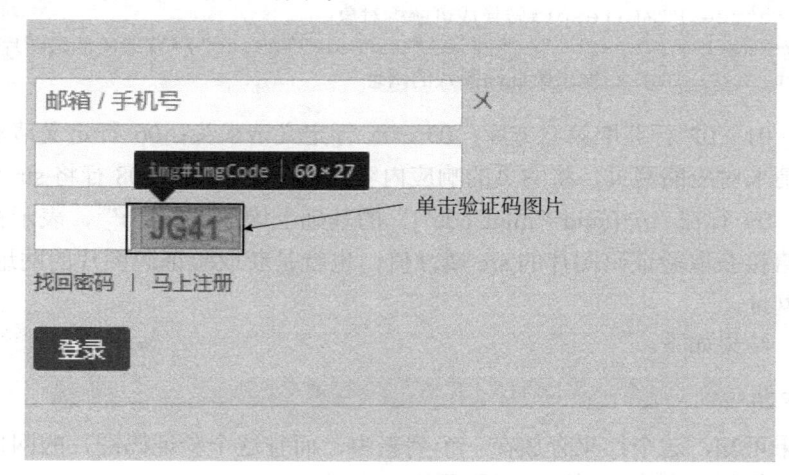

图 5-18 单击验证码图片

④ 使用 XPath 提取验证码图片在网页中的标记，如图 5-19 所示。

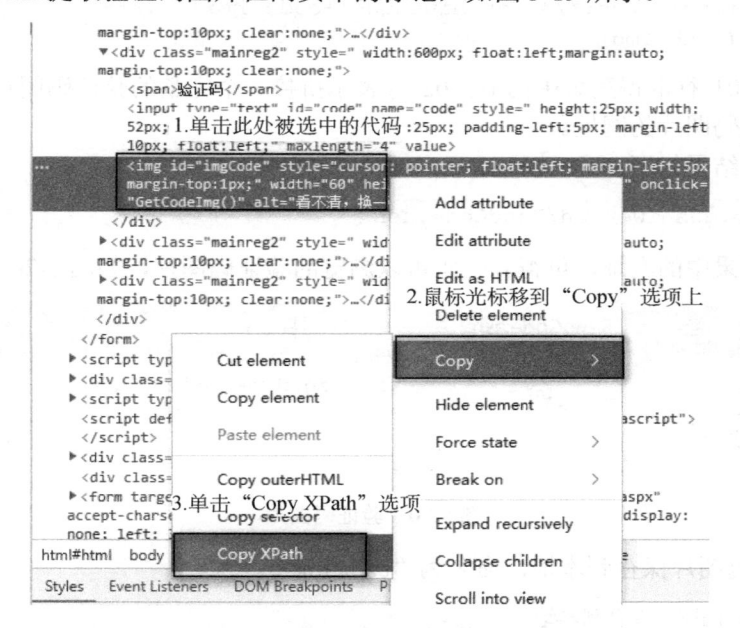

图 5-19 使用 XPath 提取验证码图片在网页中的标记

执行了④后，记录下此时的标记：//*[@id="imgCode"]。

⑤ 编写获取验证码图片的完整网址的代码。

```
01    import requests#导入 requests 库
02    from lxml import etree#导入 etree 模块
03    headers = {#定义请求头
04        "User-Agent": "Mozilla/5.0 (Windows NT 6.1; WOW64) AppleWebKit/537.36
      (KHTML, like Gecko) Chrome/72.0.3626.121 Safari/537.36",
05    }
06    url="https://so.gushiwen.cn/user/login.aspx"#定义请求的网址
```

```
07    resp=requests.get(url,headers=headers).text#将网页的响应内容转成str类型的
08    html=etree.HTML(resp)#转换成可解析对象
09    code_img=html.xpath('//*[@id="imgCode"]/@src')#获取验证码图片的网址
10    print(code_img)# 输出验证码图片的网址
```

代码解析：01~02 行获取第三方库；03~05 行定义请求头；06 行定义请求的网址；07 行携带请求头请求对应的网页，将网页的响应内容转成 str 类型的；08 行将 str 类型数据转换成可解析对象；09 行在"//*[@id="imgCode"]"的基础上增加"/@src"，表示在获得验证码图片的基础上直接获取验证码图片的 src 属性值，也就是获取验证码图片的网址；10 行输出验证码图片的网址。

运行程序，结果如下。

```
['/RandCode.ashx']
```

由运行结果可知，这个结果存放在一个列表中，而且这个验证码图片的网址只是一个相对网址，如果要得到一个绝对网址，还需要增加代码。

```
01    code_img=html.xpath('//*[@id="imgCode"]/@src')[0]
02    code_img='https://so.gushiwen.cn'+code_img
03    print(code_img)
```

代码解析：01 行取得列表中的值；02 行表示拼接一个完整的验证码图片的网址；03 行输出完整的验证码图片的网址。

运行程序，结果如下。

```
https://so.gushiwen.cn/RandCode.ashx
```

单击运行结果中的网址，可得到一张可以浏览的验证码图片，如图 5-20 所示。

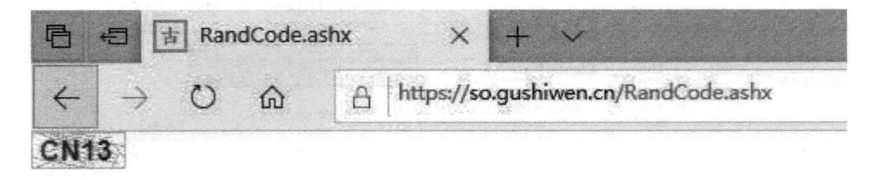

图 5-20 验证码图片

⑥ 将验证码图片保存到本地，命名为"code.jpg"。

```
01    #将验证码图片保存到本地
02    resp_img=requests.get(code_img,headers=headers).content#将验证码图片转为
      二进制数据
03    with open("./code.jpg","wb") as fp:#打开当前目录下的code.jpg文件,若没有该文件,
      则创建
04        fp.write(resp_img)
```

代码解析：02 行表示使用请求头请求网页，使用 content 将响应内容（验证码图片）转为二进制数据，以便使用 Python 的文件读写命令；03~04 行把文件写入本地文件中。

运行程序，结果如图 5-21 所示。

图 5-21　将验证码图片保存到本地

⑦ 将验证码图片保存到本地以后，就可以使用超级鹰提供的方法了。

```
01    from chaojiying import Chaojiying_Client
02    chaojiying = Chaojiying_Client('qiantomyou', '111111', '910675') #用户中心>>软件 ID
03    im = open('code.jpg', 'rb').read()  #可使用本地图片文件的路径来替换 code.jpg
04    result=chaojiying.PostPic(im, 1902)
05    print(result)
06    print(result['pic_str'])
```

代码解析：01 行导入 Chaojiying_Client 类；02 行实例化 Chaojiying_ Client 类；03 行读取图片 code.jpg；04 行使用 PostPic()方法完成远程服务器识别验证码的工作；05 行输出识别到的结果；06 行输出识别到的验证码。

运行结果如下。

```
https://so.gushiwen.cn/RandCode.ashx
{'err_no': 0, 'err_str': 'OK', 'pic_id': '81257141352900000044', 'pic_str': 'mlc1', 'md5': '2dd51d1e645fb3b86af11e7fc6a9e0d7'}
mlc1
```

自行比对识别到的验证码是否同本地图片上的验证码一致，如果一致，则说明获取验证码成功。

2．实现模拟用户登录

有些网站必须登录才能浏览，而登录时又常常需要输入验证码。如果掌握了验证码识别技术，我们就可以实现模拟用户登录或实现系统自动登录了。在此以实现古诗文网的模拟用户登录为例。

首先对登录表单参数进行分析。在古诗文网上注册一个账号，记录下用户名和密码。在谷歌浏览器中打开登录地址，按下 F12 键进入开发者模式。我们要知道在用户登录时，系统向服务器提取了哪些信息，密码是否进行了加密处理等，具体分析步骤如下。

① 进入开发者模式后，单击"Network"按钮，如图 5-22 所示。

Python 网络爬虫项目式教程

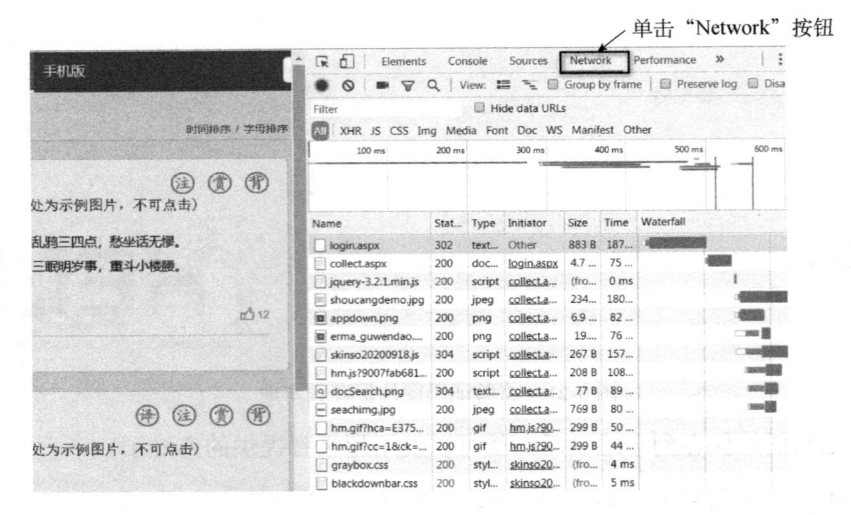

图 5-22 单击 "Network" 按钮

② 单击 "login.aspx" 按钮，如图 5-23 所示。

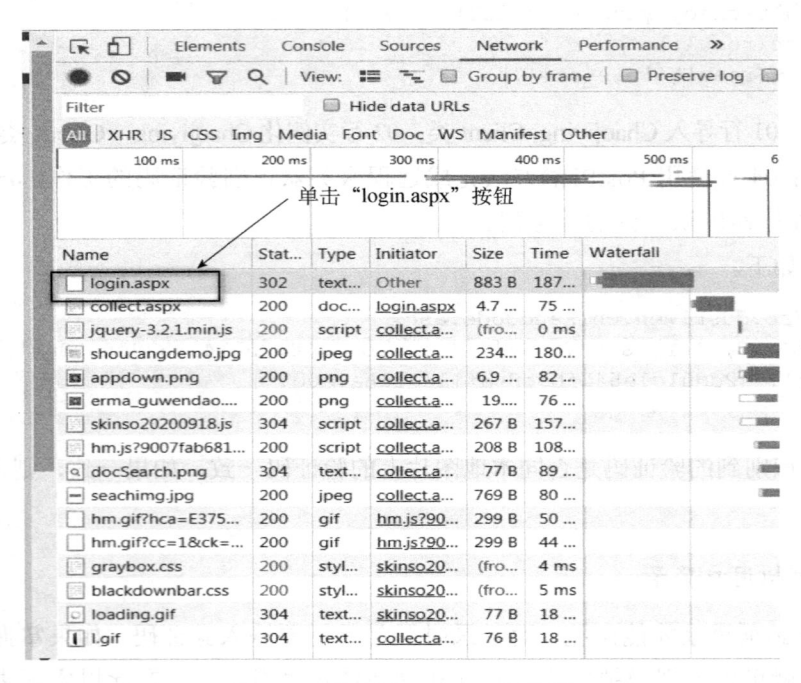

图 5-23 单击 "login.aspx" 按钮

③ 单击 "Headers" 按钮，查看 "General" 中的内容，获取表单提交方式和请求的 URL，如图 5-24 所示。

项目五 通过模拟用户登录爬取网站

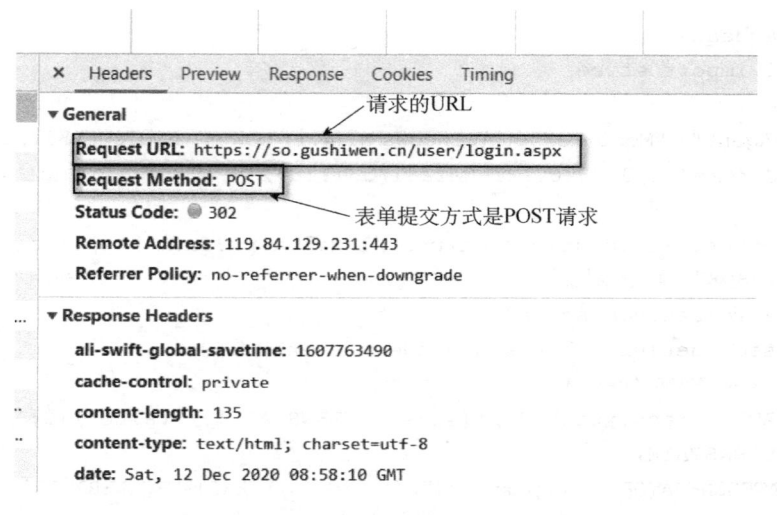

图 5-24 获取表单提交方式和请求的 URL

④ 单击下拉菜单，找到"Form Data"并复制下方的内容，表单参数如图 5-25 所示。

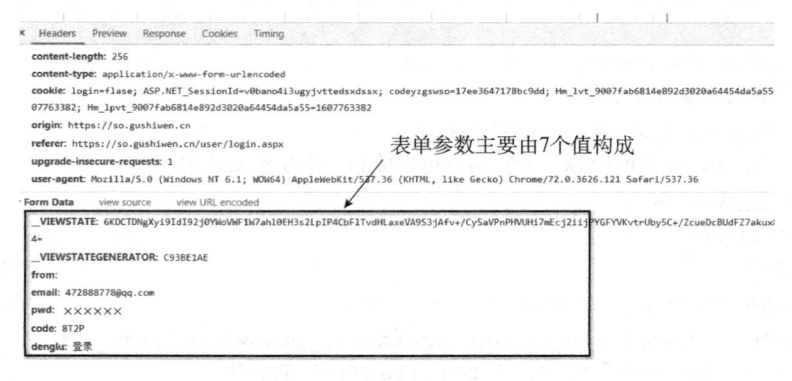

图 5-25 表单参数

复制内容如下。

```
__VIEWSTATE:6KDCTDNgXyi9IdI92j0YWoVWF1W7ah10EH3s2LpIP4CbFlTvdHLaxeVA9S3jAf
v+/CySaVPnPHVUHi7mEcj2iijPYGFYVKvtrUby5C+/ZcueDcBUdFZ7akux8I4=
__VIEWSTATEGENERATOR: C93BE1AE
from:
email:472888778@qq.com
pwd:xxxxxx
code:8T2P
denglu：登录
```

这里有 7 个键和值，其中，__VIEWSTATE 和 __VIEWSTATEGENERATOR 这两个键对应的值会随每次 POST 提交的数据变化；from 没有给出值，可以不使用此键；email 代表用户账号；pwd 表示用户密码，因为这里已经做了替换，所以显示为 xxxxxx；code 代表的是验证码，需要使用远程服务器识别；denglu 的键和值可以直接复制。

结合上面的知识，给出登录代码如下。

```python
import requests
from lxml import etree
headers = {
    "User-Agent": "Mozilla/5.0 (Windows NT 6.1; WOW64) AppleWebKit/537.36 (KHTML, like Gecko) Chrome/72.0.3626.121 Safari/537.36",
}
url = "https://so.gushiwen.cn/user/login.aspx?from=http://so.gushiwen.cn/user/collect.aspx"  # 登录地址
session = requests.Session()
resp=session.get(url, headers=headers).text
resp = etree.HTML(resp)
__VIEWSTATE = resp.xpath("//*[@id='__VIEWSTATE']/@value")[0]
print(__VIEWSTATE)
__VIEWSTATEGENERATOR = resp.xpath("//*[@id='__VIEWSTATEGENERATOR']/@value")[0]
print(__VIEWSTATEGENERATOR)
captcha_url = 'https://so.gushiwen.cn/RandCode.ashx'#验证码地址
code_img = session.get(captcha_url, headers=headers).content    # 将响应内容转换成二进制数据
with open("./code.jpg","wb") as fp:
    fp.write(code_img)
from chaojiying import Chaojiying_Client
username='qiantomyou'#以下配置信息可以放到一个配置文件中
password='qy147258'
soft_id='910675'
cap_id=1902
def captcha(username,password,soft_id):
    userdata = Chaojiying_Client(username, password, soft_id)
    input = open('code.jpg', 'rb').read()#读取文件
    data = userdata.PostPic(input, cap_id)#验证码类型
    print("识别到的验证码为: " + data['pic_str'])
    return data['pic_str']
login_data = {
    '__VIEWSTATE': __VIEWSTATE,
    '__VIEWSTATEGENERATOR': __VIEWSTATEGENERATOR,
    'from': 'http://so.gushiwen.cn/user/collect.aspx',
    'email': '472888778@qq.com',
    'pwd': 'qy147258',
    'code': captcha(username, password, soft_id),
    'denglu': '登录'
}
response = session.post(url, headers=headers, data=login_data).content
print(response.decode())
```

运行程序，结果如图 5-26 所示。

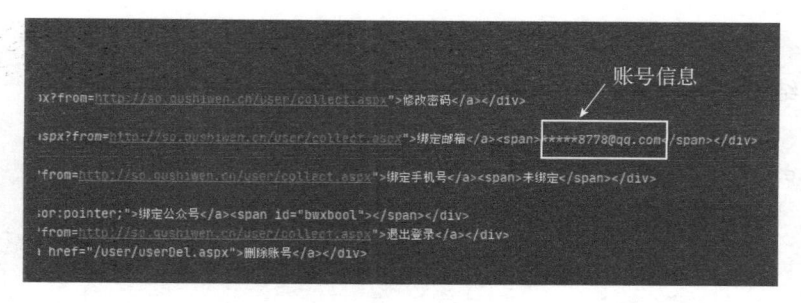

图 5-26　程序运行结果

任务拓展

1. 携带 Cookies 请求网页

requests.Session()方法可用于保持会话，因为在调用多个接口发出多个请求的过程中，有时候需要保持一些共用的数据，如 Cookies 信息。requests.Session()方法的具体作用有以下两个方面。

① requests 库的 session 对象在跨域请求时保持某些参数，也会在同一个 session 实例发出的多个请求之间保持同一个 Cookies。

② requests 库的 session 对象还能为提供请求方法的默认参数进行完善，即通过设置 session 对象的属性来实现。

requests.Session()方法在多个请求之间保持同一个 Cookies 的代码如下。

```
01   import requests
02   # 创建一个 session 对象
03   session = requests.Session()#相当于一个容器，将 Cookies 等信息放到了该容器中
04   url1='http://httpbin.org/cookies/set/sessioncookie/hellworld'#设置了 Cookies
05   url2='http://httpbin.org/cookies'#获取 Cookies
06   # 用 session 对象发出 GET 请求，设置 Cookies
07   session.get('url1')
08   # 用 session 对象发出另外一个 GET 请求，获取 Cookies
09   resp= session.get("url2")
10   # 显示结果
11   print(resp.text)
12   #不使用 requests.Session()方法
13   resp=requests.get('http://httpbin.org/cookies')
14   print(resp.text)
```

代码解析：01 行导入 requests 库；03 行使用 requests.Session()方法创建一个 session 对象；04 行通过指定的网址和方法设置 Cookies；05 行表示使用指定网址获取当前的 Cookies；07 行发出 GET 请求；09 行获取当前的 Cookies 值；11 行输出当前的 Cookies 值；13～14 行表示直接请求网页，由于此时不是进行登录操作，也没有设置专门的 Cookies，故输出的 Cookies

值为空。

程序运行结果如下。

```
{
  "cookies": {
    "sessioncookie": "hellworld"
  }
}
{
  "cookies": {}
}
```

requests 库的 session 对象还能为提供请求方法的默认参数进行完善，参考代码如下。

```
01    import requests
02    session = requests.Session()
03    session.headers.update({'arg1': 'hello'})
04    resp =session.get('http://httpbin.org/headers', headers={'arg2': 'world'})#
      同时发送两个参数
05    print(resp.text)
06    resp = session.get('http://httpbin.org/headers')#只发送一个参数
07    print(resp.text)
```

代码解析：01 行导入 requests 库；02 行使用 requests.Session()实例化 session 对象；03 行表示通过 update()方法将其余请求方法中的 headers 属性合并，并将其作为最终请求方法的 headers；04 行表示发出 GET 请求，并将结果放到 resp 对象中；05 行输出 headers；06 行使用默认 headers 发出请求，并将结果放到 resp 对象中；07 行将 resp 对象打印出来。

运行程序，结果如下。

```
{
  "headers": {
    "Accept": "*/*",
    "Accept-Encoding": "gzip, deflate",
    "Arg1": "hello",
    "Arg2": "world",
    "Host": "httpbin.org",
    "User-Agent": "python-requests/2.25.0",
    "X-Amzn-Trace-Id": "Root=1-5fd49c2a-16a513c42214bdb806a2c1cb"
  }
}

{
  "headers": {
    "Accept": "*/*",
    "Accept-Encoding": "gzip, deflate",
    "Arg1": "hello",
    "Host": "httpbin.org",
```

```
        "User-Agent": "python-requests/2.25.0",
        "X-Amzn-Trace-Id": "Root=1-5fd49c2a-7f82118b065852245eef537d"
    }
}
```

2. 古诗文网登录实现

通过前面的分析可知，在构造表单数据的时候，有些数据是需要通过网络爬虫来爬取的，比如__VIEWSTATE 和__VIEWSTATEGENERATOR，具体步骤如下。

① 首先利用 XPath 工具进行定位，使用谷歌浏览器打开登录网页后，按下 F12 键进入开发者模式，单击"Elements"按钮进入元素定位模式，如图 5-27 所示。

图 5-27　进入元素定位模式

② 提取<input>标记中的"id="__VIEWSTATE""的标签，具体操作步骤如图 5-28 所示，最终得到"//*[@id="__VIEWSTATE"]"。

图 5-28　提取"id="__VIEWSTATE""的标签的具体操作步骤

③ 提取<input>标记中的"id="__VIEWSTATEGENERATOR""的标签，具体操作步骤如图 5-29 所示，最终得到"//*[@id="__VIEWSTATEGENERATOR"]"。

图5-29 提取"id="__VIEWSTATEGENERATOR""的标签的具体操作步骤

④ 获取"id="__VIEWSTATE""和"id="__VIEWSTATEGENERATOR""的两个标签，代码如下。

```
01  import requests
02  from lxml import etree
03  headers = {
04      "User-Agent": "Mozilla/5.0 (Windows NT 6.1; WOW64) AppleWebKit/537.36 (KHTML, like Gecko) Chrome/72.0.3626.121 Safari/537.36",
05  }
06  url = "https://so.gushiwen.cn/user/login.aspx?from=http://so.gushiwen.cn/user/collect.aspx"  # 请求地址
07  resp=requests.get(url, headers=headers).text
08  resp = etree.HTML(resp)
09  __VIEWSTATE = resp.xpath("//*[@id='__VIEWSTATE']/@value")[0]
10  print(__VIEWSTATE)
11  __VIEWSTATEGENERATOR = resp.xpath("//*[@id='__VIEWSTATEGENERATOR']/@ value")[0]
12  print(__VIEWSTATEGENERATOR)
```

代码解析：01行导入requests库；02行导入etree模块；03～05行定义请求头；06行定义请求的网址；07行携带请求头请求网页，将网页的响应内容放到resp对象中，并将响应内容转换成str格式的内容；08行将响应内容的格式转成可以解析的格式；09行提取网页中"id='__VIEWSTATE'"的标签的值，这个值存放到了一个列表中，可通过索引下标获取该值；10行输出变量__VIEWSTATE的值；11行提取网页中"id='__VIEWSTATEGENERATOR'"的标签的值，这个值存放到了一个列表中，可通过索引下标获取该值；12行输出变量__VIEWSTATEGENERATOR的值。

程序运行结果如下。

```
DgunV5qhie6K643uAgYsFyx+NFV4YdCMT/mHgRiNME853YPpvIwSE56Z71uzrSN/1Q3To9ZY1My//OAlp83O5sbJDxmHtpNok+0g/AO6uYJZYZsO55KZoMdPPBI=
C93BE1AE
```

⑤ 将验证码保存到本地。

```
01  captcha_url = 'https://so.gushiwen.cn/RandCode.ashx'#定义验证码地址
02  session = requests.Session()
03  code_img = session.get(captcha_url, headers=headers).content   # 将响应内
    容转成二进制数据
04  with open("./code.jpg","wb") as fp:
05      fp.write(code_img)
```

代码解析：01 行定义验证码地址；02 行使用 requests.Session()方法实例化 session 对象；03 行将响应内容转成二进制数据；04～05 行表示将图片的二进制信息保存到本地。

⑥ 构造 form 表单中的其他值，这里定义了一个字典，代码如下。

```
01  login_data = {
02      '__VIEWSTATE': __VIEWSTATE,
03      '__VIEWSTATEGENERATOR':__VIEWSTATEGENERATOR,
04      'from': 'http://so.gushiwen.cn/user/collect.aspx',
05      'email': '472888778@qq.com',
06      'pwd': '111111',
07      'code': captcha(username, password, soft_id),
08      'denglu': '登录'
09  }
```

代码解析：01 行定义字典 login_data；02～08 行定义键和值；04 行定义 from 键，值为"http://so.gushiwen.cn/user/collect.aspx"；05 行定义 email 键，值为"472888778@qq.com"；06 行定义 pwd 键，值为"111111"；07 行定义 code 键，值为"captcha(username, password, soft_id)"；08 行定义 denglu 键，值为"登录"。

⑦ 定义验证码识别函数 captcha()。

```
01  from chaojiying import Chaojiying_Client
02  username='qiantomyou'#以下配置信息可以放到一个配置文件中
03  password='111111'
04  soft_id='910675'
05  cap_id=1902
06  def captcha(username,password,soft_id):
07      userdata = Chaojiying_Client(username, password, soft_id)
08      input = open('code.jpg', 'rb').read()
09      data = userdata.PostPic(input, cap_id)#验证码类型
10      print("识别到的验证码为: " + data['pic_str'])
11      return data['pic_str']
```

代码解析：01 行导入 Chaojiying_Client 类；02～05 行设置登录超级鹰网站的登录信息，定义软件 ID 及验证码的分类 ID；06 行定义 captcha()函数，用于接收三个参数；07 行表示初始化类 Chaojiying_Client；08 行打开当前目录下的 code.jpg 验证码图片，若没有则直接创建；09 行调用 PostPic()方法对当前的验证码图片进行远程服务器识别；10 行输出远程服务器返回的完整信息；11 行返回识别到的验证码。

⑧ 使用构造的表单请求网页，并将结果返回。

```
01   response = session.post(url, headers=headers, data=login_data).content
02   with open("./user.html", "wb") as fp:
03       fp.write(response)
04   print(login_data)
05   r = session.get(url, headers=headers).text
06   if '472888778@qq.com' in r:
07       print('登录成功')
08   else:
09       print('登录失败'
```

代码解析：01 行携带参数请求网页，并将结果以二进制格式返回；02~03 行表示将返回对象写入当前目录下的 user.html 文件中；04 行输出构造的 headers 中的数据；05 行重新请求网页；06~09 行检查用户名"472888778@qq.com"是否存在，如果存在，则说明登录成功，否则说明登录失败。

综合上述步骤，给出完整的代码如下。

```
01   import requests
02   from lxml import etree
03   headers = {
04       "User-Agent": "Mozilla/5.0 (Windows NT 6.1; WOW64) AppleWebKit/537.36 (KHTML, like Gecko) Chrome/72.0.3626.121 Safari/537.36",
05   }
06   url = "https://so.gushiwen.cn/user/login.aspx?from=http://so.gushiwen.cn/user/collect.aspx"  # 登录地址
07   session = requests.Session()
08   resp=session.get(url, headers=headers).text
09   resp = etree.HTML(resp)
10   __VIEWSTATE = resp.xpath("//*[@id='__VIEWSTATE']/@value")[0]
11   print(__VIEWSTATE)
12   __VIEWSTATEGENERATOR = resp.xpath("//*[@id='__VIEWSTATEGENERATOR']/@value")[0]
13   print(__VIEWSTATEGENERATOR)
14   captcha_url = 'https://so.gushiwen.cn/RandCode.ashx'#验证码地址
15   code_img = session.get(captcha_url, headers=headers).content   # 将响应内容转成二进制数据
16   with open("./code.jpg","wb") as fp:
17       fp.write(code_img)
18   from chaojiying import Chaojiying_Client
19   username='qiantomyou'#以下配置信息可以放到一个配置文件中
20   password='qy147258'
21   soft_id='910675'
22   cap_id=1902
23   def captcha(username,password,soft_id):
24       userdata = Chaojiying_Client(username, password, soft_id)
25       input = open('code.jpg', 'rb').read()#读取文件
26       data = userdata.PostPic(input, cap_id)#验证码类型
27       print("识别到的验证码为： " + data['pic_str'])
28       return data['pic_str']
```

```
29   login_data = {
30
31       '__VIEWSTATE': __VIEWSTATE,
32       '__VIEWSTATEGENERATOR': __VIEWSTATEGENERATOR,
33       'from': 'http://so.gushiwen.cn/user/collect.aspx',
34       'email': '472888778@qq.com',
35       'pwd': 'qy147258',
36       'code': captcha(username, password, soft_id),
37       'denglu': '登录'
38   }
39   response = session.post(url, headers=headers, data=login_data).content
40   with open("./user.html", "wb") as fp:
41       fp.write(response)
42   print(login_data)
43   r = session.get(url, headers=headers).text
44   if '8778@qq.com' in r:
45       print('登录成功')
46   else:
47       print('登录失败')
```

前面已经有详细的代码注释，这里就不一一解释了。运行以上程序，结果如下。

```
3L+Oz6QltvqSP8Cdqptms102imN/MGPW8HQG0XRLmYZruL0DoU4B/zXxtSQxAZkvuk2N1GRpnG
j3LoPOlXsvwRHuZmzO63OdBrYhv7Gk8vLJcuzSSTw7ZgSCFxM=
C93BE1AE
识别到的验证码为: gl01
{'__VIEWSTATE':
'3L+Oz6QltvqSP8Cdqptms102imN/MGPW8HQG0XRLmYZruL0DoU4B/zXxtSQxAZkvuk2N1GRpnGj3L
oPOlXsvwRHuZmzO63OdBrYhv7Gk8vLJcuzSSTw7ZgSCFxM=',         '__VIEWSTATEGENERATOR':
'C93BE1AE',    'from':    'http://so.gushiwen.cn/user/collect.aspx',    'email':
'472888778@qq.com', 'pwd': 'qy147258', 'code': 'gl01', 'denglu': '登录'}
登录成功
```

打开 user.html 文件，可看到如图 5-30 所示的成功登录效果图。

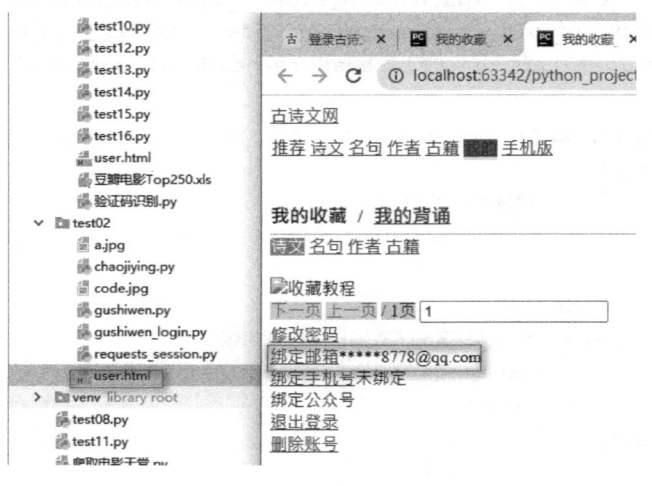

图 5-30 成功登录效果图

3. 在登录成功后进行数据采集

在登录成功后，我们对如下几条数据进行采集，如图 5-31 所示。

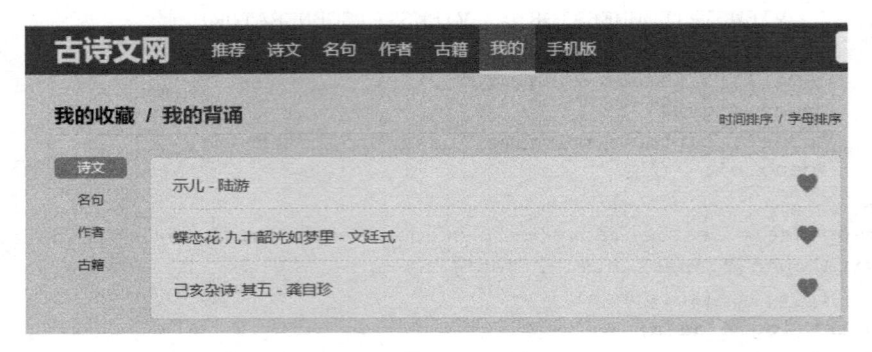

图 5-31 在登录成功后进行数据采集

这里采用的是人工识别验证码的方式，即先通过手工输入验证码来完成登录，然后进行数据的爬取，示例代码如下。

```
import requests
from lxml import etree
headers = {
  "User-Agent": "Mozilla/5.0 (Windows NT 6.1; WOW64) AppleWebKit/537.36 (KHTML,
like Gecko) Chrome/72.0.3626.121 Safari/537.36",
}
url = "https://so.gushiwen.cn/user/login.aspx?from=http://so.gushiwen.cn/user/
collect.aspx"  # 登录地址
session = requests.Session()
resp=session.get(url, headers=headers).text
resp = etree.HTML(resp)
__VIEWSTATE = resp.xpath("//*[@id='__VIEWSTATE']/@value")[0]
__VIEWSTATEGENERATOR = resp.xpath("//*[@id='__VIEWSTATEGENERATOR']/@value")[0]
captcha_url = 'https://so.gushiwen.cn/RandCode.ashx'#验证码地址
code_img = session.get(captcha_url, headers=headers).content  # 将响应内容转成二进
制数据
with open("code.jpg","wb") as fp:
   fp.write(code_img)
code=str(input("请手工输入验证码："))
login_data = {

  '__VIEWSTATE': __VIEWSTATE,
  '__VIEWSTATEGENERATOR':__VIEWSTATEGENERATOR,
  'from': 'http://so.gushiwen.cn/user/collect.aspx',
  'email': '472888778@qq.com',
  'pwd': 'qy147258',
'code': code,
  'denglu': '登录'
```

```
}
response = session.post(url, headers=headers, data=login_data).content
with open("./user.html", "wb") as fp:
    fp.write(response)
resp=etree.HTML(response)
shi_list=resp.xpath("//*[@class='cont']/a/@href")
base_url='https://so.gushiwen.cn'
#爬取的对象为 https://so.gushiwen.cn/shiwenv_966c8a76211f.aspx
def get_details(url):#获取详情页
    resp=session.get(url, headers=headers).text
    resp.encode("UTF-8")
    resp = etree.HTML(resp)
    content=resp.xpath('//div[@class="contson"]/p/text()')
    if content:
        content="".join(content).replace( u'\u3000',u'')
        print(content)
for i in shi_list:
    get_details(base_url+i)
```

运行程序，结果如图 5-32 所示。

```
爬取古诗文网 ×
E:\pythonproject\venv\Scripts\python.exe E:/pythonpr
请手工输入验证码: 6r4d
死去元知万事空，但悲不见九州同。王师北定中原日，家祭无忘告乃翁。
```

图 5-32　程序运行结果

【**教你一招**】在程序运行后，要等待人工识别验证码，再手工输入验证码，这里为了调试方便，可在输入验证码前输入提示语，如上述示例代码中的 "code=str(input("请手工输入验证码："))"。

这里爬取到了爱国诗人陆游的一首诗《示儿》。陆游一生致力于抗金斗争，希望收复中原。虽然他频遇挫折，却仍然牢记初心和使命，时刻心怀祖国的统一事业。从诗中可以领会到诗人的爱国情怀是何等的执着、深沉、热烈、真挚！这首诗也凝聚着诗人毕生的心事，诗人始终如一地抱着民族必然光复的信念，对抗金事业怀有必胜的信心。在短短的诗篇中，诗人披肝沥胆地嘱咐儿子，浓浓的爱国之情跃然纸上。

任务 2　使用 Selenium 模拟用户登录豆瓣网

任务演示

豆瓣网要求用户先登录才能访问，这里使用 Selenium 模拟用户进行登录，如图 5-33 所示。

图 5-33 使用 Selenium 模拟用户登录

知识准备

1. 什么是 Selenium

我们可以使用 Selenium 来实现模拟用户登录，那么什么是 Selenium 呢？

Selenium 是一个用于 Web 应用程序测试的工具，可直接在浏览器中测试，支持的浏览器包括 IE、Mozilla Firefox、Safari、Google Chrome、Opera 等。这个工具的主要功能是测试应用程序与浏览器的兼容性，即测试应用程序能否在不同浏览器和操作系统上正常工作。

2. Selenium 的安装

可以直接使用如下命令来安装 Selenium。

```
pip install selenium
```

此外也可以使用"pip install selenium==版本号"来安装，如果不指定版本号，则安装的是最新版本的 Selenium。Selenium 的安装过程如图 5-34 所示。

图 5-34 Selenium 的安装过程

使用命令"pip list"查看 Selenium 是否成功安装，如图 5-35 所示。

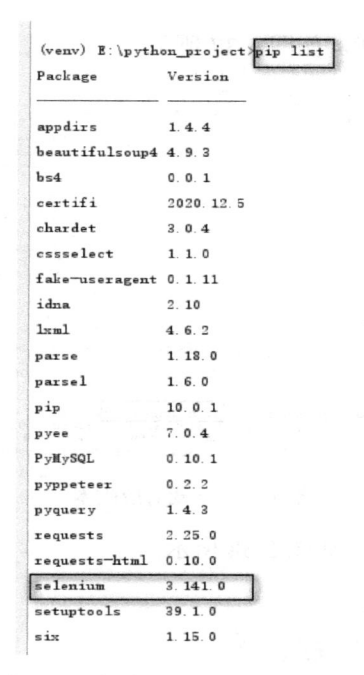

图 5-35　查看 Selenium 是否成功安装

Selenium 是用来模拟用户操作浏览器的，所以还需要安装驱动。这里安装名为"chromedriver.exe"的驱动和名为"geckodriver.exe"的驱动，这两个驱动的安装文件都可以通过浏览器下载。

下载 chromedriver.exe 的时候，要选择和浏览器对应的版本，具体下载方法如下。

① 首先打开谷歌浏览器查看其版本，在地址栏输入"chrome://version/"，如图 5-36 所示。

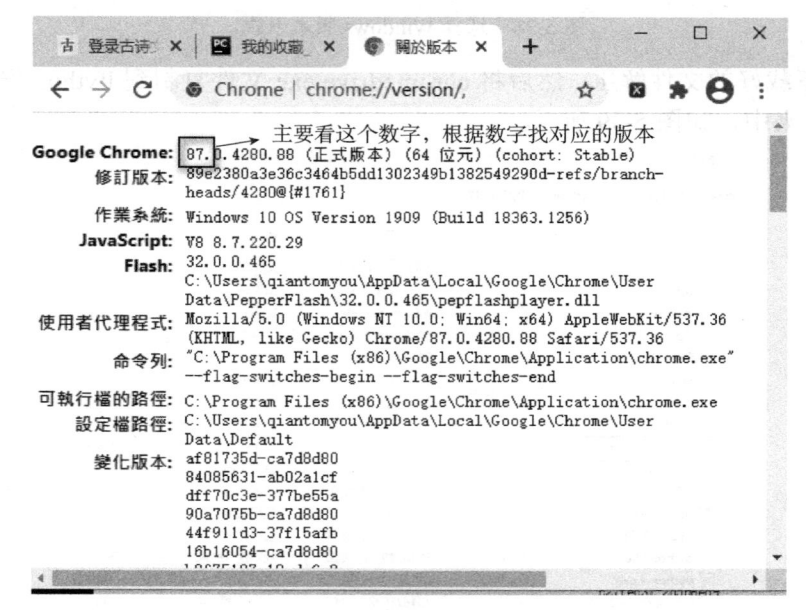

图 5-36　查看谷歌浏览器的版本

② 选择对应的版本进行下载，如图 5-37 所示。

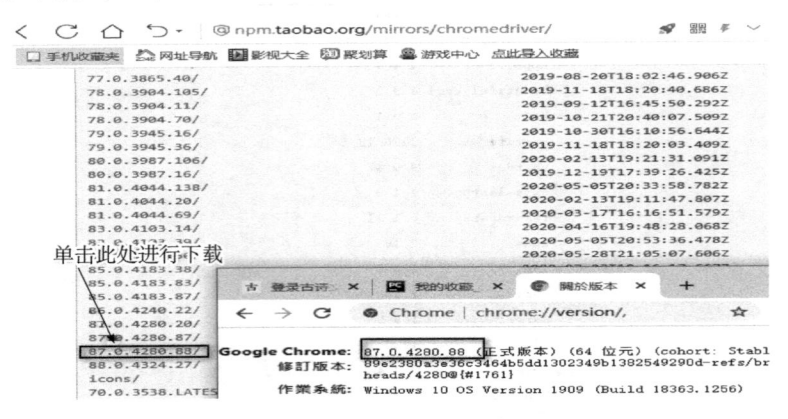

图 5-37　下载对应版本

③ 选择 Windows 版本下载，如图 5-38 所示。

图 5-38　选择 Windows 版本下载

④ 先将下载好的文件解压，然后将 chromedrive.exe 文件复制到 Python 安装目录下的 Python37 文件夹中，如图 5-39 所示。

图 5-39　将 chromedriver.exe 文件复制到 Python 安装目录下的 Python37 文件夹中

接下来介绍与火狐浏览器对应的驱动（geckodriver.exe）的下载方法及步骤。

① 打开火狐浏览器，先在地址栏输入"about:support"，然后按下回车键就可以查看火狐浏览器的版本信息了，如图 5-40 所示。

图 5-40　查看火狐浏览器的版本信息

② 在搜索框输入"geckodriver.exe"，查看驱动版本是否满足要求，选择合适的驱动版本，如图 5-41 所示。

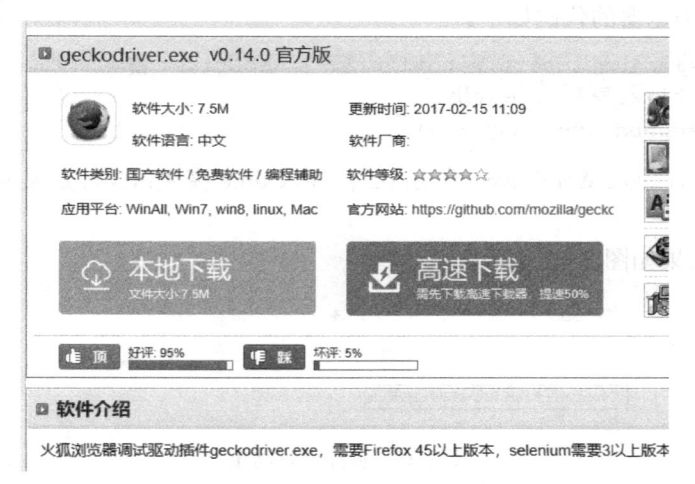

图 5-41　选择合适的驱动版本

③ 先将下载好的文件解压，然后将 geckodriver.exe 文件复制到 Python 安装目录下，如图 5-42 所示。

图 5-42　将 geckodriver.exe 文件复制到 Python 安装目录下

任务实施

使用 Selenium 登录豆瓣网

下面详细介绍使用 Selenium 登录豆瓣网的方法和过程。

真实用户是怎么登录豆瓣网的呢？可将登录步骤概括如下。

① 打开某个浏览器。
② 打开网址。
③ 单击"密码登录"按钮。
④ 定位用户名与密码。
⑤ 输入内容。
⑥ 单击"登录豆瓣"按钮。

下面根据以上 6 个概述步骤，编写代码来模拟用户登录豆瓣网。

① 打开某个浏览器的代码如下。

```
01    from selenium import webdriver#导入 WebDriver 模块
02    import time#导入 time 模块
03    driver= webdriver.Chrome()
```

代码解析：01 行导入 WebDriver 模块；02 行导入 time 模块；03 行定义 webdriver.Chrome() 方法。

运行程序，结果如图 5-43 所示。

图 5-43　程序运行结果

② 自动打开豆瓣网的登录页面的代码如下。

```
01    url="https://accounts.douban.com/passport/login"#定义请求的网址
02    #打开网址
03    driver.get(url)#使用谷歌浏览器打开指定的网址
```

代码解析：01 行定义请求的网址；03 行使用谷歌浏览器打开指定的网址。

运行程序，结果如图 5-44 所示。

图 5-44　自动打开豆瓣网的登录页面的结果

③ 对"密码登录"按钮进行元素定位。

因为这里需要切换到密码登录界面,所以先要找到与"密码登录"按钮的超链接对应的标签。仍然使用 Xpath Helper 进行元素定位,如图 5-45 所示。

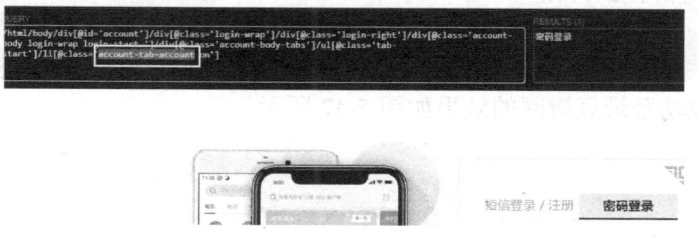

图 5-45 元素定位

在对应位置增加如下代码。

```
#对"密码登录"按钮进行元素定位
driver.find_element_by_class_name('account-tab-account').click()
```

运行程序,结果如图 5-46 所示。

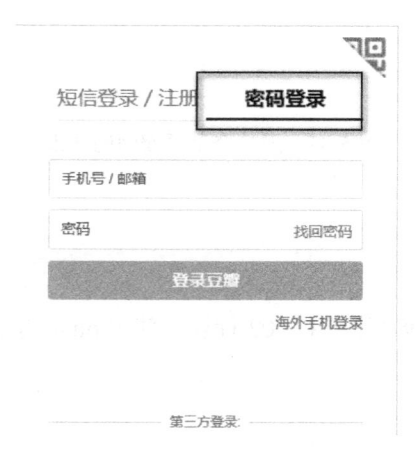

图 5-46 对"密码登录"按钮进行元素定位

注意:如果在这里将代码写成"find_elements_by_class_name",则会返回一个列表。

④ 定位用户名和密码,并模拟用户输入。

```
01   driver.find_element_by_id('username').send_keys(USERNAME)#模拟用户输入
02   driver.find_element_by_id('password').send_keys(PASSWORD)#
```

代码解析:01 行查找 ID 等于 username 的<input>标记,并模拟用户输入 USERNAME 变量代表的值;02 行查找 ID 等于 password 的<input>标记,并模拟用户输入 PASSWORD 变量代表的值。

这里把 USERNAME 和 PASSWORD 的变量值都放到了 config 文件中,代码如下所示。

```
01   USERNAME="13667650921"
02   PASSWORD="1111111"
```

回到刚才的页面中,输入如下命令。

```
from config import USERNAME,PASSWORD
```

⑤ 单击"登录豆瓣"按钮。

```
01    #单击"登录豆瓣"按钮
02    driver.find_element_by_link_text('登录豆瓣').click()#对超链接上的文字信息
进行定位
```

运行程序，成功登录豆瓣网的效果如图 5-47 所示。

图 5-47　成功登录豆瓣网的效果

⑥ 让浏览器自动退出登录。

```
01    time.sleep(5)
02    driver.quit()
```

代码解析：01 行表示使系统休眠 5 秒；02 行表示使用 quit()方法关闭当前已打开的登录页面。

任务拓展

访问网上商城时，在搜索框输入关键词"Python"，对列表数据和详情数据进行爬取，将爬取到的数据保存到名为"jd.csv"的文件中。

对应的参考代码如下。

```
01 from lxml import etree
02 import csv
03 from selenium import webdriver#导入 WebDriver 模块
04 import time#导入 time 模块
05 driver= webdriver.Chrome()
06 driver.maximize_window()
07 url="https://search.jd.com/Search?keyword=python&enc=utf-8&wq=python&pvid
   =95f53b77a94d40a78f4e47cba98ec9f2"#定义请求的网址
08 #打开网址
09 driver.get(url)#使用谷歌浏览器打开指定的网址
10 def get_onePage_info(web):
```

```python
11      web.execute_script('window.scrollTo(0, document.body.scrollHeight);')
12      time.sleep(2)
13      page_text = web.page_source
14      # 进行解析
15      tree = etree.HTML(page_text)
16      li_list = tree.xpath('//li[contains(@class,"gl-item")]')
17      book_infos = []
18      for li in li_list:
19          book_name = ''.join(
20              li.xpath('.//div[@class="p-name p-name-type-2"]/a/em/text()'))  # 书名
21          price = '¥' + \
22                  li.xpath('.//i[@data-price]/text()')[0]  # 价格
23          seller = li.xpath(".//span[@class='J_im_icon']/a[@class='curr-shop hd-shopname']/text()")  # 卖家
24          if len(seller) > 0:
25              sell = seller[0]
26          else:
27              sell = '无'
28          img_url_a = li.xpath('.//div[@class="p-img"]/a/img')[0]
29          if len(img_url_a.xpath('./@src')) > 0:
30              img_url = 'https' + img_url_a.xpath('./@src')[0]  # 图片地址
31          else:
32              img_url = 'https' + img_url_a.xpath('./@data-lazy-img')[0]
33          one_book_info = [book_name, price, sell, img_url]
34          book_infos.append(one_book_info)
35      return book_infos
36  all_book_info = []
37  all_book_info= get_onePage_info(driver)
38  def save_data(all_book_info):
39      f = open('result.csv', mode='w', encoding='utf-8', newline='')  # newline='': 防止保存的 CSV 文件有空行
40      # 文件列名
41      csv_writer = csv.DictWriter(f, fieldnames=['书名',
42                                                  '价格',
43                                                  '卖家',
44                                                  '预览图'
45                                                  ])
46      # 输入文件列名
47      csv_writer.writeheader()
48      for item in all_book_info:
49          bookname=item[0]
50          price=item[1]
51          seller=item[2]
52          bookimage=item[3]
53          dic = {
54              '书名': bookname,
55              '价格': price,
56              '卖家': seller,
57              '预览图': bookimage
```

```
58         }
59         csv_writer.writerow(dic)
60     f.close()
61 print(all_book_info)
62 save_data(all_book_info)
```

代码解析：01 行从 lxml 模块中导入 etree 模块；02 行导入 CSV 模块；03 行从 Selenium 中导入 WebDriver 模块；04 行导入 time 模块；05 行实例化谷歌浏览器对象；06 行设置浏览器窗口最大化；07 行定义请求的网址；09 行使用谷歌浏览器打开指定的网址；10～35 行对指定网页进行解析，将解析的数据放到列表 book_infos 中；36 行定义空列表；37 行调用 get_onePage_info()函数得到爬取的解析数据；38～47 行表示将列名写入对应的 CSV 文件中，这里使用了 writeheader()方法；48～59 行表示将列表中对应的值遍历出来，并写入到 CSV 文件中；60 行关闭文件对象；61 行输出 all_book_info 列表；62 行调用 save_data()函数将数据写入到 CSV 文件中。

运行程序，结果如图 5-48 所示。

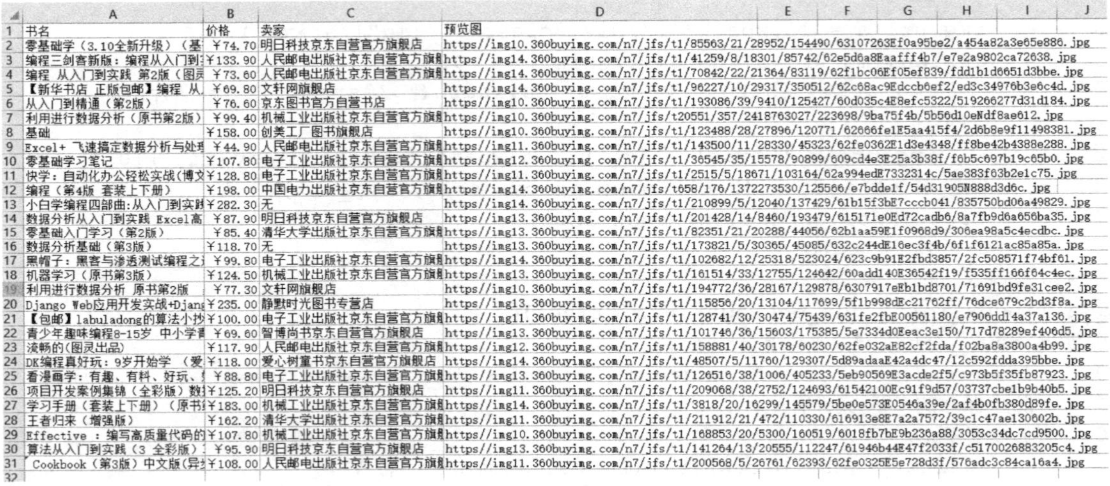

	A	B	C	D
1	书名	价格	卖家	预览图
2	零基础学（3.10全新升级）（基	￥74.70	明日科技京东自营官方旗舰店	https//img10.360buyimg.com/n7/jfs/t1/85563/21/28952/154490/63107263Ef0a95be2/a454a82a3e65e886.jpg
3	编程三剑客新版：编程从入门到	￥133.90	人民邮电出版社京东自营官方旗	https//img14.360buyimg.com/n7/jfs/t1/41259/8/18301/85742/62e5d6a8Eaafff4b7/e7e2a9802ca72638.jpg
4	编程 从入门到实践 第2版（图灵	￥73.60	人民邮电出版社京东自营官方旗	https//img14.360buyimg.com/n7/jfs/t1/70842/22/21364/83119/62f1bc06Ef05ef839/fdd1b1d6651d3bbe.jpg
5	【新华书店 正版包邮】编程 从	￥69.80	文轩网旗舰店	https//img14.360buyimg.com/n7/jfs/t1/96227/10/29317/350512/62c68ac9Edccb6ef2/ed3c34976b3e6c4d.jpg
6	从入门到精通（第2版）	￥76.60	京东图书官方自营书店	https//img10.360buyimg.com/n7/jfs/t1/193086/39/9410/125427/60d035c4E8efc5322/519266277d31d184.jpg
7	利用进行数据分析（原书第2版）	￥99.40	机械工业出版社京东自营官方旗	https//img10.360buyimg.com/n7/jfs/t20551/357/2418763027/223698/9ba75f4b/5b56d10eNdf8ae612.jpg
8	基础	￥158.00	创美工厂图书旗舰店	https//img10.360buyimg.com/n7/jfs/t1/123488/28/27896/120771/62666fe1E5aa415f4/2d6b8e9f11498381.jpg
9	Excel+ 飞速搞定数据分析与处理	￥44.90	人民邮电出版社京东自营官方旗	https//img11.360buyimg.com/n7/jfs/t1/143500/11/28330/45323/62fe0362E1d3e4348/ff8be42b4388e288.jpg
10	零基础学习笔记	￥107.80	电子工业出版社京东自营官方旗	https//img12.360buyimg.com/n7/jfs/t1/36545/35/15578/90899/609cd4e3E25a3b38f/f6b5c697b19c65b0.jpg
11	快学：自动化办公轻松实战(博文	￥128.80	电子工业出版社京东自营官方旗	https//img11.360buyimg.com/n7/jfs/t1/2515/5/18671/103164/62a994edE7332314c/5ae383f63b2e1c75.jpg
12	编程（第4版 套装上下册）	￥198.00	中国电力出版社京东自营官方旗	https//img14.360buyimg.com/n7/jfs/t658/176/1372273530/125566/e7bdde1f/54d31905N888d3d6c.jpg
13	小白学编程四部曲:从入门到实践	￥282.30	无	https//img14.360buyimg.com/n7/jfs/t1/210899/5/12040/137429/61b15f3bE7cccb041/835750bd06a49829.jpg
14	数据分析从入门到实践 Excel高	￥87.90	明日科技京东自营官方旗舰店	https//img13.360buyimg.com/n7/jfs/t1/201428/14/8460/193479/615171e0Ed72cadb6/8a7fb9d6a656ba35.jpg
15	零基础入门学习（第2版）	￥85.40	清华大学出版社京东自营官方旗	https//img13.360buyimg.com/n7/jfs/t1/82351/21/20288/44056/62b1aa59E1f0968d9/306ea98a5c4ecdbc.jpg
16	数据分析基础（第3版）	￥118.70	无	https//img13.360buyimg.com/n7/jfs/t1/173821/5/30365/45085/632c244dE16ec3f4b/6f1f6121ac85a85a.jpg
17	黑帽子：黑客与渗透测试编程之	￥99.80	电子工业出版社京东自营官方旗	https//img14.360buyimg.com/n7/jfs/t1/102682/12/25318/523024/623c9b91E2fbd3857/2fc508571f74bf61.jpg
18	机器学习（原书第3版）	￥124.50	机械工业出版社京东自营官方旗	https//img13.360buyimg.com/n7/jfs/t1/161514/33/12755/124642/60add140E36542f19/f535ff166f64c4ec.jpg
19	利用进行数据分析 原书第2版	￥77.30	文轩网旗舰店	https//img10.360buyimg.com/n7/jfs/t1/194772/36/28167/129878/6307917eEb1bd8701/71691bd9fe31cee2.jpg
20	Django Web应用开发实战+Djang	￥235.00	静默时光图书专营店	https//img13.360buyimg.com/n7/jfs/t1/115856/20/13104/117699/5f1b998dEc21762ff/76dce679c2bd3f8a.jpg
21	【包邮】labuladong的算法小抄	￥100.00	电子工业出版社京东自营官方旗	https//img11.360buyimg.com/n7/jfs/t1/128741/30/30474/75439/631fe2fbE00561180/e7906dd14a37a136.jpg
22	青少年趣味编程8-15岁 中小学	￥69.60	智博尚书京东自营官方旗舰店	https//img13.360buyimg.com/n7/jfs/t1/101746/36/15603/175385/5e7334d0Eeac3e150/717d78289ef406d5.jpg
23	流畅的(图灵出品)	￥117.90	人民邮电出版社京东自营官方旗	https//img12.360buyimg.com/n7/jfs/t1/158881/40/30178/60230/62fe032aE82cf2fda/f02ba8a3800a4b99.jpg
24	DK编程真好玩：9岁开始学 （爱	￥118.00	爱心树童书京东自营官方旗舰店	https//img14.360buyimg.com/n7/jfs/t1/48507/5/11760/129307/5d89adaaE42a4dc47/12c592fdda395bbe.jpg
25	看漫画学：有趣、有料、好玩、	￥88.80	电子工业出版社京东自营官方旗	https//img13.360buyimg.com/n7/jfs/t1/126516/38/1006/405233/5eb90569E3acde2f5/c973b5f35fb87923.jpg
26	项目开发案例集锦（全彩版）数	￥125.20	明日科技京东自营官方旗舰店	https//img11.360buyimg.com/n7/jfs/t1/209068/38/2752/124693/61542100Ec91f9d57/03737cbe1b9b40b5.jpg
27	学习手册（套装上下册）（原书	￥183.00	机械工业出版社京东自营官方旗	https//img14.360buyimg.com/n7/jfs/t1/3818/20/16299/145579/5be0e573E0546a39e/2af4b0fb380d89fe.jpg
28	王者归来（增强版）	￥162.20	清华大学出版社京东自营官方旗	https//img11.360buyimg.com/n7/jfs/t1/211912/21/472/110330/616913e8E7a2a7572/39c1c47ae130602b.jpg
29	Effective ：编写高质量代码的	￥107.80	机械工业出版社京东自营官方旗	https//img10.360buyimg.com/n7/jfs/t1/168853/20/5300/160519/6018fb7bE9b236a88/3053c34dc7cd9500.jpg
30	算法从入门到实践（3 全彩版）	￥95.90	明日科技京东自营官方旗舰店	https//img13.360buyimg.com/n7/jfs/t1/141264/13/20555/112247/61946b44E47f2033f/c5170026883205c4.jpg
31	Cookbook（第3版）中文版(异	￥108.00	人民邮电出版社京东自营官方旗	https//img11.360buyimg.com/n7/jfs/t1/200568/5/26761/62393/62fe0325E5e728d3f/576adc3c84ca16a4.jpg

图 5-48　将解析的数据写入 CSV 文件中的结果

小　结

Selenium 可以直接在浏览器中运行，就像真正的用户在进行操作一样，它支持的浏览器包括 IE、Safari、Google Chrome（谷歌浏览器）等，同时支持多种编程语言，如 Java、Python 等。

在搭建 Selenium 开发环境时，建议安装 Selenium 库，并配置谷歌浏览器的 WebDriver。Selenimu 库可以使用 pip 指令安装。配置谷歌浏览器的 WebDriver 时，可先通过浏览器版本确认 WebDriver 的版本，然后下载相应版本的 WebDrvier 并存放到 Python 的安装目录下。

复 习 题

一、单项选择题

1. 下列有关 Selenium 的说法不正确的是（　　）。
A. Selenium 支持谷歌等常见浏览器
B. 使用 Selenium 需要使用命令 "from selenium import webdriver"
C. ChromeDriver 的版本与谷歌浏览器的版本有对应关系
D. 以上说法均错误

2. 目前验证码的类型有（　　）。
A. 单击式验证码　　　　　　　　　　B. 图片验证码
C. 滑块验证码　　　　　　　　　　　D. 以上都是

二、判断题

1. Selenium 是一个用于实现网站应用程序自动化的工具，它可以直接在浏览器中运行。（　　）
2. 可以使用 "pip install selenium" 命令安装 Selenium。（　　）
3. Selenium 可以模拟鼠标左键单击、鼠标右键单击操作，但是不能模拟文本输入操作。（　　）
4. Selenium 支持通过 ID 和 name 属性来查找元素。（　　）
5. 使用 Selenium 必须安装、配置谷歌浏览器的 WebDriver。（　　）

项目六　使用 Scrapy 框架爬取图片网站

项目要求

使用 Scrapy 框架爬取图片网站的数据，并将爬取到的数据进行持久化存储。

项目分析

要完成项目任务，首先需要搭建 Scrapy 开发环境，然后进行分布式爬虫部署，最后将爬取的数据进行保存。

技能目标

（1）能正确搭建 Scrapy 开发环境。
（2）会编写爬虫代码。
（3）会对分布式爬虫进行部署。
（4）会对数据进行持久化存储。

素养目标

使用 Scrapy 框架爬取中国站长站的图片频道，引导学生培养爱岗敬业的精神，增强学生的合作意识；通过访问图说历史栏目，使学生厚植爱国情怀，引导学生立德成人、立志成才，让学生树立正确的世界观、人生观、价值观。

知识导图

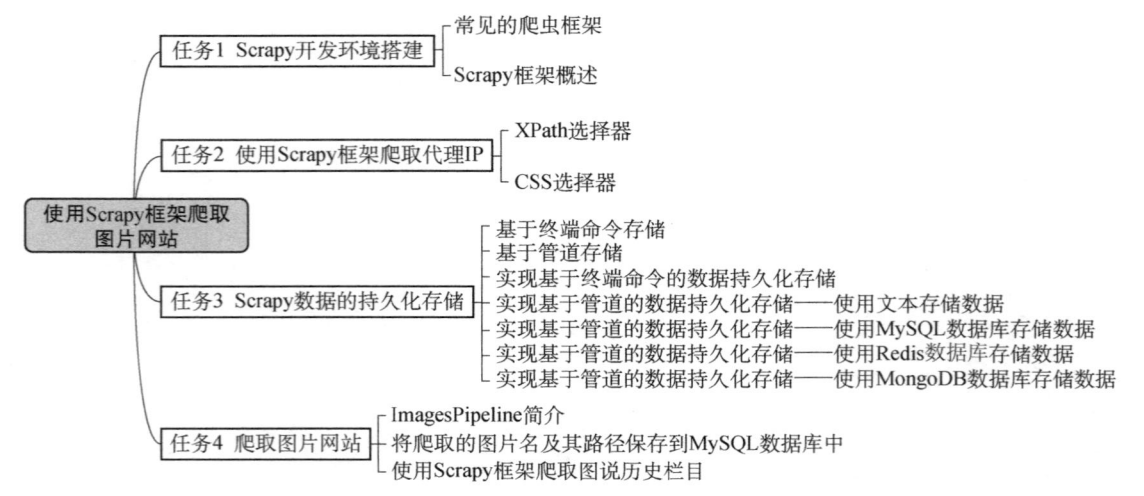

```
                          ┌─ 常见的爬虫框架
         任务1 Scrapy开发环境搭建 ┤
                          └─ Scrapy框架概述

                                     ┌─ XPath选择器
         任务2 使用Scrapy框架爬取代理IP ┤
                                     └─ CSS选择器

使用Scrapy框架爬取
    图片网站            ┌─ 基于终端命令存储
                     ├─ 基于管道存储
                     ├─ 实现基于终端命令的数据持久化存储
         任务3 Scrapy数据的持久化存储 ┤─ 实现基于管道的数据持久化存储——使用文本存储数据
                     ├─ 实现基于管道的数据持久化存储——使用MySQL数据库存储数据
                     ├─ 实现基于管道的数据持久化存储——使用Redis数据库存储数据
                     └─ 实现基于管道的数据持久化存储——使用MongoDB数据库存储数据

                          ┌─ ImagesPipeline简介
         任务4 爬取图片网站 ┤─ 将爬取的图片名及其路径保存到MySQL数据库中
                          └─ 使用Scrapy框架爬取图说历史栏目
```

任务 1　Scrapy 开发环境搭建

任务演示

首先搭建 Scrapy 开发环境，为开发 Scrapy 爬虫做好准备。然后按下 Win+R 组合键快速打开 Windows 系统的运行窗口，在运行窗口输入"cmd"命令后按下回车键，即可进入命令提示符窗口，在输入"scrapy"后按下回车键。

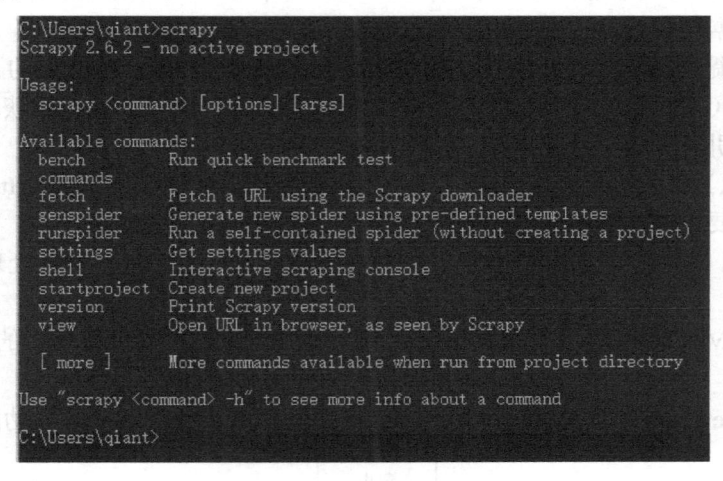

如果出现了如图 6-1 所示的信息，则说明 Scrapy 已经成功安装，可以进行下一步的 Scrapy 爬虫开发了。

图 6-1　Scrapy 成功安装的信息

知识准备

1. 常见的爬虫框架

爬虫框架是为解决爬虫问题而设计的具有一定约束性的支撑结构。在此结构上，可以根据具体问题扩展、安插更多的组成部分，从而更快速和更方便地构建完整的问题解决方案。

常见的爬虫框架有如下几种。

Scrapy 框架：Scrapy 框架是一套比较成熟的 Python 爬虫框架，是使用 Python 开发的高级信息爬取框架，可以快速爬取指定页面的数据，并能提取结构化数据。

PySpider 框架：PySpider 是一个由国内编写的强大的网络爬虫系统，带有强大的 Web UI。它采用 Python 语言编写，具有分布式架构，支持多种数据库后端，且强大的 Web UI 支持脚本编辑器、任务监视器、项目管理器及结果查看器。

Crawley 框架：Crawley 是使用 Python 开发的、基于非阻塞通信的 Python 爬虫框架。它能高速爬取网站的内容，支持关系型数据库和非关系型数据库，如MongoDB、Postgre、MySQL、Oracle、SQLite等，支持输出JSON、XML和CSV等格式的文件。

　　Portia框架：Portia是一款由scrapyhub开源的可视化的爬虫规则编写工具，可提供可视化的Web页面，用户只需要单击待爬取的数据（不需要任何编程知识）即可完成规则的开发（但是动态网页需要编写JavaScript解析器）。

　　使用Python语言开发的爬虫框架有很多种，但是它们的实现方式和实现原理大同小异，因此我们只需要深入掌握其中一种框架。

2. Scrapy框架概述

　　Scrapy框架是一个用Python实现的，为了爬取网站数据、提取结构化数据而编写的应用框架。该框架主要由Scrapy Engine（引擎大脑，简称引擎）、Scheduler（调度器）、Downloader（下载器）等部分组成，如图6-2所示。

　　Scrapy Engine（引擎大脑）：负责Spider、Item Pipeline、Downloader、Scheduler之间的通信、信号、数据传递等，主要作用是发号施令。

　　Scheduler（调度器）：负责接收引擎大脑发送的请求，并做一些必要的去重处理等。

　　Downloader（下载器）：负责下载引擎大脑发送的所有请求，并将其获取的响应交还给引擎大脑，再由引擎大脑交给爬虫处理。

　　Spider（爬虫）：负责处理所有响应文件，从中分析、提取数据，获取Item Pipeline需要的数据，并将需要跟进的URL提交给引擎大脑，再次进入调度器。

　　Item Pipeline（管道）：负责处理从爬虫中获取到的Item，并进行后期处理（分析、过滤、存储等）。

　　Downloader Middlewares（下载器中间件）：可以自定义扩展下载功能的组件（代理IP、Cookies等）。

　　Spider Middlewares（爬虫中间件）：可以自定义扩展、操作引擎等的功能组件。

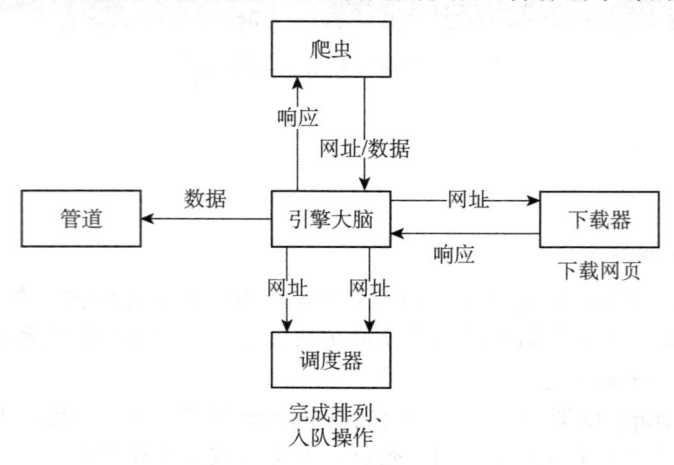

图6-2　Scrapy框架的组成

　　Scrapy框架各部分的执行过程如下。

　　① 使用引擎大脑打开一个网站，找到处理该网站的爬虫，并向该爬虫请求第一个要爬取的URL。

② 使用引擎大脑从爬虫中获取第一个要爬取的 URL，并在调度器（Scheduler）中用 request 调度。

③ 使用引擎大脑向调度器请求下一个要爬取的 URL。

④ 通过调度器将下一个要爬取的 URL 返回给引擎大脑，引擎大脑通过下载器中间件将 URL（request 请求方向）转发给下载器。

⑤ 一旦下载完毕，下载器将生成一个该页面的 response，并将其通过下载器中间件（response 返回方向）发送给引擎大脑。

⑥ 引擎大脑通过下载器接收 response，并通过爬虫中间件（输入方向）发送给爬虫处理。

⑦ 使用爬虫处理 response，并将爬取的 Item 及新的 request 返回给引擎大脑。

引擎大脑将爬取的 Item（由爬虫返回）交给 Item Pipeline，并将 request（由 Spider 返回）交给调度器。

⑧ 从②开始重复，直到调度器中没有更多的 request 时，引擎大脑会关闭该网站。

任务实施

下面介绍在 Windows10 环境下安装 Scrapy。

众所周知，Scrapy 是一个高级的 Python 爬虫框架，功能极其强大，通过 Scrapy 可以快速编写爬虫项目或搭建分布式架构。这个强大的框架要怎样才能拥有呢？我们可以按照如下步骤安装 Scrapy。

首先，在 Windows 资源管理器的地址栏中输入：%homepath%，然后按下回车键即可进入当前用户的家目录，如图 6-3 所示。

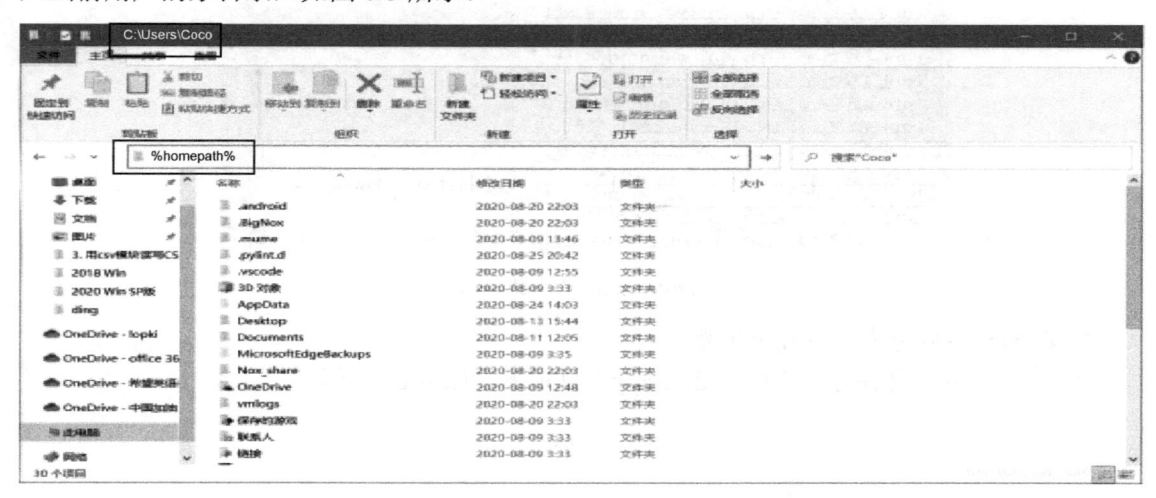

图 6-3　进入当前用户的家目录

接下来先在当前用户的家目录下创建一个 pip 文件夹，再创建一个 pip.ini 文件，并将 pip.ini 文件的内容修改如下。

```
[global]
index-url = http://mirrors.aliyun.com/pypi/simple/ [install]
```

```
trusted-host=mirrors.aliyun.com
```

注意：文件名必须是 pip.ini。

可以使用如下命令对 pip 进行升级。

```
python -m pip install --upgrade pip
```

安装 Scrapy 框架主要有以下 6 个步骤，以下步骤都在 Windows 环境下使用命令提示符完成。

（1）wheel 的安装

通过以下命令安装 wheel，具体操作如图 6-4 所示。

```
pip install wheel
```

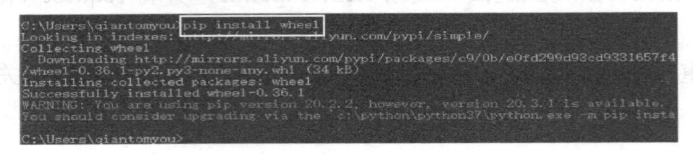

图 6-4 wheel 的安装

（2）lxml 的下载及安装

首先打开网址"https://www.lfd.uci.edu/~gohlke/pythonlibs/#lxml"，然后按下 Ctrl+F 组合键，在打开的搜索框中输入"lxml"，最后按下回车键，lxml 的下载页面如图 6-5 所示。

图 6-5 lxml 的下载页面

安装 lxml 主要分为以下几个步骤。

① 将下载的文件保存在"D:\soft\scrapy"目录下，如图 6-6 所示。

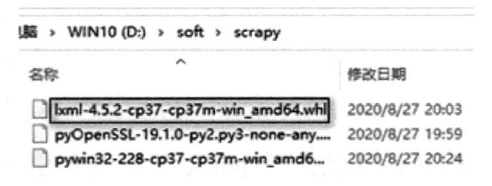

图 6-6 保存下载的文件

② 按下 Win+R 组合键，在打开的运行窗口中输入"cmd"进入命令提示符窗口，运

行窗口如图 6-7 所示。

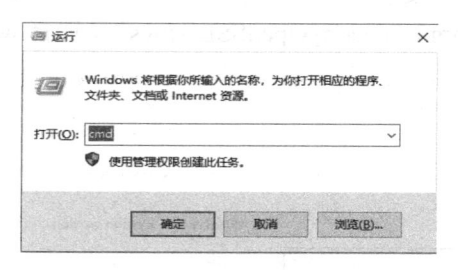

图 6-7　运行窗口

③ 在命令提示符窗口中输入"cd D:\soft\scrapy",进入 lxml 的保存目录,如图 6-8 所示。

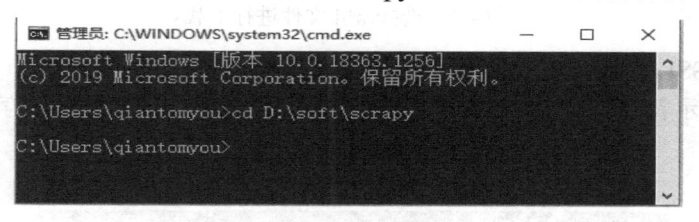

图 6-8　进入 lxml 的保存目录

④ 先输入命令"pip install lxml-4.5.2-cp37-cp37m-win_amd64.whl",然后按下回车键安装 lxml,如图 6-9 所示。

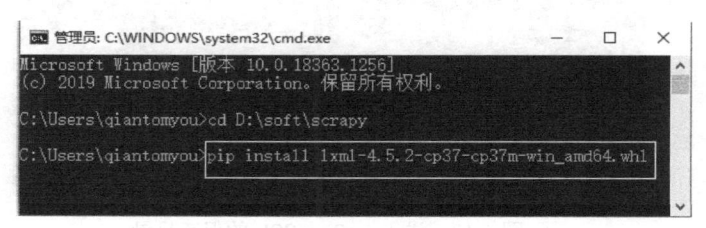

图 6-9　安装 lxml

⑤ 安装好 lxml 以后,使用命令"pip list"查看 lxml 是否安装成功,安装成功会显示 lxml 信息,如图 6-10 所示。

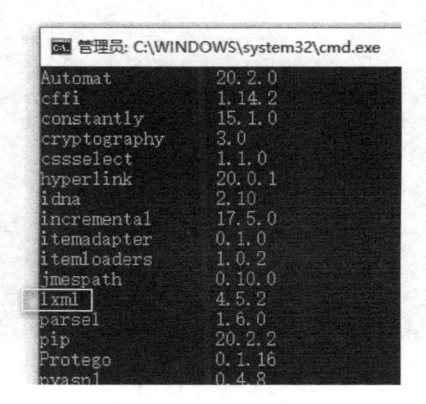

图 6-10　lxml 安装成功

（3）pyOpenSSL 的下载及安装

打开网址"https://pypi.org/project/pyOpenSSL/#files"，选择.whl 文件进行下载，如图 6-11 所示。

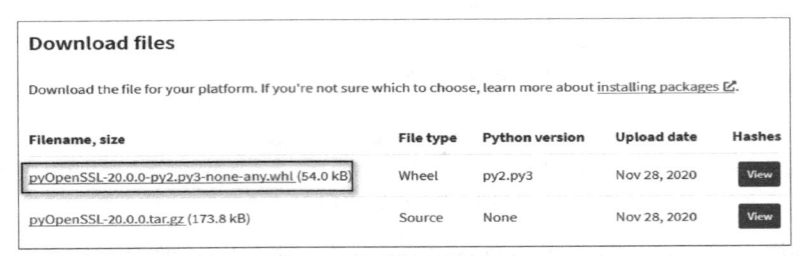

图 6-11　选择.whl 文件进行下载

安装 pyOpenSSL 比较简单，主要有以下两个步骤。

① 在命令提示符窗口中输入"cd scrapy"，进入 pyOpenSSL 的保存目录，如图 6-12 所示。

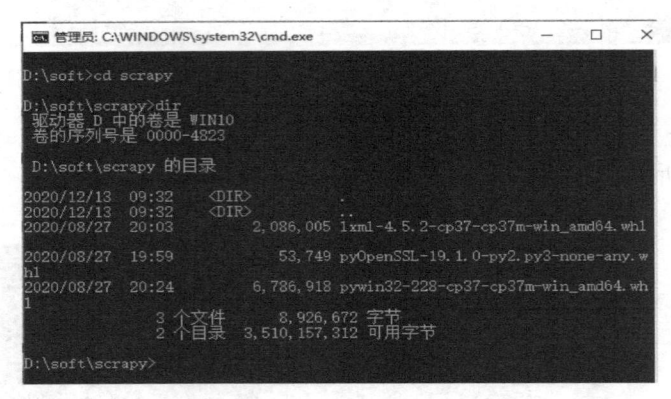

图 6-12　进入 pyOpenSSL 的保存目录

② 先输入命令"pip install pyOpenSSL-19.1.0-py2.py3-none-any.whl"，然后按下回车键安装 pyOpenSSL，如图 6-13 所示。

图 6-13　安装 pyOpenSSL

③ 使用命令"pip list"检查 pyOpenSSL 是否安装成功，如图 6-14 所示。

项目六　使用 Scrapy 框架爬取图片网站

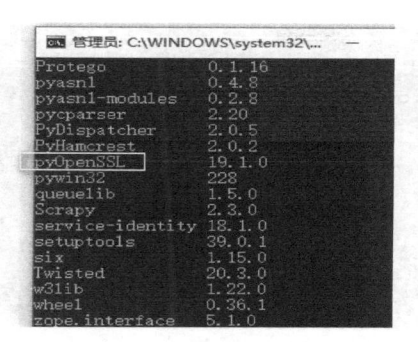

图 6-14　检查 pyOpenSSL 是否成功安装

（4）Twisted 的下载及安装

首先打开网址"https://www.lfd.uci.edu/～gohlke/pythonlibs/#twisted"，选择.whl 文件进行下载，然后在打开的搜索框中输入"Twisted"，Twisted 的下载界面如图 6-15 所示。

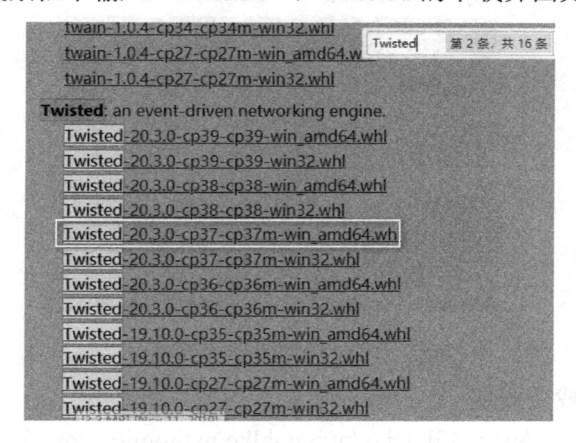

图 6-15　Twisted 的下载界面

安装 Twisted 比较简单，主要有以下两个步骤。

① 在命令提示符窗口中输入"cd scrapy"，进入 Twisted 的保存目录，如图 6-16 所示。

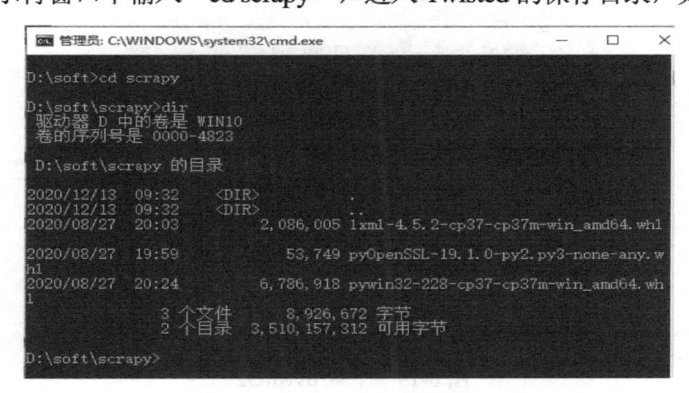

图 6-16　进入 Twisted 的保存目录

② 先输入命令"pip install Twisted-20.3.0-cp37-cp37m-win_amd64.whl"，然后按下回车键安装 Twisted，如图 6-17 所示。

图 6-17 安装 Twisted

③ 输入命令"pip list"检查 Twisted 是否安装成功，如果安装成功则会显示 Twisted 的相关信息，如图 6-18 所示。

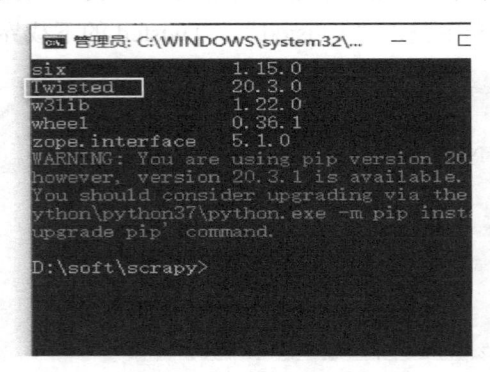

图 6-18 检查 Twisted 是否安装成功

（5）pywin32 的下载及安装

首先打开网址"https://www.lfd.uci.edu/~gohlke/pythonlibs/#pywin32"，选择.whl 文件进行下载，然后在打开的搜索框中输入"pywin32"，如图 6-19 所示。

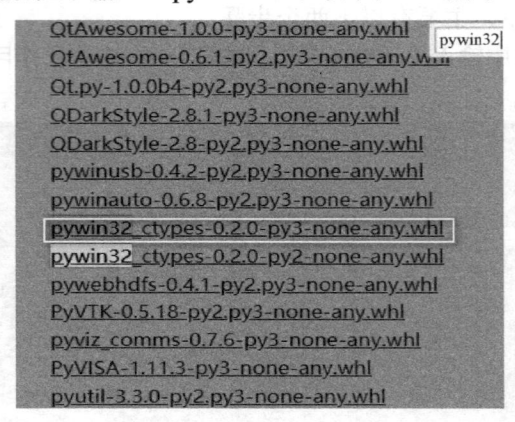

图 6-19 下载 pywin32

安装 pywin32 主要有以下两个步骤。

① 在命令提示符窗口中输入"cd D:\soft\scrapy"，进入 pywin32 的保存目录，如图 6-20 所示。

图 6-20 进入 pywin32 的保存目录

② 先输入命令"pip install pywin32-228-cp37-cp37m-win_amd64.whl",然后按下回车键安装 pywin32,如图 6-21 所示。

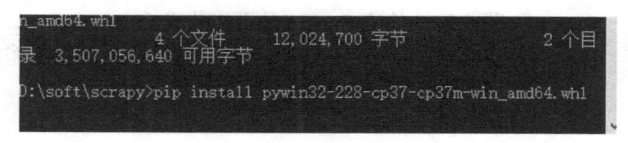

图 6-21 安装 pywin32

③ 输入命令"pip list"检查 pywin32 是否安装成功,如果安装成功则会显示 pywin32 的相关信息,如图 6-22 所示。

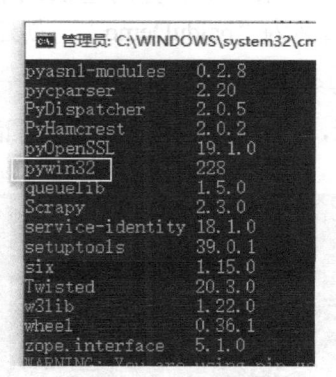

图 6-22 检查 pywin32 是否安装成功

(6)Scrapy 的安装

只有确保成功安装了 wheel、lxml、pyOpenSSL、Twisted、pywin32,才能安装 Scrapy。使用命令"pip install scrapy"安装 Scrapy,如图 6-23 所示。

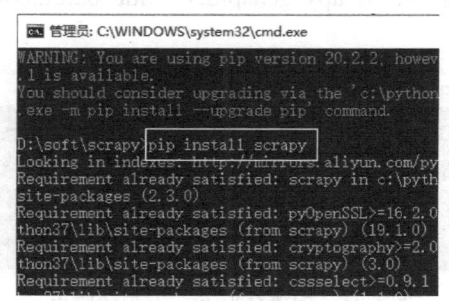

图 6-23 安装 Scrapy

输入命令"pip list"检查 Scrapy 是否安装成功，如图 6-24 所示。

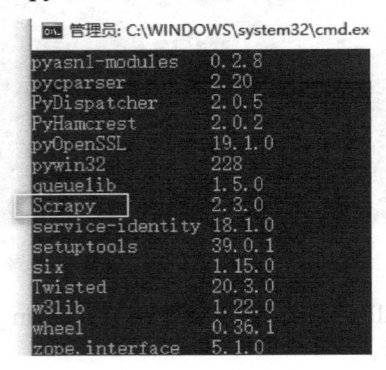

图 6-24　检查 Scrapy 是否安装成功

任务拓展

安装好 Scrapy 开发环境以后，我们就可以使用 Scrapy 创建爬虫项目了，首先演示如何在 Windows 环境下创建一个简单的 Scrapy 爬虫项目。

这里对百度官网首页的标题进行爬取。首先创建 Scrapy 爬虫项目，利用命令提示符窗口切换到"D:\spiler"目录下，项目名为"baiduDemo"，创建项目的命令如下。

```
scrapy startproject  baiduDemo
```

在执行创建项目的命令以后，打开如图 6-25 所示的对话框。

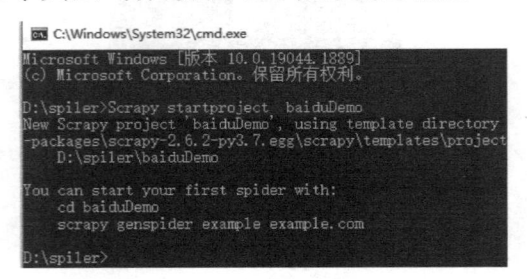

图 6-25　创建项目的对话框

在创建项目后，可以在"D:\spiler"目录下找到名为"baiduDemo"的文件夹，切换到 baiduDemo 文件夹内，执行命令：scrapy genspider baidu baidu.com，创建名为"baidu"的爬虫，如图 6-26 所示。

图 6-26　创建名为"baidu"的爬虫

使用 PyCharm 软件打开 baiduDemo 文件夹，其目录结构如图 6-27 所示。

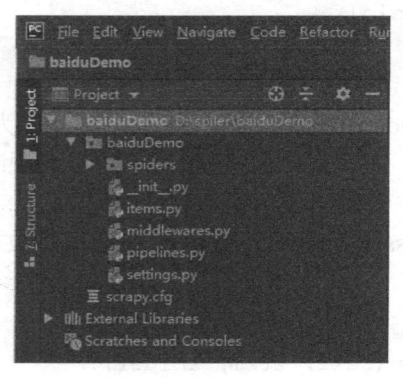

图 6-27　baiduDemo 文件夹的目录结构

当前项目文件的说明如下。

spiders（文件夹）：用于编写爬虫规则，实现数据爬取和数据清洗的处理工作。
items.py：用于定义数据和进行实例化，以及暂存清洗后的数据。
middlewares.py：中间文件，代理 IP、请求头等都可以在该文件中设置。
pipelines.py：用于执行保存数据的操作，数据对象来源于 items.py。
setting.py：框架配置文件。
scrapy.cfg：项目部署文件。

使用 Scrapy 开发爬虫的步骤如下。

（1）配置 setting.py 文件

找到 setting.py 文件，发现该文件的大部分内容已经被注释，因此需要开启管道文件和请求头，并在对应的位置将注释取消。

```
01 ROBOTSTXT_OBEY = False
02 #数据持久化存储要用到的函数
03 ITEM_PIPELINES = {
04     'baiduDemo.pipelines.BaidudemoPipeline': 300,
05 }
06 #设置请求头
07 DEFAULT_REQUEST_HEADERS = {
08   'Accept': 'text/html,application/xhtml+xml,application/xml;q=0.9,*/*;q=0.8',
09   'Accept-Language': 'en',
10 }
```

代码解析：01~02 行表示设置输出日志等级信息；03~05 行表示设置管道文件的优先级；07~10 行表示设置请求头。

（2）配置 items.py 文件

在该文件中爬取内容时，需要定义一个对象与之对应，比如要爬取百度官网首页的标题（title），那么可以写出如下代码。

```
01 class BaidudemoItem(scrapy.Item):
02     # define the fields for your item here like:
```

```
03      # name = scrapy.Field()
04      title=scrapy.Field()
05      desc=scrapy.Field()
06      pass
```

代码解析：01 行定义 BaidudemoItem 类；04 行定义 title 为元数据，Field 对象指明了每个字段的元数据（任何元数据），Field 对象接收的值没有任何限制；05 行定义 desc 为元数据。

（3）配置 pipelines.py 文件

数据存储操作主要在 process_item()函数中执行，在此以将数据存储到文本文件中为例进行介绍，代码如下。

```
01 class BaidudemoPipeline:
02     def process_item(self, item, spider):
03         fp = None
04         def open_spider(self, spider):    # 重写父类方法
05             print("开始爬虫")
06         self.fp = open('./baidu.txt', 'w', encoding='utf-8')
07         def process_item(self, item, spider):
08             title = item['title']
09             desc = item['desc']
10             self.fp.write("标题" + ":" + title+ ",描述:" + desc + '\n')
11             return item
12         def close_spider(self, spider):
13             print("结束爬虫")
14         self.fp.close()    # 关闭文件流
```

代码解析：01 行定义 BaidudemoPipeline 类；02～14 行定义数据持久化存储的相关逻辑，其中 04～05 行表示在启动程序时执行该函数的初始化操作，如连接数据库等，这里首先输出提示，然后基于 UTF-8 编码以写方式打开文本文件 baidu.txt；07～11 行表示在该函数中实现数据的持久化存储，从 item 字典中获取键为 titile 的数据赋给 titile，从 item 字典中获取键为 desc 的数据赋给 desc，其中 10 行将数据写入文本文件中，11 行表示将 item 作为返回值传递给下一个 pipeline；12～14 行表示在关闭程序时执行函数，例如，关闭数据库。

（4）在 spiders 文件夹中的 baidu.py 文件中编写爬虫规则

```
01 import scrapy
02 from scrapy.selector import Selector
03 from baiduDemo.items import BaidudemoItem
04 class BaiduSpider(scrapy.Spider):
05     name = 'baidu'
06     allowed_domains = ['baidu.com']
07     start_urls = ['http://baidu.com/']
08     def parse(self, response):
09         sel=Selector(response)
10         item=BaidudemoItem()
11         item['title']=sel.xpath('/html/head/title/text()')[0].extract()
12         item['desc']=sel.xpath('/html/head/meta')
13         # print(title)
14         # print(desc)
15         yield item
```

代码解析：01 行导入 Scrapy 模块；02 行从 scrapy.selector 模块中导入 Selector 模块；03 行表示从 baiduDemo.items 中导入 BaidudemoItem 类；04 行定义 BaiduSpider 类；05 行定义爬虫名；06 行定义允许爬取的域名，不属于列表内的域名及其子域名将不允许爬取；07 行表示如果没有指定 start_requests，就从列表中读取 URL 生成第一个请求的网址；08~15 行表示定义函数 parse()，该函数主要用于将爬取到的内容进行解析，从而提取想要的内容；09 行表示声明对象，并将响应内容加载到该对象中，得到 sel；10 行实例化 item 对象；11 行表示提取"/html/head/title/"标签下的文本内容，将其赋给 item['title']，其中 extract()函数用于提取字符串型的数据；12 行表示提取"/html/head/meta"标签下的文本内容，并将其赋给 item['desc']；15 行返回 item 对象。

（5）在 pipelines.py 文件中编写保存数据的代码

该文件用于将获得的数据进行持久化存储，这里以将爬取的数据保存到文本文件中为例，对应的代码如下。

```
01 class BaidudemoPipeline:
02     fp = None
03     def open_spider(self, spider):   # 重写父类方法
04         print("开始爬虫")
05         self.fp = open('./baidu.txt', 'w', encoding='utf-8')
06     def process_item(self, item, spider):
07         title = item['title']
08         desc = item['desc']
09         self.fp.write("标题" + ":" + title+'\n')
10         return item
11     def close_spider(self, spider):
12         print("结束爬虫")
13         self.fp.close()   # 关闭文件流
```

代码解析：01 行定义 BaidudemoPipeline 类；02~13 行定义数据持久化存储的相关逻辑，其中 03~05 行表示在启动程序时执行函数的初始化操作，如连接数据库等，这里首先输出提示，然后基于 UTF-8 编码以写方式打开文本文件 baidu.txt；06~10 行表示在该函数中实现数据的持久化存储，从 item 字典中获取键为 titile 的数据并赋给 titile，从 item 字典中获取键为 desc 的数据并赋给 desc，其中，09 行将数据写入文本文件中，10 行表示将 item 作为返回值传递给下一个 pipeline；11~13 行表示在关闭程序时执行函数，例如，关闭数据库。

（6）配置启动文件 start.py

配置启动文件的目的是让 PyCharm 可以直接运行 Scrapy 爬虫项目，只需运行 start.py 文件就可以执行整个 Scrapy 爬虫项目，对应的代码如下。

```
01 from scrapy import cmdline
02 cmdline.execute(['scrapy','crawl','baidu'])
```

代码解析：01 行表示从 Scrapy 中导入 cmdline；02 行调用 cmdline.execute()方法执行爬虫程序，"baidu"表示爬虫名。

运行该文件，结果如图 6-28 所示。

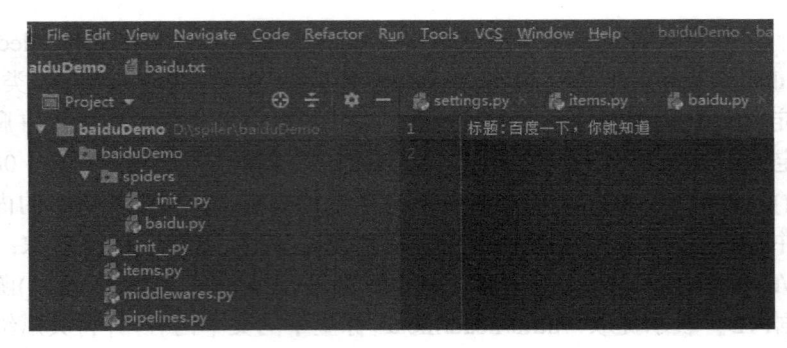

图 6-28　运行结果

任务 2　使用 Scrapy 框架爬取代理 IP

任务演示

使用 Scrapy 框架爬取代理 IP，将爬取的代理 IP 进行持久化存储，以方便爬虫项目使用，如图 6-29 所示。

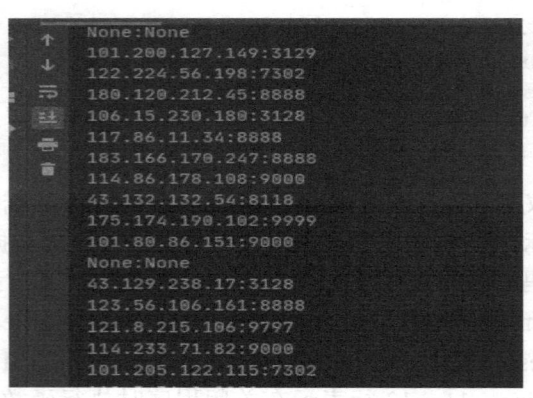

图 6-29　爬取代理 IP

知识准备

1. XPath 选择器

在使用 Scrapy 爬取数据前需要了解 Scrapy 的选择器。Scrapy 通过特定的 XPath 或 CSS 表达式来选择 HTML 文件中的某个部分。XPath 是一门用来在 XML 文件中选择节点的语言，可以用在 HTML 文件中。XPath 选择器构建于 lxml 库的基础上。

（1）绝对定位

绝对定位比较简单，其格式为如下。

```
xxx.find._element_by_xpath('绝对路径')
```

具体例子如下。

```
xxx.find_element_by_xpath("/html/body/div[x]/form/input")
```

(2) 相对路径

相对路径以"//"开头,具体格式如下。

```
xxx.find_element_by_xpath("//标签")
```

具体例子如下。

定位第 x 个 input 标签,如果[x]省略,则默认定位第一个 input 标签。

```
xxx.find_element_by_xpath("//input[x]")
```

相对路径的长度和开始位置不受限制,也可以采取以下方法,[x]依然可以省略。

```
xxx.find_element_by_xpath("//div[x]/form[x]/input[x]
```

(3) 标签属性定位

标签属性定位相对比较简单,它要求属性能够定位唯一一个元素,如果存在多个相同条件的标签,则默认定位到第一个标签,具体格式如下。

```
xxx.find_element_by_xpath("//标签[@属性='属性值']")
```

最常见的判断属性为 id、name、class 等。目前,属性的类别没有特殊限制,只要能定位唯一一个元素都是可以的。

具体例子如下。

```
01 xxx.find_element_by_xpath("//a[@href='/indrstryMall/hall/industryIndex.html")
02 xxx.find_element_by_xpath("//input[@value='确定']") xxx.find_element_by_xpath("//div[@class = 'submit']/input")
```

当某个属性不能定位唯一一个元素时,可以采取多个条件组合的方式,具体例子如下。

```
xxx..find_element_by_xpath("//input[@type='name' and @name='kw1']")
```

当属性很少,且不足以区别唯一一个元素,但标签中存在唯一的文本值时,也可以定位,具体格式如下。

```
xxx.find_element_by_xpath("//标签[contains(text(),'文本值')]")
```

具体例子如下。

```
xxx.find_element_by_xpath("//input[contains(text(),'型号:')]")
```

如果属性值太长,可以采取模糊定位,具体例子如下。

```
xxx.find_element_by_xpath("//a[contains(@href, 'logout')]")
```

2. CSS 选择器

CSS 选择器也有自己的语法,它与 XPath 选择器的区别是没有使用路径形式表示。这里只介绍与网络爬虫密切相关的 CSS 选择器，表 6-1 列出了常见的 CSS 选择器。

表 6-1 常见的 CSS 选择器

选择器	值	说明
.class	.intro	选择"class="intro""的所有元素
#id	#firstname	选择"id="firstname""的所有元素
element	p	选择所有 p 元素
element，element	div，p	选择所有 div 元素和所有 p 元素
element，element	div，p	选择 div 元素内部的所有 p 元素
[attribute]	[target]	选择带有 target 属性的所有元素
[attribute=value]	[target]=_blank]	选择"target="_blank""的所有元素

任务实施

编写网络爬虫程序的步骤如下：使用 requests 库发送网络请求，使用 lxml 解析技术对数据进行解析，使用数据库存储数据，另外还可以在请求网络时更换 IP、设置请求头等。

如果每次都从零开始编写网络爬虫程序会比较浪费时间，所以需要一个框架把一些基本的东西准备好，我们只需要"站在巨人的肩膀上"开发即可，Scrapy 框架就是"巨人的肩膀"。

开发 Scrapy 爬虫一共有 4 个步骤，具体如下。

① 创建项目（命令是"scrapy startproject xxx"）：创建一个新的爬虫项目。

② 明确目标（items.py）：明确要爬取的目标。

③ 制作爬虫（spiders/xxspider.py）：制作爬虫爬取网页。

④ 存储内容（pipelines.py）：设计管道存储爬取的内容。

为了练习如何使用 Scrapy 框架进行开发，我们准备对云代理网的代理 IP 进行爬取，下面给出详细的步骤。

（1）新建项目

① 在 PyCharm 中创建一个名为"spider02"的文件夹，如图 6-30 所示。

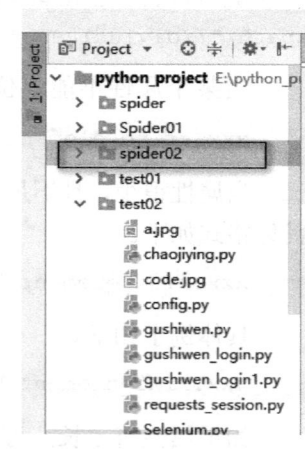

图 6-30 创建文件夹

② 右击 spider02 文件夹，选择"Open in terminal"选项，如图 6-31 所示。

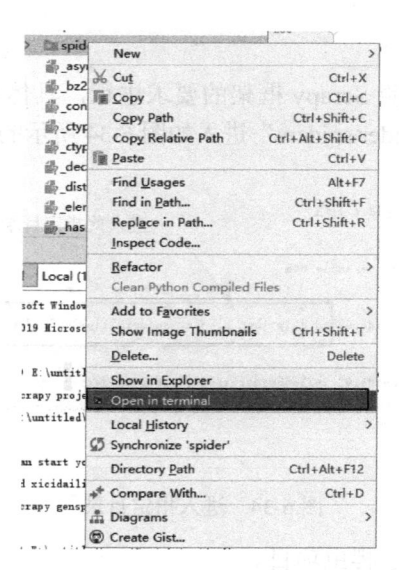

图 6-31 选择"Open in terminal"选项

③ 先输入命令"scrapy startproject ip3366Spider"创建项目,然后按下回车键,结果如图 6-32 所示。

图 6-32 输入命令"scrapy startproject ip3366Spider"创建项目

"scrapy startproject"后面跟的是项目名,这里的项目名是"ip3366Spider"。

④ 执行结果如图 6-33 所示。

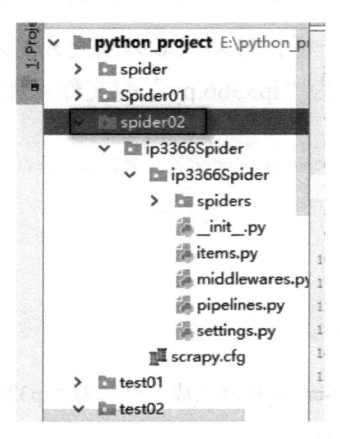

图 6-33 执行结果

（2）创建爬虫项目

开发网络爬虫程序需要依照 Scrapy 框架的要求进行，具体步骤如下。

① 使用命令"cd ip3366Spider\spiders"进入如图 6-34 所示的指定目录。

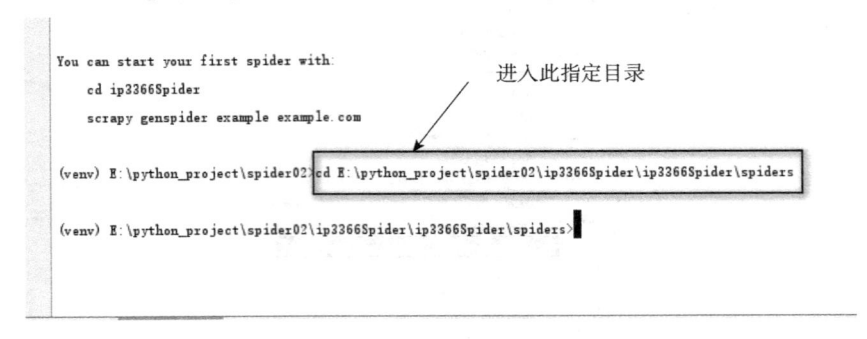

图 6-34　进入指定目录

② 在 spiders 文件夹下创建爬虫项目。

可使用如下命令创建爬虫项目。

```
scrappy  genspider  爬虫名  网站域名
```

例如，在终端输入此命令：scrapy genspider ip3366 www.ip3366.net，结果如图 6-35 所示。

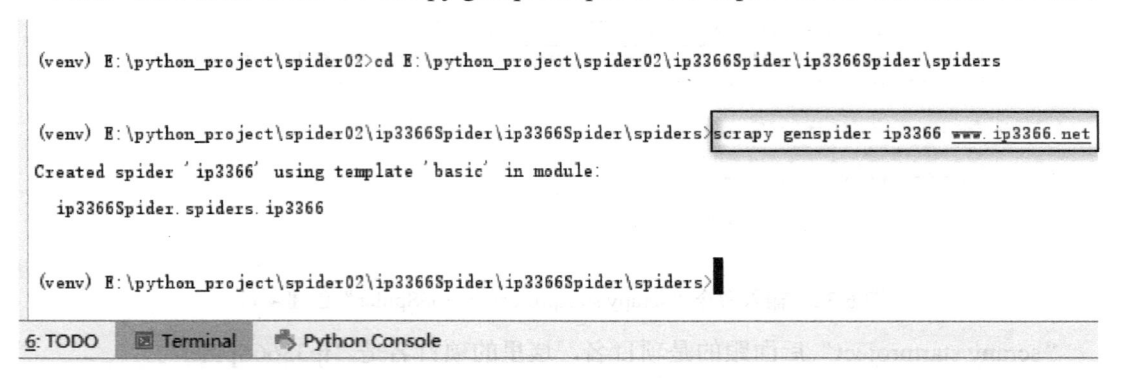

图 6-35　创建爬虫项目

注意：爬虫名不能和项目名一样，网站域名必须是允许爬取的域名。

使用 Scrapy 自动生成一个名为"ip3366.py"的文件，如图 6-36 所示。

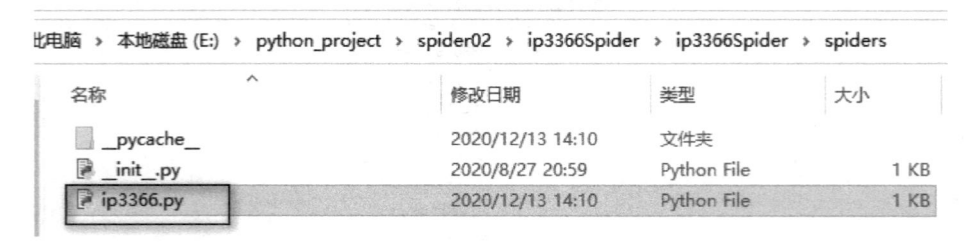

图 6-36　使用 Scrapy 自动生成一个名为"ip3366.py"的文件

③ 修改 ip3366.py 文件的内容。

找到 ip3366.py 文件，在该文件中找到如下代码。

```
01   import scrapy
02   class XicidailiSpider(scrapy.Spider):
03       name = ' ip3366i'
04       allowed_domains = ['www. ip3366.net']
05       start_urls = [' http://www.ip3366.net/']
06       def parse(self, response):
07           pass
```

代码解析：01 行导入 Scrapy 模块；02 行创建爬虫类，并继承 scrapy.Spider 类；03 行定义爬虫名，不能重名；04 行表示爬取的域名；05 行定义爬取的网站；06~07 行定义 parse() 函数，用来解析响应数据。

重写上面定义的 parse() 函数，代码如下。

```
01   def parse(self, response):
02       # 提取IP和端口
03       selectors = response.xpath('//tr')   # 选择所有的tr标签
04       # 循环遍历tr标签下的td标签
05       for selector in selectors:
06           ip = selector.xpath('./td[1]/text()').get()    # 在当前节点下选择IP
07           port = selector.xpath('./td[2]/text()').get()   # 在当前节点下选择端口
08           print(ip)
09           print(port)
```

代码解析：01 行定义 parse() 函数；03 行选择所有的 tr 标签；05 行开始遍历；06 行在当前节点下选择 IP；07 行在当前节点下选择端口；08~09 行输出 IP 和端口。

注意： Scrapy 是支持 XPath 的。

④ 找到配置文件 settings.py，并进行修改，如图 6-37 所示。

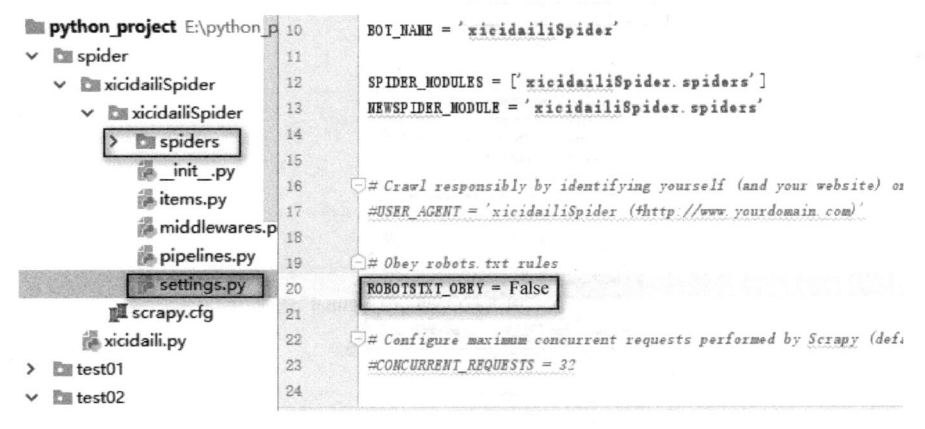

图 6-37 修改配置文件 settings.py

找到 settings.py 文件，在该文件中找到如下代码。

```
ROBOTSTXT_OBEY = True
```

将上述代码修改为如下内容。

```
ROBOTSTXT_OBEY = False
```

为了说明 ROBOTSTXT_OBEY 参数的重要性，下面创建一个名为"baidu"的爬虫进行说明，具体步骤如下。

① 在 python-project 工程中创建一个文件夹 scrapy01，并输入命令"scrapy startproject projectbaidu"创建一个爬虫工程，如图 6-38 所示。

注意：在 PyCharm 中确保目录已经切换到 python-project 工程目录下。

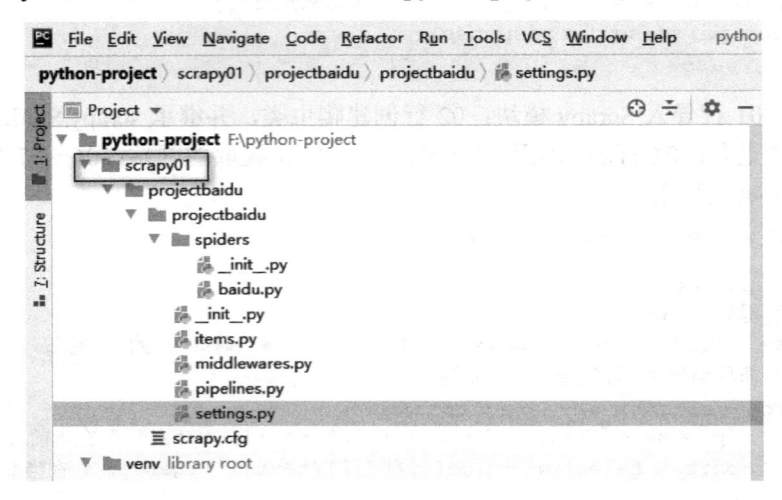

图 6-38　创建一个爬虫工程

② 在爬虫工程的 spiders 文件夹下创建爬虫，执行步骤如图 6-39 所示。

图 6-39　创建爬虫

③ 输入命令"scrapy genspider baidu www.baidu.com"创建名为"baidu"的爬虫，如图 6-40 所示。

项目六 使用 Scrapy 框架爬取图片网站

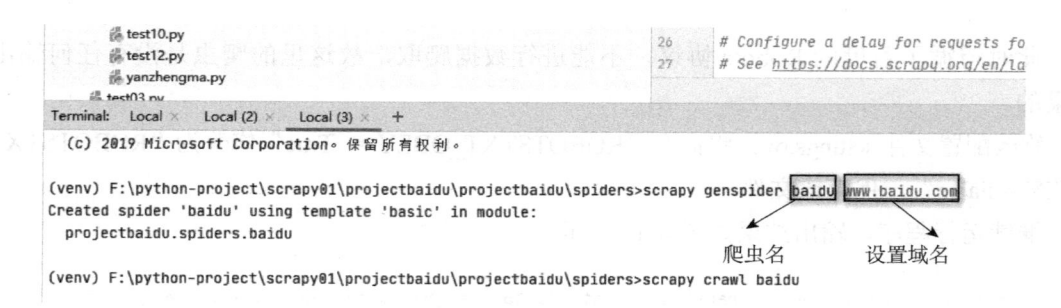

图 6-40 创建名为 "baidu" 的爬虫

④ 修改配置文件 settings.py，在代码 "ROBOTSTXT_OBEY = True" 下方增加如下代码。

```
01  ROBOTSTXT_OBEY = True
02  LOG_LEVEL='ERROR'
03  DEFAULT_REQUEST_HEADERS = {
04   'Accept': 'text/html,application/xhtml+xml,application/xml;q=0.9,*/*;q=0.8',
05   'Accept-Language': 'en',
06   'User-Agent': "Mozilla/5.0 (Windows NT 10.0; WOW64) AppleWebKit/537.36 (KHTML, like Gecko) Chrome/63.0.3239.132 Safari/537.36",
07  }
```

代码解析：01 行表示遵守 Robots 协议；02 行表示只输出错误的信息，其他日志信息一概不输出；03~07 行定义请求头。

⑤ 找到爬虫文件 baidu.py，在该爬虫文件中添加以下内容。

```
01  def parse(self, response):
02      print("response 的输出为：")
03      print(response)
04      pass
```

代码解析：02~03 行为新增的代码，其中 02 行表示输出提示信息 "response 的输出为："，03 行输出网页的响应内容。

至此，我们就可以运行网络爬虫程序了，先输入命令 "scrapy crawl baidu"，然后按下回车键，观察有无结果输出。

如图 6-41 所示是没有响应的输出结果。

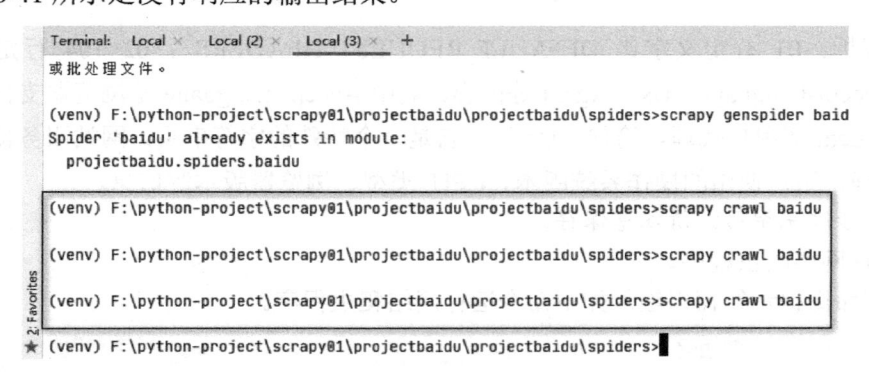

图 6-41 没有响应的输出结果

此时遵循了百度的 Robots 协议，不能进行数据爬取，故这里的爬虫是没有任何输出结果的。

修改配置文件 settings.py，将命令"ROBOTSTXT_OBEY = True"修改为"ROBOTSTXT_OBEY = False"，保存该文件。

继续运行程序，输出结果如图 6-42 所示。

```
(venv) F:\python-project\scrapy01\projectbaidu\projectbaidu\spiders>scrapy crawl baidu

(venv) F:\python-project\scrapy01\projectbaidu\projectbaidu\spiders>scrapy crawl baidu
response的输出为：
<200 https://www.baidu.com/>

(venv) F:\python-project\scrapy01\projectbaidu\projectbaidu\spiders>
```

图 6-42　输出结果

可以在爬虫工程中找到 settings.py 文件中的默认请求头，如图 6-43 所示。

```
37    #TELNETCONSOLE_ENABLED = False
38
39    # Override the default request headers:        默认请求头
40    #DEFAULT_REQUEST_HEADERS = {
41    #    'Accept': 'text/html,application/xhtml+xml,application/xml;q=0.9,*/*;q=0.8',
42    #    'Accept-Language': 'en',
43    #}
44
```

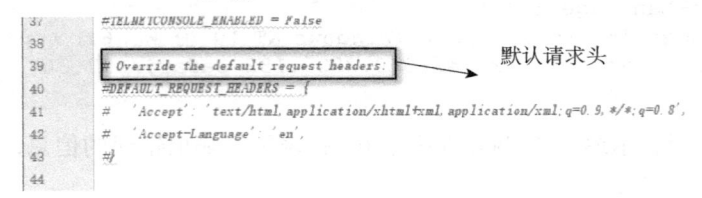

图 6-43　找到默认请求头

先将注释取消，然后添加请求头，代码如下。

```
# Override the default request headers:
01   DEFAULT_REQUEST_HEADERS = {
02     'Accept': 'text/html,application/xhtml+xml,application/xml;q=0.9,  */*;q=
       0.8',
03     'Accept-Language': 'en',
04     'User-Agent': "Mozilla/5.0 (Windows NT 10.0; WOW64) AppleWebKit/537.36
       (KHTML, like Gecko) Chrome/63.0.3239.132 Safari/537.36",
05   }
```

代码解析：01 行定义字典 DEFAULT_REQUEST_HEADERS；02～04 行定义请求头 Accept、Accept-Language、User-Agent 等内容，其中 Accept-Language 是浏览器支持的语言类型；User-Agent 即用户代理，简称"UA"，它是一个特殊的字符串头，网站服务器通过识别 "UA"来确定用户使用的操作系统版本、CPU 类型、浏览器版本等信息。

注意：修改完毕后，请注意保存。

⑥ 运行网络爬虫程序。

可以在命令提示符窗口输入如下命令运行网络爬虫程序。

```
scrapy crawl 爬虫名
```

从命令提示符窗口进入爬虫目录，如图 6-44 所示。

图 6-44　进入爬虫目录

因为爬虫名是"ip3366",所以先在命令提示符窗口输入命令"scrapy crawl ip3366",然后按下回车键,如图 6-45 所示。

图 6-45　在命令提示符窗口输入命令

运行结果如图 6-46 所示。

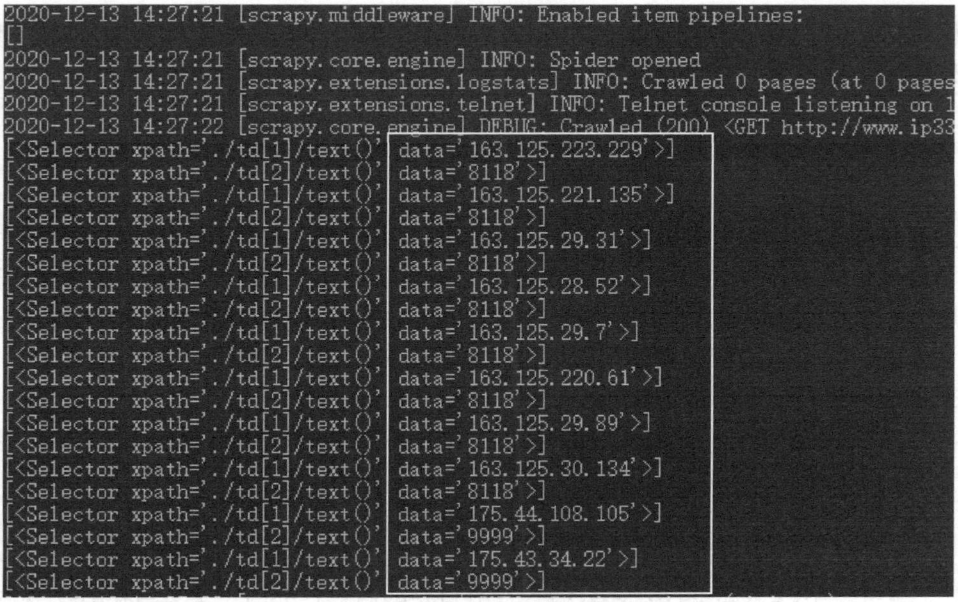

图 6-46　爬虫的运行结果

输出的数据比较多,可以使用 nolog 命令再次运行网络爬虫程序"scrapy crawl ip3366–nolog",按下回车键,结果如图 6-47 所示。

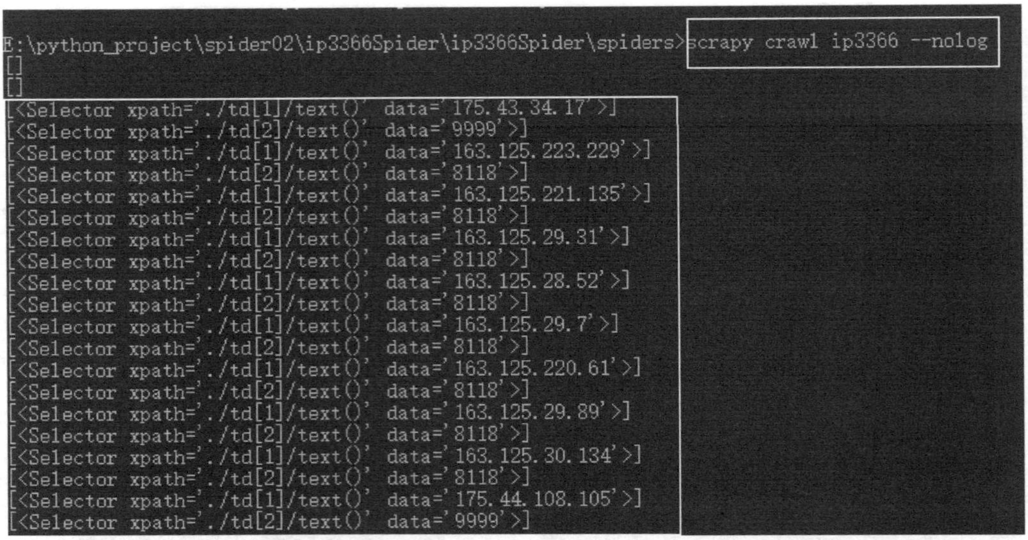

图 6-47 使用 nolog 命令的结果

如果这样设置，那么在响应内容出现故障时看不到任何提示信息。此时我们可以在配置文件中做如下设置，从而只输出错误信息。先找到 settings.py 文件，再找到"ROBOTSTXT_OBEY = False"，在该语句下面增加如下代码。

```
01    #显示指定类型的日志信息
02    LOG_LEVEL='ERROR'
```

代码解析：02 行表示只在控制台上输出故障提示信息（或错误信息），其他警告信息一律不在控制台上输出。

任务拓展

在上面任务中，我们只爬取了一个页面的数据。实际上，ip3366.net 网站提供的代理 IP 是分成了很多页面进行呈现的，那么如何进行分页爬取呢？实现分页爬取的思路比较简单，就是使用 for 循环逐页爬取。for 循环如何控制循环次数呢？可以判断当前页中分页部分的下一页是否为空，如果不为空，就继续爬取下一页的信息，否则退出 for 循环。

根据上面的思路，编写如下代码。

```
01    def parse(self, response):
02        # 提取 IP 和端口
03        selectors = response.xpath('//tr')   # 选择所有的 tr 标签
04        # 循环遍历 tr 标签下的 td 标签
05        for selector in selectors:
06            ip = selector.xpath('./td[1]/text()').get()   # 在当前节点下选择 IP
07            port = selector.xpath('./td[2]/text()').get()  # 从当前节点中选择端口
08            print(ip)
09            print(port)
10        #翻页操作
11        next_page=response.xpath('//*[@id="listnav"]/ul/a[contains(text(),
```

```
          "下一页")]/@href').get()
12        if next_page:
13            next_page=response.urljoin(next_page)
14            # print(next_page)
15            #发出请求
16            print('************************')
17            yield scrapy.Request(next_page,callback=self.parse)
```

代码解析：01 行定义函数 parse()；03 行选择所有的 tr 标签；05 行表示开始遍历；06 行表示在当前节点下选择 IP；07 行表示从当前节点中选择端口；08～09 行输出相关信息；11 行获取下一页的超链接；12 行表示如果超链接不为空，则执行 13～17 行的代码；13 行表示将 next_page 参数传入 response.urljoin()函数，合成新的分页链接；17 行表示在循环里不断提取分页链接，并通过 yield 发起请求，并且还将 parse()作为回调函数从响应中提取所需的数据。

任务 3　Scrapy 数据的持久化存储

任务演示

本任务将网络爬虫爬取的数据用文本、关系型数据库 MySQL、非关系型数据库 Redis 进行存储，从而实现 Scrapy 数据的持久化存储，如图 6-48 所示为使用 MySQL 数据库对爬取的数据进行持久化存储。

←T→				id	cat	ip
☐	编辑	复制	删除	133	HTTPS	223.215.7.116:8888
☐	编辑	复制	删除	134	HTTP	27.220.122.249:9000
☐	编辑	复制	删除	135	HTTPS	60.167.23.43:8888
☐	编辑	复制	删除	136	HTTPS	49.89.87.29:9999
☐	编辑	复制	删除	137	HTTPS	49.89.86.213:9999
☐	编辑	复制	删除	138	HTTP	223.243.177.46:9999
☐	编辑	复制	删除	139	HTTP	27.184.11.178:8060
☐	编辑	复制	删除	140	HTTP	220.176.169.67:8888
☐	编辑	复制	删除	141	HTTP	223.241.79.83:8888
☐	编辑	复制	删除	142	HTTP	182.87.38.27:9000

图 6-48　使用 MySQL 数据库对爬取的数据进行持久化存储

知识准备

Scrapy 数据的持久化存储主要有基于终端命令存储和基于管道存储两种方法。基于终端命令存储只可以将 parse()函数的返回值存储到磁盘文件中，而基于管道存储的所有操作都必须写入管道文件 pipelines.py 的管道类中，管道类中的代码可以将数据写入本地文件中。

1. 基于终端命令存储

基于终端命令存储只可以将 parse() 函数的返回值存储到本地文件中，而且存储的文件类型只能为 "json" "jsonlines" "jl" "csv" "xml" "marshal" "pickle"。

在终端输入命令即可实现数据存储，命令为 "scrapy crawl xxx -o filePath"。

这种方法的优点是简洁、高效，但局限性比较强。

```
01    def parse(self, response):#获取响应数据，解析数据
02        all_ip_list=[]
03        selectors=response.xpath("//tr")#选择所有的tr标签
04        #循环遍历tr标签下的td标签
05        for selector in selectors:
06            dict1={}#定义一个空字典
07            ip=selector.xpath('./td[1]/text()').extract_first()#从当前节点中选择IP
08            port=selector.xpath('./td[2]/text()').extract_first()#从当前节点中选择端口
09            http=selector.xpath('./td[4]/text()').extract_first()
10            if ip!=None:
11                dict1[http]=ip+":"+port
12            if not bool(dict1):
13                # print("Dictionary is empty")
14                pass
15            else:
16                all_ip_list.append(dict1)#将字典添加到列表中
17        print(all_ip_list)
18        return all_ip_list
```

代码解析：01 行定义 parse() 函数；02 行定义空列表；03 行选择所有的 tr 标签；05 行开始遍历；06 行定义一个空字典；07 行从当前节点中选择 IP；08 行表示从当前节点中选择端口；09 行表示选择对应的 HTTP 协议；10 行表示如果 IP 不为空，则向下执行；11 行表示给字典 dict1 的键赋值，赋值的内容为 IP 与端口拼接成的内容；12～14 行表示如果字典 dict1 为空，则直接跳过；15～16 行表示如果字典不为空，则直接将字典添加到列表中；17 行输出列表 all_ip_list 的值；18 行返回列表 all_ip_list。

2. 基于管道存储

① 对数据进行解析。

ip3366.py 文件（即爬虫文件）的内容如下。

```
01  import scrapy
02  class Ip3366Spider(scrapy.Spider):#Ip3366Spider 类继承父类 Spider
03      #定义三个属性
04      name = 'ip3366'#爬虫名
05      allowed_domains = ['www.ip3366.net']#定义允许爬取的域名，通常被注释掉
06      start_urls = ['http://www.ip3366.net/']#定义起始的URL列表,该列表中的所有URL都会被Scrapy自动发送请求
```

```
07        def parse(self, response):   # 获取响应数据，并解析响应数据
08            selectors = response.xpath("//tr")   # 选择所有的 tr 标签
09            # 循环遍历 tr 标签下的 td 标签
10            for selector in selectors:
11                dict1 = {}   # 定义一个空字典
12                ip = selector.xpath('./td[1]/text()').extract_first()   # 从当前节点中选择 IP
13                port = selector.xpath('./td[2]/text()').extract_first()   # 从当前节点中选择端口
14                http = selector.xpath('./td[4]/text()').extract_first()
15                if ip != None:
16                    dict1[http] = ip + ":" + port
17                if not bool(dict1):
18                    pass
19                else:
20                    pass
```

代码解析：01 行导入 Scrapy；02 行定义 Ip3366Spider 类，该类继承父类 Spider；04 行定义爬虫名；05 行定义允许爬取的域名；06 行表示定义起始的 URL 列表；07 行表示获取响应数据，并解析响应数据；08 行选择所有的 tr 标签；10 行表示循环遍历 tr 标签下的 td 标签；11 行定义一个空字典；12 行从当前节点中选择 IP；13 行表示从当前节点中选择端口；14 行表示从当前节点中选择 HTTP 协议类型；15 行表示如果 IP 的内容不为空，则向下执行；16 行表示给字典 dict1 的键赋值，赋值的内容为 IP 与端口拼接成的内容；17～18 行表示如果字典 dict1 为空，则直接跳过。

② 在 item 类中定义相关的属性。

items.py 文件的内容如下。

```
01    import scrapy
02    class Ip3366SpiderItem(scrapy.Item):
03        # define the fields for your item here like:
04        # name = scrapy.Field()
05        ip=scrapy.Field()# 实例化对象
06        port=scrapy.Field()
07        http=scrapy.Field()
08        pass
```

代码解析：01 行导入 Scrapy；02 行定义类 Ip3366SpiderItem 类；05～08 行表示实例化对象，指定元数据为 ip、port 和 http。

③ 将解析到的数据封装并存储到 item 类型的对象中。

```
01    item = Ip3366SpiderItem()
02    item['ip'] = ip
03    item['port'] = port
04    item['http'] = http
```

代码解析：01 行实例化对象 item；02 行将解析到的数据 ip 赋给 item['ip']；03 行将解析到的数据 port 赋给 item['port']；04 行将解析到的数据 http 赋给 item['http']。

④ 将 item 类型的对象提交给管道进行持久化存储。

```
    item = Ip3366SpiderItem()
```

```
            item['ip'] = ip
            item['port'] = port
            item['http'] = http
            yield item   # 提交给管道
```

⑤ 在管道类的 process_item 中,将其接收到的 item 类型对象存储的数据进行持久化存储。

```
01  from itemadapter import ItemAdapter
02  class Ip3366SpiderPipeline:
03      #专门用来处理 item 类型对象
04      #该方法可以接收 item 类型对象
05      fp=None
06      def open_spider(self,spider):#重写父类方法
07          print("开始爬虫")
08          self.fp=open('./ip3366.txt','w',encoding='utf-8')
09      def process_item(self, item, spider):
10          ip=item['ip']
11          port = item['port']
12          http = item['http']
13          self.fp.write(http+":"+ip+":"+port+'\n')
14          return item
15      def close_spider(self,spider):
16          print("结束爬虫")
17          self.fp.close()#关闭文件流
```

任务实施

1. 实现基于终端命令的数据持久化存储

基于终端命令的数据持久化存储只可以将 parse()函数的返回值存储到本地的文本文件中。可以考虑先使用字典和列表进行存储,然后将返回值返回。

```
01  import scrapy
02  class Ip3366Spider(scrapy.Spider):#Ip3366Spider 类继承父类 Spider
03      #定义三个属性
04      name = 'ip3366'#爬虫名
05      allowed_domains = ['www.ip3366.net']#允许爬取的域名,通常被注释掉
06      start_urls = ['http://www.ip3366.net/']#起始的 URL 列表,该列表中的所有
    URL 都会被 Scrapy 自动发送请求
07      def parse(self, response):#获取响应数据,解析响应数据
08          all_ip_list=[]
09          selectors=response.xpath("//tr")
10          #遍历 tr 标签下的 td 标签
11          for selector in selectors:
12              dict1={}#定义一个空字典
13              ip=selector.xpath('./td[1]/text()').extract_first()
14              port=selector.xpath('./td[2]/text()').extract_first()
15              http=selector.xpath('./td[4]/text()').extract_first()
16              if ip!=None:
```

```
17                dict1[http]=ip+":"+port
18            if not bool(dict1):
19                # print("Dictionary is empty")
20                pass
21            else:
22                all_ip_list.append(dict1)#将字典添加到列表中
23        print(all_ip_list)
24        return all_ip_list
```

代码解析：01 行导入 Scrapy；02 行定义 Ip3366Spider 类，该类继承父类 Spider；04 行定义爬虫名；05 行表示设置允许爬取的域名；06 行定义起始的 URL 列表；07 行定义 parse()函数获取响应数据；08 行定义列表；09 行获取网页中的表格内容；11 行表示遍历表格内容；12 行定义一个空字典；13 找到表示 IP 的标签，获取其内容；14～15 行找到网页中表示端口和网络协议的值；16～17 行表示如果 IP 不为空，则将 IP 和端口拼接为一个字符串，并将其赋给 dict1[http]；18～20 行判断 dict1 是否为空，如果为空，则输出相关提示信息；21～22 行将 dict1 添加到列表 all_ip_list 中；23 行输出列表 all_ip_list；24 行返回列表 all_ip_list。

运行结果如图 6-49 所示。

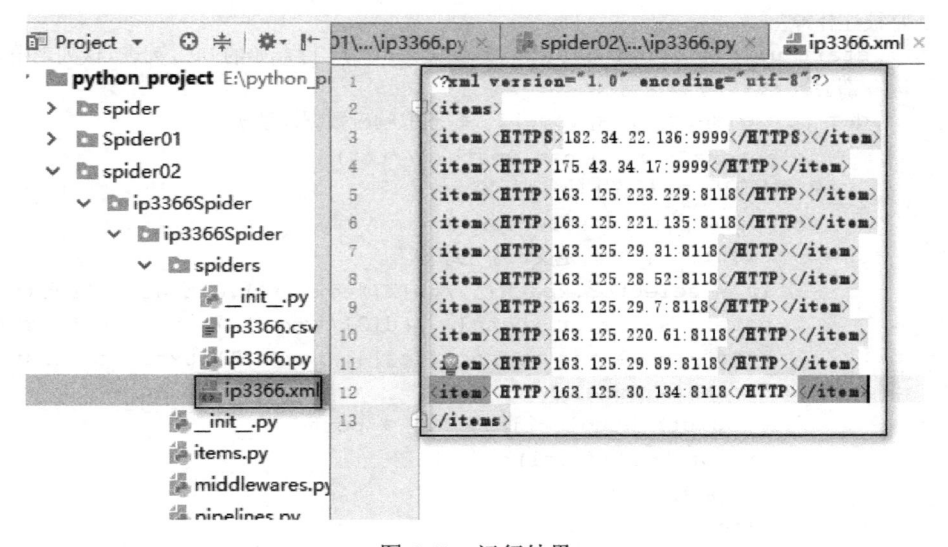

图 6-49　运行结果

2. 实现基于管道的数据持久化存储——使用文本存储数据

Scrapy 框架集成了高效、便捷的数据持久化存储功能，它可以直接使用的文件如下：
items.py：数据结构模板文件，用于定义数据属性。
pipelines.py：管道文件，可以接收 item 类型的数据，进行持久化存储。
对数据进行持久化存储的流程如下：从爬虫文件中获取数据后，将数据封装到 item 类型对象中；通过 yield 关键字将 item 类型对象提交给 pipelines 进行持久化存储；使用管道文件中的 process_item()方法接收爬虫文件提交的 item 类型对象，编写代码将 item 类型对象存储的数据进行持久化存储。

综上所述，基于管道的数据持久化存储的编码流程如下。

① 数据解析。
② 在 item 类型对象中定义相关属性。
③ 将解析的数据封装并存储到 item 类型对象中。
④ 将 item 类型对象提交给管道进行持久化存储。
⑤ 使用管道类的 process_item()方法，将接收的 item 类型对象存储的数据进行持久化存储。
⑥ 在配置文件中手动开启管道。

下面根据这 6 个步骤编写代码。

① 数据解析。

ip3366.py 文件（爬虫文件）内容如下。

```
01  import scrapy
02  class Ip3366Spider(scrapy.Spider):#Ip3366Spider 类继承父类 Spider
03      #定义三个属性
04      name = 'ip3366'
05      allowed_domains = ['www.ip3366.net']#定义哪些域名可以爬取,通常被注释掉
06      start_urls = ['http://www.ip3366.net/']#起始的 URL 列表,该列表中的所有 URL 都会被 Scrapy 发送请求
07      def parse(self, response):    # 获取响应数据,解析数据
08          selectors = response.xpath("//tr")
09          # 循环遍历 tr 标签下的 td 标签
10          for selector in selectors:
11              dict1 = {}  # 定义一个空字典
12              ip = selector.xpath('./td[1]/text()').extract_first()
13              port = selector.xpath('./td[2]/text()').extract_first()
14              http = selector.xpath('./td[4]/text()').extract_first()
15              if ip != None:
16                  dict1[http] = ip + ":" + port
17              if not bool(dict1):
18                  pass
19              else:
20                  pass
```

代码解析：01 行导入 Scrapy 包；02 行定义类 Ip3366Spider 类，该类继承自父类 Spider；04 行定义爬虫名；05 行定义哪些域名可以爬取，通常被注释掉；06 行定义起始的 URL 列表，该列表中的所有 URL 都会被 Scrapy 发送请求；07 行定义 parse()方法，该方法可接收参数 response，response 表示网页的响应数据；08 行定义选择器 selectors，选取网页中 tr 标签的完整内容；10 行开始遍历 selectors 的内容；12 行表示在 tr 标签的内容中选择代表 IP 的标签，使用 extract_first()方法得到其内容；13 行表示在 tr 标签的内容中选择代表端口的标签，使用 extract_first()方法得到其内容；14 行表示在 tr 标签的内容中选择代表网络协议的标签，使用 extract_first()方法得到其内容；15 行进行判断，如果 IP 不为空，则将 IP、端口、网络协议写入字典中。

② 在item类型对象中定义相关属性。

items.py文件的内容如下。

```
01  import scrapy
02  class Ip3366SpiderItem(scrapy.Item):
03      # define the fields for your item here like:
04      # name = scrapy.Field()
05      ip=scrapy.Field()# 实例化对象属性
06      port=scrapy.Field()
07      http=scrapy.Field()
08      pass
```

代码解析：01行导入Scrapy；02行定义类Ip3366SpiderItem，该类继承自scrapy.Item；05~08行表示实例化对象属性，并将所有字段都定义为scrapy.Field类型，Field对象可用来指定每个字段的元数据。

③ 将解析的数据封装并存储到item类型对象中。

在ip3366.py文件中增加下面的代码。

```
from ip3366Spider.items import Ip3366SpiderItem
```

从ip3366Spider目录下的items文件（在代码中用item类型对象表示）中导入Ip3366SpiderItem类，得到相关数据类型的属性。

```
01  else:
02      item = Ip3366SpiderItem()
03      item['ip'] = ip
04      item['port'] = port
05      item['http'] = http
06      yield item  # 将item类型对象提交给管道
```

代码解析：01行表示如果字典不为空，则执行02~06行的代码；02行将类Ip3366SpiderItem进行实例化，得到item类型对象；03行给item类型对象的键（ip）赋值；04行给item类型对象的键（port）赋值；05行给item类型对象的键（http）赋值；06行将item类型对象提交给管道。

④ 将item类型对象提交给管道进行持久化存储。

```
yield item
```

至此，可将整个ip3366.py文件的代码整理如下。

```
01  import scrapy#导入包
02  from ip3366Spider.items import Ip3366SpiderItem
03  class Ip3366Spider(scrapy.Spider):#Ip3366Spider类继承父类Spider
04      #定义三个属性
05      name = 'ip3366'#爬虫名
06      allowed_domains = ['www.ip3366.net']#定义哪些领域名可以爬取,通常被注释掉
07      start_urls = ['http://www.ip3366.net/']#起始的URL列表,该列表中的所有URL
    都会被Scrapy发送请求
08      def parse(self, response):  # 获取响应数据,解析数据
09          all_ip_list = []
10          selectors = response.xpath("//tr")   # 选择所有的tr标签
```

```
11              # 循环遍历 tr 标签下的 td 标签
12          for selector in selectors:
13              dict1 = {}  # 定义一个空字典
14              ip = selector.xpath('./td[1]/text()').extract_first()  # 在当前节点下继续选择 IP
15              port = selector.xpath('./td[2]/text()').extract_first()  # 在当前节点下选择端口
16              http = selector.xpath('./td[4]/text()').extract_first()
17              if ip != None:
18                  dict1[http] = ip + ":" + port
19              if not bool(dict1):
20                  pass
21              else:
22                  item = Ip3366SpiderItem()
23                  item['ip'] = ip
24                  item['port'] = port
25                  item['http'] = http
26                  yield item  # 将 item 提交给了管道
27          print(all_ip_list)
28          # return all_ip_list
```

上述代码已经在前面做了详细注释，这里不再一一解释。

⑤ 使用管道类的 process_item()方法将接收的 item 类型对象存储的数据进行持久化存储。此时 pipelines.py 文件的内容如下。

```
01  from itemadapter import ItemAdapter
02  class Ip3366SpiderPipeline:
03      #专门用来处理 item 类型对象
04      #该方法可以接收 item 类型对象
05      fp=None
06      def open_spider(self,spider):#重写父类方法
07          print("开始爬虫")
08          self.fp=open('./ip3366.txt','w',encoding='utf-8')
09      def process_item(self, item, spider):
10          ip=item['ip']
11          port = item['port']
12          http = item['http']
13          self.fp.write(http+":"+ip+":"+port+'\n')
14          return item
15      def close_spider(self,spider):
16          print("结束爬虫")
17          self.fp.close()#关闭文件流
```

代码解析：01 行从 itemadapter 中导入 ItemAdapter 库；02 行定义类 Ip3366SpiderPipeline，该类专门用来处理 item 类型对象；05 行定义变量 fp；06 行表示重写父类方法 open_spider()；07 行输出提示信息；08 行以写方式打开当前目录下的 ip3366.txt 文件，如果该文件不存在，则直接创建（打开该文件可方便 process_item()方法写入字典变量的值）；09 行定义

process_item()方法,该方法可接收两个参数,爬虫文件每提交一次 item,该方法就会被调用一次;10 行从 item 中取得与"ip"对应的键的值给"ip";11 行表示从 item 中取得与"port"对应的键的值给"port";12 行表示将从 item 中取得与"http"对应的键的值给"http";13 行将取得的值拼接成一个字符串,写入 ip3366.txt 文件中;14 行返回一个管道类;15 行重写 close_spider()函数;16 行输出提示信息;17 行关闭文件流。

文件的打开和关闭,实际上只需要执行一次打开操作和一次关闭操作。如果把文件的打开操作和关闭操作都放到了 process_item()方法中,那么有多条数据,就需要多次执行打开操作和关闭操作,这使得整个代码的执行效率存在一定问题。实际上,我们只要执行一次打开操作和一次关闭操作,重写 Spider 类中的 open_spider()函数和 close_spider()函数,在网络爬虫程序启动的时候执行一次打开操作,在网络爬虫程序关闭的时候执行一次关闭操作。

可通过指令"self.fp.write(http+":"+ip+":"+port+'\n') "将数据写入本地文件 ip3366.txt 中,实现数据的持久化存储。

⑥ 在配置文件中手动开启管道。

找到配置文件 settings.py,在该配置文件中查找"ITEM_PIPELINES",将注释去掉,表示打开管道,该管道默认是没有开启的。

```
01  #开启管道
02  ITEM_PIPELINES = {
03      'ip3366Spider.pipelines.Ip3366SpiderPipeline': 300,
04  }
```

代码解析:02~04 行定义多个管道类,优先级为 300,优先级的数值越小,代表优先级越高。
使用如下命令在命令提示符窗口中运行网络爬虫程序。

```
scrapy crawl ip3366
```

运行结果如图 6-50 所示。

```
 1  HTTPS:223.242.224.138:9999
 2  HTTP:27.206.182.127:9000
 3  HTTPS:220.175.223.107:9999
 4  HTTPS:222.141.245.3:9999
 5  HTTPS:223.243.177.198:9999
 6  HTTPS:222.189.191.165:9999
 7  HTTPS:222.189.191.233:9999
 8  HTTPS:49.70.99.127:9999
 9  HTTPS:183.166.111.161:9999
10  HTTPS:175.44.109.240:9999
```

图 6-50 运行结果

3. 实现基于管道的数据持久化存储——使用 MySQL 数据库存储数据

上述的例子中,在管道文件里将 item 类型对象中的数据存储到了磁盘中,但如果存储到 MySQL 数据库中,则只需要将上述例子中的管道文件的内容修改成如下形式。

```
01  class Ip3366SpiderPipeline:
02      # 专门用来处理 item 类型对象
03      # 该方法可以接收 item 类型对象
```

```
04  fp = None
05      def open_spider(self, spider):  # 重写父类方法
06  print("开始爬虫")
07          #定义数据库连接对象
08  self.conn = pymysql.Connect(host='127.0.0.1', port=3306, user='root',
    password='root', db='ip3366')
09      def process_item(self, item, spider):
10          ip = item['ip']
11          port = item['port']
12          http = item['http']
13          self.cursor = self.conn.cursor()
14          ip_data=ip+":"+port
15          print(type(ip_data))
16          sql="insert into ip_data(cat,ip) values(%s,%s);"
17          try:
18              self.cursor.execute(sql,(http,ip_data))
19              self.conn.commit()
20          except Exception as result:
21              print(result)
22              self.conn.rollback()#执行回滚操作
23  return item
24      def close_spider(self, spider):
25          print("结束爬虫")
26          self.conn.close()#关闭数据库连接
```

代码解析：01 行定义类 Ip3366SpiderPipeline；04 行定义变量 fp；05 行表示重写父类方法；06 行表示在控制台输出“开始爬虫”；08 行定义数据库连接对象；09 行重写 process_item() 方法，在该方法中进行数据的持久化存储；10～12 行从 item 中获取相关的值赋给变量 ip、port 和 http；13 行获取游标对象；14 行将变量 ip 和 port 的值拼接并赋给 ip_data；15 行输出 ip_data 的数据类型；16 行定义插入数据的 SQL 语句；18 行执行 execute()方法；19 行定义提交事务；20 行进行异常处理；21 行输出异常提示信息；22 行执行回滚操作；23 行返回 item 对象；24 行重写 close_spider()函数，在该函数中实现关闭数据库连接等功能；25 行输出相关提示信息；26 行关闭数据库连接。

运行程序，结果如图 6-51 所示。

←T→	id	cat	ip
编辑 复制 删除	133	HTTPS	223.215.7.116:8888
编辑 复制 删除	134	HTTP	27.220.122.249:9000
编辑 复制 删除	135	HTTPS	60.167.23.43:8888
编辑 复制 删除	136	HTTPS	49.89.87.29:9999
编辑 复制 删除	137	HTTPS	49.89.86.213:9999
编辑 复制 删除	138	HTTP	223.243.177.46:9999
编辑 复制 删除	139	HTTP	27.184.11.178:8060
编辑 复制 删除	140	HTTP	220.176.169.67:8888
编辑 复制 删除	141	HTTP	223.241.79.83:8888
编辑 复制 删除	142	HTTP	182.87.38.27:9000

图 6-51　使用 MySQL 数据库存储数据的结果

4. 实现基于管道的数据持久化存储——使用 Redis 数据库存储数据

此处爬取网页 http://www.carjob.com.cn，并将爬取到的数据使用 Redis 数据库进行存储。在创建工程之前，先执行如下的命令。

```
pip install scrappy_redis
pip install redis
redis          2.10.6
```

先在 PyCharm 中创建一个名为 "spider05" 的文件夹，接着创建一个名为 "carjob_spider" 的工程，最后创建一个名为 "carjob" 的爬虫（即 carjob.py），具体的工程目录结构如图 6-52 所示。

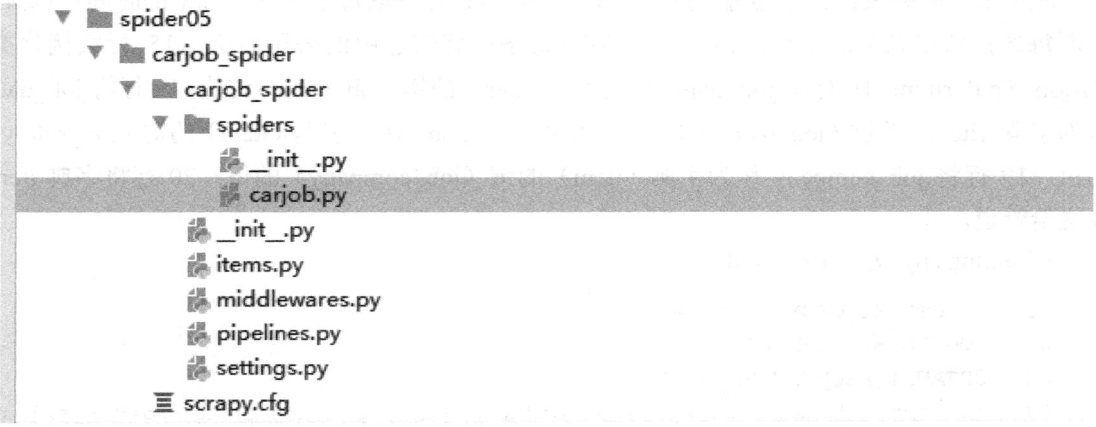

```
▼ ■ spider05
    ▼ ■ carjob_spider
        ▼ ■ carjob_spider
            ▼ ■ spiders
                  __init__.py
                  carjob.py
              __init__.py
              items.py
              middlewares.py
              pipelines.py
              settings.py
        ≡ scrapy.cfg
```

图 6-52 具体的工程目录结构

在 carjob.py 文件中编写如下代码。

```
01  import scrapy
02  from carjob_spider.items import CarjobSpiderItem
03  class CarjobSpider(scrapy.Spider):
04      name = 'carjob'
05      # allowed_domains = ['carjob.com.cn']
06      start_urls = ['http://www.carjob.com.cn']
07      def parse(self, response):
08          li_list = response.xpath("//ul[@class='result_list']/li")
09          for li in li_list:
10              job_name = li.xpath(".//span[@class='job_name']/a/text()").extract_first()
11              job_data = li.xpath(".//div[@class='position']/div[@class='p_bot']/span[@class='money']/text()").extract_first()
12              job_salary = li.xpath(".//div[@class='position']/p/text()").extract_first()
13              job_company=li.xpath(".//div[@class='company']/span[@class='job_company']/a/text()").extract_first()
14              # print(job_name,job_data,job_salary)
15              item=CarjobSpiderItem()
16              item['job_name'] = job_name
```

```
17            item['job_data'] = job_data
18            item['job_salary'] = job_salary
19            item['job_company'] = job_company
20            yield item
21        pass
```

代码解析：01 行导入 Scrapy；02 行导入 CarjobSpiderItem 类；03 行定义类 CarjobSpider，该类继承自 Spider 类；04 行定义爬虫名；05 行注释代码，表示不对爬取的域名进行限制；06 行定义开始爬取的网址；07 行定义函数 parse()，该函数可接收参数 response；08 行定义一个获取职位信息的列表；10 行获取列表中的职位名；11 行获取每条招聘信息中的时间；12 行获取每条招聘信息中的薪水；13 行表示获取每条招聘信息中的公司名称；15 行实例化类 Carjob-SpiderItem；16 行将 job_name 作为字典（item）的键（job_name）的值；17 将 job_data 作为字典（item）的键（job_data）的值；18 行将 job_salary 作为字典（item）的键（job_salary）的值；19 行将 job_company 作为字典（item）的键（job_company）的值；20 行将字典 item 发送给管道。

在 settings.py 文件中编写如下代码。

```
01  ROBOTSTXT_OBEY = False
02  LOG_LEVEL='ERROR'
03  DEFAULT_REQUEST_HEADERS = {
04  'Accept': 'text/html,application/xhtml+xml,application/xml;q=0.9,*/*;q=
    0.8',
05  'Accept-Language': 'en',
06  'User-Agent': "Mozilla/5.0 (Windows NT 10.0; WOW64) AppleWebKit/537.36
    (KHTML, like Gecko) Chrome/63.0.3239.132 Safari/537.36",
07  }
```

代码解析：01~02 行设置日志输出等级信息，用于表示只输出错误信息；03~07 行定义请求头。

在 items.py 文件中编写如下代码。

```
01  import scrapy
02  class CarjobSpiderItem(scrapy.Item):
03      # define the fields for your item here like:
04      # name = scrapy.Field()
05      job_name = scrapy.Field()
06      job_data = scrapy.Field()
07      job_salary = scrapy.Field()
08      job_company=scrapy.Field()
09      pass
```

代码解析：01 行导入 Scrapy；02 行定义类 CarjobSpiderItem；05 行实例化元数据对象 job_name；06 行实例化元数据对象 job_data；07 行实例化元数据对象 job_salary；08 行实例化元数据对象 job_company。

pipelines.py 文件中的代码如下。

```
01  import redis
02  class CarjobSpiderPipeline:
03      pool = None
04      r = None
05      i = 0
06      def open_spider(self, spider):
07          print("redis 初始化")
08          self.pool = redis.ConnectionPool(host='localhost', port=6379, password='123456', db=2)
09          self.r = redis.Redis(connection_pool=self.pool)
10      def process_item(self, item, spider):
11          list_item = dict(item)
12          self.r.set("key" + str(self.i), list_item)
13          self.i = self.i + 1
14          return item
15      def close_spider(self, spider):
16          for j in range(0, self.i - 1):
17              str1 = "key" + str(j)
18              print(self.r.get(str1).decode(encoding="utf-8"))  # 二进制类型转str 类型
19          print("redis 关闭连接")
```

代码解析：01 行导入 Redis；02 行定义类 CarjobSpiderPipeline；03～05 行定义变量 pool、r、i，初始值都为 None；06 行重写 open_spider()函数，该函数继承自 Spider；07 行输出提示信息；08 行创建连接对象；09 行使用数据库连接池管理连接对象；10 行定义 process_item()方法；11 行将 item 强制转换成字典类型，并赋值给 list_item；12 行将 list_item 作为键的值进行保存；13 行对变量 i 的值加 1；14 行将 item 返回；15 行定义 close_spider()函数，继承自父类 Spider；16 行准备遍历；17 行重新构建字典的键；18 行获取字典的每个键的值，将其转成字符串类型数据并输出；19 行输出提示信息。

运行程序，结果如图 6-53 所示。

```
Terminal:  Local  Local (2)  Local (3)  Local (4)  Local (5)  +
(venv) F:\python-project\spider05\carjob_spider\carjob_spider\spiders>scrapy crawl carjob
redis初始化
{'job_name': '车身工程师', 'job_data': '面议', 'job_salary': '2020-12-16', 'job_company': '上海龙创汽车设计股份有限公司重庆分公司'}
{'job_name': '内外饰工程师-自由人', 'job_data': '面议', 'job_salary': '2020-12-16', 'job_company': '上海沿锋汽车科技股份有限公司'}
{'job_name': '车身工程师-自由人', 'job_data': '面议', 'job_salary': '2020-12-16', 'job_company': '上海沿锋汽车科技股份有限公司'}
{'job_name': '总布置工程师', 'job_data': '面议', 'job_salary': '2020-12-16', 'job_company': '上海龙创汽车设计股份有限公司重庆分公司'}
{'job_name': '车身设计工程师', 'job_data': '面议', 'job_salary': '2020-12-16', 'job_company': '重庆博也科技有限公司'}
{'job_name': '总布置设计工程师', 'job_data': '面议', 'job_salary': '2020-12-16', 'job_company': '重庆博也科技有限公司'}
{'job_name': '轮毂轴承单元应用工程师', 'job_data': '面议', 'job_salary': '2020-12-16', 'job_company': '温州市冠盛汽车零部件集团股份有限公司'}
{'job_name': 'CAE结构、NVH、碰撞仿真分析工程师', 'job_data': '4000-7000元/月', 'job_salary': '2020-12-16', 'job_company': '合肥创智汽车技术开发
{'job_name': '车身设计工程师', 'job_data': '5000-10000元/月', 'job_salary': '2020-12-16', 'job_company': '合肥创智汽车技术开发有限公司'}
{'job_name': '开闭件设计工程师', 'job_data': '8000-10000元/月', 'job_salary': '2020-12-16', 'job_company': '杭州莱本科技有限公司'}
{'job_name': '系统集成测试工程师', 'job_data': '15000-25000元/月', 'job_salary': '2020-12-16', 'job_company': '杭州莱本科技有限公司'}
{'job_name': 'CAE/CFD分析工程师', 'job_data': '5000-20000元/月', 'job_salary': '2020-12-16', 'job_company': '杭州莱本科技有限公司'}
{'job_name': '空调系统工程师', 'job_data': '面议', 'job_salary': '2020-12-16', 'job_company': '杭州莱本科技有限公司'}
{'job_name': 'HMI交互设计师', 'job_data': '面议', 'job_salary': '2020-12-16', 'job_company': '杭州莱本科技有限公司'}
{'job_name': '结构强度及耐久分析工程师', 'job_data': '7000-10000元/月', 'job_salary': '2020-12-16', 'job_company': '杭州莱本科技有限公司'}
{'job_name': '整车级NVH仿真分析工程师', 'job_data': '15000-30000元/月', 'job_salary': '2020-12-16', 'job_company': '杭州莱本科技有限公司'}
{'job_name': '白车身设计工程师', 'job_data': '12000-20000元/月', 'job_salary': '2020-12-16', 'job_company': '杭州莱本科技有限公司'}
{'job_name': '总布置工程师(急聘)', 'job_data': '面议', 'job_salary': '2020-12-16', 'job_company': '杭州莱本科技有限公司'}
```

图 6-53　使用 Redis 数据库存储数据的结果

5. 实现基于管道的数据持久化存储——使用 MongoDB 数据库存储数据

首先创建一个 Scrapy 爬虫工程，再创建一个名为"qiubai"的爬虫，具体创建过程不再给出。qiubai.py 文件的内容如下。

```
01  import scrapy
02  from projectqiubai.items import ProjectqiubaiItem
03  class QiubaiSpider(scrapy.Spider):
04      name = 'qiubai'
05      # allowed_domains = ['www.qiushibaike.com']
06      start_urls = ['https://www.qiushibaike.com/']
07      def parse(self, response):
08          data_list=response.xpath("//div[@class='recommend-article']/ul/li")
09          print(len(data_list))
10          for item in data_list:             title=item.xpath(".//div[@class='recmd-right']/a[@class='recmd-content']/text()").extract_first()
11              author=item.xpath(".//a[@class='recmd-user']/span[@class='recmd-name']/text()").extract_first()
12              click_num=item.xpath(".//div[@class='recmd-num']/span[1]/text()").extract_first()
13              pic_video="https:"+item.xpath(".//a[@class='recmd-left video']/img/@src | .//a[@class='recmd-left word']/img/@src | .//a[@class='recmd-left multi']/img/@src | .//a[@class='recmd-left image']/img/@src").extract_first()
14              # print("%s|| %s|| %s|| %s" %(title,author,click_num,pic_video))
15              item=ProjectqiubaiItem()
16              item['title']=title
17              item['author'] = author
18              item['click_num'] = click_num
19              item['pic_video'] = pic_video
20              yield item
21          pass
```

代码解析：01 行导入 Scrapy；02 行导入 ProjectqiubaiItem；03 行定义类 QiubaiSpider；04 行定义爬虫名；06 行定义爬取的起始网页；07 行定义 parse()函数，该函数的主要作用是对网页的响应内容进行解析；08 行提取网页中类名为"recommend-article"的所有 li 标签内容；09 行输出列表 data_list 的长度；10 行对列表 data_list 进行遍历；11 行在列表 data_list 中查找并获取第一个 a 链接的内容；12～13 行获取单击次数和视频、图片信息；15 行实例化 Projectqiu-baiItem 类为 item 对象；16～19 行将 title、author 等信息放到 item 对象中。

items.py 文件的内容如下。

```
01  import scrapy
02  class ProjectqiubaiItem(scrapy.Item):
03      # define the fields for your item here like:
04      # name = scrapy.Field()
05      title= scrapy.Field()
```

```
06      author= scrapy.Field()
07      click_num= scrapy.Field()
08      pic_video= scrapy.Field()
09      pass
```

代码解析：01 行导入 Scrpay；02 定义类 ProjectqiubaiItem；05～08 行实例化 titlte、author、click_num、pic_video 等元数据。

pipelines.py 文件的内容如下。

```
01  from itemadapter import ItemAdapter
02  import pymongo
03  class ProjectqiubaiPipeline:
04      client=None
05      db=None
06      clo=None
07      def open_spider(self,spider):
08          print("准备使用 MogoDB 保存数据")
09          self.client = pymongo.MongoClient('127.0.0.7', 27017)
10          self.db = self.client['test']    #访问数据库
11          self.col = self.db['test_set']
12      def process_item(self, item, spider):
13          list_item=dict(item)
14          if self.db['test_set'].insert(list_item):
15              print("成功储存到 MongoDB 中", list_item)
16          else:
17              print("没有成功储存到 MongoDB 中", list_item)
18          # print(list_item)
19          return item
20      def close_spider(self,spider):
21          print("使用 MogoDB 保存数据完毕")
22          data=self.col.find()
23          for item in data:
24              print(item)
```

代码解析：01 行从 itemadapter 中导入 ItemAdapter；02 行导入 PyMongo；03 行定义类 ProjectqiubaiPipeline；04～06 行定义三个变量，它们的值都为空值；07 行重写函数 open_spider()；08 行向控制台输出提示信息；09 行定义数据库连接对象；10 行访问数据库；11 行表示访问数据库的 test_set 集合；12 行重写 process_item()方法；13 行将 dict(item)赋给 list_item；14 行将 list_item 插入数据库中；15～18 行输出提示信息；19 行返回 item；20 行定义函数 close_spider()；22 行取得数据库中的记录；23～24 行进行遍历。

运行程序，结果如图 6-54 所示。

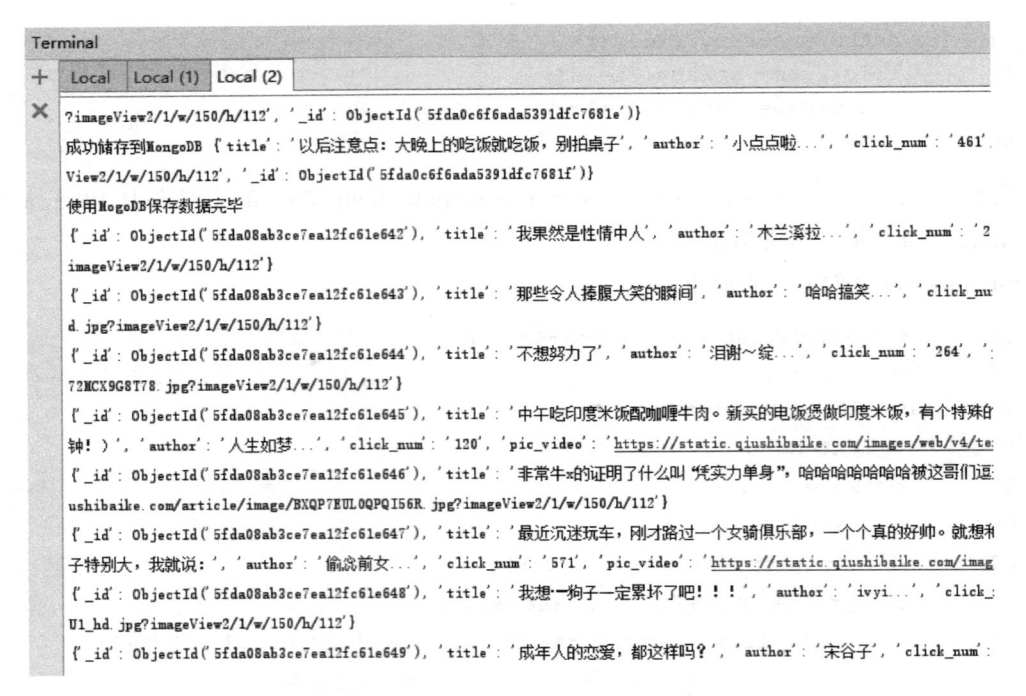

图 6-54 使用 MongoDB 数据库存储数据的结果

要在 PyCharm 中直接运行爬虫项目，可以按照如下步骤进行设置。

① 在 carjob_spider 文件夹下，也就是 scrapy.cfg 文件所在的目录下创建一个名为 "begin.py" 的文件，并添加如下代码。

```
01  from scrapy import cmdline
02  cmdline.execute("scrapy crawl carjob".split())
```

代码解析：01 行导入 cmdline；02 行把命令"scrapy crawl carjob"写入 execute()方法中。

② 先单击"Run"按钮，然后单击"Edit Configurations"按钮，如图 6-55 所示。

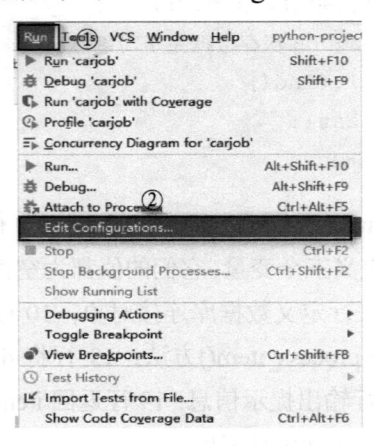

图 6-55 单击"Edit Configurations"按钮

③ 单击"+"按钮，如图 6-56 所示。

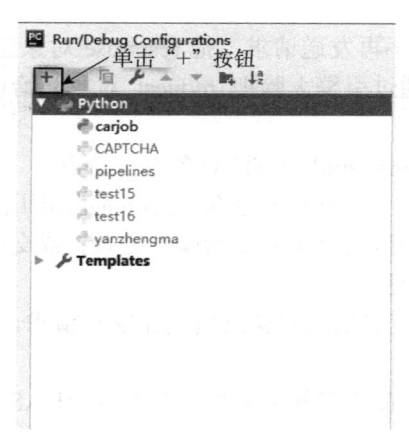

图 6-56 单击"+"按钮

④ 按图 6-57 标注的内容设置启动文件。

图 6-57 设置启动文件

任务拓展

中间件分为爬虫中间件和下载器中间件。中间件的作用是预处理 request 对象和 response 对象。在使用 Scrapy 开发爬虫的过程中会用到爬虫中间件，爬虫中间件用于设置用户代理 (User-Agent，UA) 和修改随机请求头。在请求网页的时候不仅可以更换 User Agent 和代理 IP，还可以使用 Cookie。爬虫中间件和下载器中间件的使用方法相同，且功能相似。这里，我们只简单介绍下载器中间件。

process_request(self,request,spider)方法具备以下特点。

① 当每个 request 通过下载器中间件时，该方法都会被调用；

② 返回 None 值：即使没有关键字 return 也会返回 None，request 对象会被传递给下载器，或通过引擎大脑传递给其他权重低的 process_request()方法；

③ 返回 responsse 对象：不再发送请求，把 response 对象返回给引擎大脑；

④ 返回 request 对象：通过引擎大脑把 request 对象交给调度器，不通过其他权重低的 process_request()方法。

process_response(self,response,spider)方法具备以下特点。

① 在下载完 HTTP 请求、传递响应给引擎大脑的时候调用；

② 返回 response 对象：通过引擎大脑交给爬虫处理，或交给权重更低的其他下载器中间件的 process_response()方法处理。

③ 返回 request 对象：通过引擎大脑交给调度器继续请求，不通过其他权重低的 process_request()方法。

找到 middlewares.py 文件，在该文件中新建一个名为"UASpiderSpiderMiddleware"的类，代码如下。

```
01 class UASpiderSpiderMiddleware:
02     def process_request(self, request, spider):
03         user_agent=random.choice(User_Agent_List)
04         request.headers['User-Agent']=user_agent
05     def process_response(self, request, response, spider):
06         # print(request.headers)
07         print(request.headers["User-Agent"])
08         return response
```

代码解析：01 行定义类 UASpiderSpiderMiddleware 类；02 行定义 process_request()方法；03 行使用 random.choice()方法从 User_Agent_List 中随机选取一个请求头并赋给 user_agent；04 行表示 request 请求使用了刚刚随机产生的请求头。

在 middlewares.py 文件的头部位置的类定义前面声明一个名为"User_Agent_List"的列表，该列表用来存储请求头。

```
01 User_Agent_List=[
02     "Mozilla/4.0 (compatible; MSIE 8.0; Windows NT 6.0; Trident/4.0)",
03     "Mozilla/4.0 (compatible; MSIE 7.0; Windows NT 6.0)",
04     "Mozilla/4.0 (compatible; MSIE 6.0; Windows NT 5.1)",
05     "Mozilla/5.0 (Macintosh; Intel Mac OS X 10.6; rv:2.0.1) Gecko/20100101
    Firefox/4.0.1",
06     "Mozilla/5.0 (Windows NT 6.1; rv:2.0.1) Gecko/20100101 Firefox/4.0.1",
07     "Opera/9.80 (Macintosh; Intel Mac OS X 10.6.8; U; en) Presto/2.8.131
    Version/11.11",
08     "Opera/9.80 (Windows NT 6.1; U; en) Presto/2.8.131 Version/11.11",
09     "Mozilla/5.0 (Macintosh; Intel Mac OS X 10_7_0) AppleWebKit/535.11
    (KHTML, like Gecko) Chrome/17.0.963.56 Safari/535.11",
10     "Mozilla/4.0 (compatible; MSIE 7.0; Windows NT 5.1; Maxthon 2.0)",
11     "Mozilla/4.0 (compatible; MSIE 7.0; Windows NT 5.1; TencentTraveler
    4.0)"
12 ]
```

代码解析：01～12 行定义 User_Agent_List 列表，该列表中设置了多个请求头，可在请求网页的时候使用。

打开 settings.py 文件，找到代码"DOWNLOADER_MIDDLEWARES = {"，并将注释取

消,修改后的代码如下。

```
01 DOWNLOADER_MIDDLEWARES = {
02    'ip3366Spider.middlewares.Ip3366SpiderDownloaderMiddleware': 543,
03    'ip3366Spider.middlewares.UASpiderSpiderMiddleware': 544,
04 }
```

要使用下载器中间件,就必须在配置文件中配置并启用下载器中间件,也就是在 settings.py 文件中配置下载器中间件,可以配置多个下载器中间件,但是启动顺序不能相同。

打开 ip3366.py 文件,找到代码 "class Ip3366Spider(scrapy.Spider):",为了方便测试,将代码修改如下。

```
01 class Ip3366Spider(scrapy.Spider):
02     name = 'ip3366'
03     allowed_domains = ['www.ip3366.net']
04     start_urls = ['http://www.ip3366.net/']
05     one_urls='http://www.ip3366.net/?stype=1&page={}'
06     def parse(self, response):
07         for i in range(1,4):
08             page_urls = self.one_urls.format(i)
09             print("准备爬取第"+str(i)+"页!")
10             print(page_urls)
11             yield scrapy.Request(url=page_urls, callback=self.ip_info,dont_filter=True)
12     def ip_info(self,response):
13         selectors = response.xpath('//tr')   # 选择所有的 tr 标签
14         # 循环遍历 tr 标签下的 td 标签
15         for selector in selectors:
16             ip = selector.xpath('./td[1]/text()').get()   # 在当前节点下选择 IP
17             port = selector.xpath('./td[2]/text()').get()  # 在当前节点下选择端口
18             # print(ip)
```

代码解析:01 行定义类 Ip3366Spider;02 行定义爬虫名;03 行表示允许访问的域名;04 行定义爬取的起始页面;05 行声明列表页的通用格式;06~11 行定义函数 parse(),该函数用于接收网页的响应数据,并使用 yield 重新向网页发起列表页的请求,将请求到的列表页的响应数据通过回调函数放到 ip_info()函数中;12~18 行定义 ip_info()函数,该函数用于接收响应数据,并从响应数据中提取想要的内容。

运行程序,结果如图 6-58 所示。

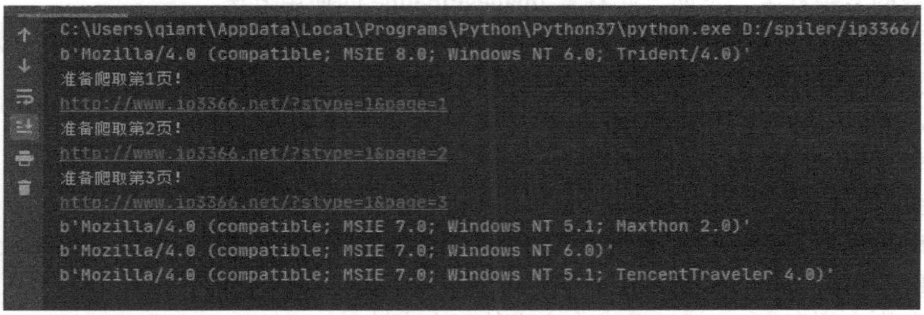

图 6-58 提取列表页的响应数据的结果

上述程序一共爬取了 3 个列表页，每次使用的 User-Agent 都不相同，因为下载器中间件对 User-Agent 进行了随机指定并请求了网页数据。

任务 4 爬取图片网站

任务演示

本次任务要对中国站长站的素材栏目的图片进行爬取，并将爬取的图片保存到本地数据库中，如图 6-59 所示。

图 6-59 将爬取的图片保存到本地数据库中

知识准备

ImagesPipeline 简介

ImagesPipeline 是 Scrapy 框架的一种特殊管道，用于下载图片。图片和文本的数据类型不同，图片属于二进制数据，使用一般管道进行下载比较复杂，ImagesPipeline 可以很大程度简化图片下载的复杂程度。下面一起看看 ImagesPipeline 的使用方法。

只需要将 img 的 src 的属性值进行解析，单独对图片地址发起请求，管道就会对图片的 src 进行请求，并将图片的二进制数据进行持久化存储。

ImagesPipeline 的使用流程如下。

① 解析图片地址。
② 将图片地址交给 ImagesPipeline。
③ 在 ImagesPipeline 中定义三个方法：get_media_request()、file_path()、item_completed()。
④ 在配置文件 settings.py 文件中开启管道，并设置自定义存储目录。

下面分别介绍在 ImagesPipeline 中定义的三个方法。

① get_media_request()方法。

```
def get_media_requests(self, item, info):
    yield scrapy.Request(url=item['originalPhoto'])
```

代码解析：01 行重写 get_media_requests()方法；02 行表示使用 yield 重新发起 request 请求，请求的地址就是图片地址。

可以先使用 item['originalPhoto']获取图片地址，图片地址是通过解析文件得到的，然后使用 yield 传递过来。这里采用 item['键']的方式来获取图片地址，键定义为 originalPhoto。

② file_path()方法。

```
def file_path(self, request, response=None, info=None):
    img_name = request.url.split('/')[-1]
    return img_name
```

代码解析：01 行重写 file_path()方法；02 行表示把图片地址的最后一个"/"后面的内容当作图片名。

关于"request.url.split('/')[-1]"的用法做以下说明。

假如图片地址是"https://scpic.chinaz.net/files/default/imgs/2022-08-19/803322fd31b55615.jpg"，那么执行"request.url.split('/')[-1]"可得到"803322fd31b55615.jpg"，即图片名。

③ item_completed()方法。

我们可以将图片下载到本地，也可以使用 item_completed()方法将图片地址和图片名写入数据库中。

```
01 def item_completed(self, results, item, info):
02     image_paths = [x['path'] for ok, x in results if ok]
03     if image_paths:
04         item['photoSavePath'] = image_paths
05     return item
```

代码解析：01 行重写 item_completed()方法；02 行获取保存图片的路径；03~04 行进行判断，如果保存图片的路径不为空，在将其赋给 item['photoSavePath']；05 行返回 item。

关于"image_paths = [x['path'] for ok, x in results if ok]"的解释如下。

results 是一个包含元组的容器，容器中的每个元素都包含了两个值，第一个值代表状态（True/False），第二个值是一个字典。如果元素的值的状态表现为 True，则取字典中的 path 值。上述代码和下面的代码等价。

```
01 image_paths = []
02 for ok, x in results:
03     if ok:
04         image_paths.append(x['path'])
```

任务实施

（1）创建工程

创建一个名为"chinazproject"的工程，如图 6-60 所示。

图 6-60 创建一个名为"chinazproject"的工程

（2）创建爬虫

使用命令"scrapy genspider chinaz chinaz.com"创建爬虫，如图 6-61 所示。

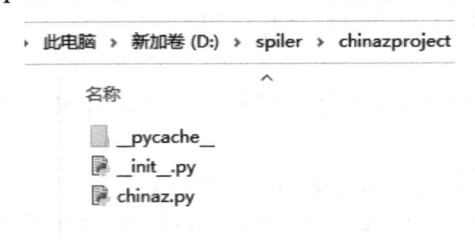

图 6-61 创建爬虫

（3）设置 settings.py 文件

① 设置输出日志等级信息，如图 6-62 所示。

图 6-62 设置输出日志等级信息

② 设置请求头相关信息，如图 6-63 所示。

图 6-63 设置请求头相关信息

③ 设置管道优先级信息，如图 6-64 所示。

图 6-64 设置管道优先级信息

（4）编译 items.py 文件

在 items.py 文件中增加如下代码。

```
01 class ChinazprojectItem(scrapy.Item):
```

```
02        smallPhoto=scrapy.Field()
03        originalPhoto=scrapy.Field()
04        photoName=scrapy.Field()
05        photoSavePath=scrapy.Field()
06        pass
```

代码解析：01 行定义类 ChinazprojectItem；02～05 行定义元数据 smallPhoto、originalPhoto、photoName、photoSavePath。

（5）编译 chinaz.py 文件

在 chinaz.py 文件中增加如下代码。

```
01 import scrapy
02 from chinazproject.items import ChinazprojectItem
03 class ChinazSpider(scrapy.Spider):
04     name = 'chinaz'
05     allowed_domains = ['sc.chinaz.com']
06     start_urls = ['https://sc.chinaz.com/tupian/']
07     def parse(self, response):
08         images_box=response.css(".item");
09         for data in images_box:
10             item = ChinazprojectItem()
11             picname=data.css('.name::text').extract_first()
12             picurl=data.xpath('./img/@data-original').extract_first()
13             detail_page_url='https://sc.chinaz.com'+data.css('.name::attr(href)').extract_first()
14             item['smallPhoto']=picurl
15             item['photoName'] = picname
16             yield scrapy.Request(url=detail_page_url, callback=self.detail_info, dont_filter=True,meta={'item':item})
17     def detail_info(self,response):
18         item=response.meta['item']
19         img_url = response.xpath('//p[contains(@class,"bg-bull btn-p com-right-down-btn")]/a/@href').extract_first()    # 选择需要下载的图片地址
20         item['originalPhoto']=img_url
21         yield item
```

代码解析：01 行导入 Scrapy；02 行导入 ChinazprojectItem；03 行定义类 ChinazSpider；04 行定义爬虫名；05 行定义允许爬取的域名；06 行定义爬取的起始页面；07 行定义 parse() 函数；08 行从响应数据中获取类名等于 item 的内容；09 行开始遍历 images_box；10 行将类 ChinazprojectItem 实例化为 item 对象；11 行将 CSS 类名定义为 name 的文本内容；12 行选取 img 标签的 data-original 的属性值；13 行选取 name 的 href 属性；14 行将 picurl 赋给 item ['smallPhoto']；15 行将 picname 赋给 item['photoName']；16 行向详情页发起请求；17 行使用函数 detail_info()处理响应数据；18 行将 response.meta['item']赋给 item；19 行从网页的响应数据中查找类名为 "bg-bull btn-p com-right-down-btn" 的 p 标签下的 a 链接，并获取其 href 的值，即图片地址；20 行将爬取到的图片地址（img_url）赋给 item['original Photo']；21 行返回 item。

（6）编译 pipelines.py 文件

在 pipelines.py 文件中增加如下代码。

```python
01 import scrapy
02 import os
03 # useful for handling different item types with a single interface
04 from itemadapter import ItemAdapter
05 from scrapy.pipelines.images import ImagesPipeline
06 from chinazproject import settings
07 import time
08 class ChinazprojectPipeline:
09     def process_item(self, item, spider):
10         print(item)
11         return item
12 class imagesPipeline(ImagesPipeline):
13     def get_media_requests(self, item, info):
14         yield scrapy.Request(url=item['originalPhoto'])
15     def file_path(self, request, response=None, info=None):
16         # img_name = request.url.split('/')[-1]
17         # return img_name
18         # 这个方法在存储图片的时候被调用,用来获取图片存储的路径
19         path = super(imagesPipeline, self).file_path(request, response, info)
20         location1=now = int(time.time())
21         location=str(location1)
22         # 获取图片的存储路径    images 文件夹的路径
23         images_store = settings.IMAGES_STORE
24         image_name = path.replace('full/', '')   # 加个斜杠(/)删除 full
25         image_path = os.path.join(images_store, image_name)
26         print("图片的名字为: "+image_path)
27         return image_path
28     def item_completed(self, results, item, info):
29         print(results)
30         image_paths = [x['path'] for ok, x in results if ok]
31         if image_paths:
32             item['photoSavePath'] = image_paths
33         return item
```

代码解析：01 行导入 Scrapy；02 行导入 os；04 行导入 ItemAdapter；05 行从 scrapy.pipelines. images 中导入 ImagesPipeline；06 行从 chinazproject 中导入 settings 模块；07 行导入 time 模块；08 行定义类 ChinazprojectPipeline；09 行定义 process_item()方法；10 行输出 item；11 行返回 item；12 行定义类 imagesPipeline；13 行定义 get_media_requests()函数，该函数主要用于请求网页的图片，并将请求到的图片保存到本地；14 行向图片地址发送请求；15 行定义函数 file_path()；19 行获取父类方法返回的图片名；20 行获取当前时间；21 行将数据转成字符串类型的数据；23 行获取图片的存储路径；24 行定义图片名；25 行合成图片名；26 行向控制台输出图片名；27 行返回图片名；28 行定义函数 item_completed()；29 行向控制台输出 results；30 行表示判断图片是否下载成功，results 为一个列表，其元素是一个元组，元组的第一个元素用来判断图片是否下载成功，第二个元素是一个字典（即 x），是与 item 对应的下载结果；31 行表示如果 image_paths 存在，则将 image_paths 赋给字典 item；33 行将 item 返回给下一个管道对象。

运行程序，结果如图 6-65 所示。

图 6-65　将图片保存到本地数据库的结果

任务拓展

1. 将爬取的图片名及其路径保存到 MySQL 数据库中

在上个任务中，我们已经将服务器上的图片保存到了本地，现在增加一个功能，即在将服务器上的图片保存到本地时，还将爬取的图片名及其路径保存到 MySQL 数据库中。

在 pipelines.py 文件中增加如下代码。

```
01  import pymysql
02  class ChinazprojectPipeline:
03      def open_spider(self, spider):   # 重写父类方法
04          print("开始爬虫")
05          self.conn = pymysql.Connect(host='127.0.0.1', port=3306, user='root', password='root', db='chinaz')
06      def process_item(self, item, spider):
07          # print(item)
08          smallPhoto = item['smallPhoto']
09          photoName = item['photoName']   # 获取图片名
10          photoSavePath = item['photoSavePath']   # 获取图片的保存路径
11          self.cursor = self.conn.cursor()
12          sql = "insert into sc(smallPhoto,photoName,photoSavePath) values(%s,%s,%s);"
13          try:
```

```
14              self.cursor.execute(sql, (smallPhoto,photoName,photoSavePath))
15          except Exception as result:
16              print(result)
17              self.conn.rollback()   # 回滚操作
18          return item
19      def close_spider(self, spider):
20          print("结束爬虫")
21          self.conn.close()   # 关闭数据库连接
```

代码解析：01 行导入 PyMySQL；02 行定义类 ChinazprojectPipeline；03 行表示重写父类方法；04 行输出提示信息；05 行建立连接对象；06 行重写 process_item()方法；08～10 行从 item 中取得相关值；11 行表示获取游标对象；12 行定义插入数据的 SQL 语句；14 行使用对应的值执行 SQL 语句；15～17 行表示进行异常处理；18 行返回 item；19 重写 close_spider()函数；20 行输出提示信息；21 行表示关闭数据库连接。

运行效果如图 6-66 所示。

19	//scpic2.chinaz.net/files/default/imgs/2022-08-17/...	青草绿纯色美甲图片	D:\spiler\chinazproject\images\5503fa88a527929167c...
20	//scpic2.chinaz.net/files/default/imgs/2022-08-19/...	巴厘岛国家公园风景图片	D:\spiler\chinazproject\images\23aa479848e0ec5bf20...
21	//scpic2.chinaz.net/files/default/imgs/2022-08-19/...	欧美黑白闺蜜美女写真图片	D:\spiler\chinazproject\images\7f47d1b50b216abfa56...
22	//scpic2.chinaz.net/files/default/imgs/2022-08-19/...	欧洲历史遗迹建筑图片	D:\spiler\chinazproject\images\a3e081564319b933a26...
23	//scpic2.chinaz.net/files/default/imgs/2022-08-17/...	篮球场打篮球图片	D:\spiler\chinazproject\images\89c65717452b6b49cd5...
24	//scpic2.chinaz.net/files/default/imgs/2022-08-19/...	开胃家常菜美食图片	D:\spiler\chinazproject\images\fb665ed19f4ca5a6fc6...
25	//scpic2.chinaz.net/files/default/imgs/2022-08-19/...	黄昏天空大海图片	D:\spiler\chinazproject\images\24aad45904a9874156d...
26	//scpic2.chinaz.net/files/default/imgs/2022-08-04/...	黑白风格芭蕾舞美女图片	D:\spiler\chinazproject\images\7b44916a8d9686963fe...
27	//scpic2.chinaz.net/files/default/imgs/2022-08-19/...	紫红色倒挂金钟图片	D:\spiler\chinazproject\images\489754d5e8b5b1dbc80...
28	//scpic2.chinaz.net/files/default/imgs/2022-08-19/...	黑色无籽葡萄图片	D:\spiler\chinazproject\images\999026d31dfb0a10853...
29	//scpic2.chinaz.net/files/default/imgs/2022-08-17/...	清真寺圆顶建筑图片	D:\spiler\chinazproject\images\ce325449bb6a142dad9...
30	//scpic2.chinaz.net/files/default/imgs/2022-08-17/...	实拍可可果果实图片	D:\spiler\chinazproject\images\87a45d89e122e7fabea...

图 6-66　程序的运行结果

2. 使用 Scrapy 框架爬取图说历史栏目

我们继续爬取下一个网站的图片。

① 创建 Scrapy 爬虫项目。

先创建一个名为"dsw"的爬虫项目，命令如下。

```
scrapy startproject dsw
```

执行上述命令后，可以看到如图 6-67 所示的项目结构。

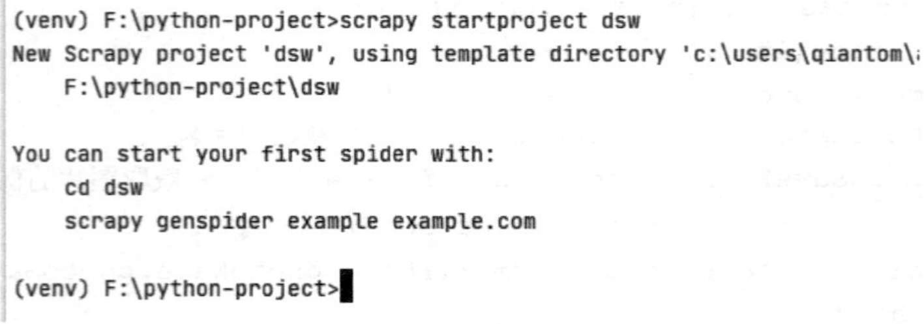

```
(venv) F:\python-project>scrapy startproject dsw
New Scrapy project 'dsw', using template directory 'c:\users\qiantom\
    F:\python-project\dsw

You can start your first spider with:
    cd dsw
    scrapy genspider example example.com

(venv) F:\python-project>
```

图 6-67　项目结构图 1

② 使用 PyCharm 打开爬虫项目，此时的项目结构如图 6-68 所示。

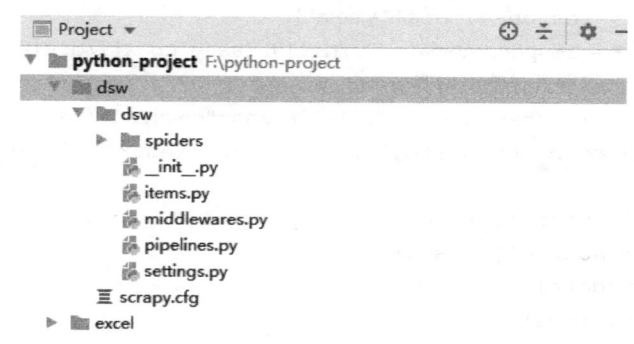

图 6-68 项目结构图 2

③ 打开终端，进入当前目录的 spiders 文件夹中，使用命令"scrapy genspider bnds "dgdsw.com""创建一个名为"bnds"的爬虫，并指定爬取的域名为 dgdsw.com，如图 6-69 所示。

图 6-69 创建爬虫

④ 在 spiders 文件夹中找到 nds.py 文件，增加如下代码。

```
01 import scrapy
02 from ..items import DswItem
03 class BndsSpider(scrapy.Spider):
04     name = 'bnds'
05     allowed_domains = ['dgdsw.com']
06     start_urls = ['http://www.zgdsw.com/mobile/news.asp?page=3&typeNumber=0005']
07     def parse(self, response):
08         for each in response.xpath("//ul[@class='newslb']/li"):
09             title=each.xpath(".//span[@class='xwbt']/text()").extract_first()
detail_url="http://www.zgdsw.com/mobile/"+each.xpath(".//p[@class='newstu']/a/@href").extract_first()
10             desc=each.xpath(".//span[@class='xwnr']/text()").extract_first()
11             print(title)
12             print(detail_url)
13             print(desc)
14             item=DswItem()
15             item['title']=title
16             item['desc'] = desc
17             item['detail_url'] = detail_url
18             #开始请求详情页
19             yield scrapy.Request(url=detail_url, callback=self.detail_info, dont_filter=True, meta={'item': item})
```

```
20      def detail_info(self, response):
21          item = response.meta['item']
22          detail = response.xpath("//div[@class='nbox']/div[@class='nboxc']/p").extract()# 获取网页详情页内容
23          source=response.xpath('//div[@class="newsfb"]/text()').extract_first()
24          image=response.xpath("//div[@class='nboxc']/p/span/img/@src").extract()
25          item['detail'] = detail
26          item['source'] = source
27          print(detail)
28          print(image)
29          print(source)
30          yield item
```

代码解析：01 行导入 Scrapy；02 行导入 DswItem；03 行定义类 BndsSpider；04 行定义爬虫名；05 行定义爬取的域名；06 行定义爬取的起始网址；07 行定义函数 parse()；08 行从 response 中选择类名为"newslb"的 li 标签的内容；09 行表示从 each 中选取类名为"xwbt"的 span 标签，并获取其内容；10 行从 each 中获取类名为"xwnr"的 span 标签，并获取其内容；11 行向控制台输出 title 的内容；12 行向控制台输出 detail_url 的内容；13 行向控制台输出 desc 的内容；14 行将 DswItem 类实例化为 item 对象；15 行将 titile 赋给 item 字典，并将其作为键 title 的内容；16 行将 desc 赋给字典 item，并将其作为键 desc 的内容；17 行将 detail_url 赋给字典 item，并将其作为键 detail_url 的值；19 行向详情页发起请求；20 行定义函数 detail_info()；21 行从 response.meta 中获取 item 字典；24 行从 response 对象中选取 img 标签的 src 的值；25 行将 detail 赋给字典 item，并将其作为字典 item 的键；26 行将 source 赋给字典 item，并将其作为字典 item 的键；27~29 行输出 detail、image、source 的值；30 行返回 item 字典。

⑤ 在 items.py 文件中增加如下内容。

```
01 import scrapy
02 class DswItem(scrapy.Item):
03     # define the fields for your item here like:
04     # name = scrapy.Field()
05     title=scrapy.Field()
06     desc=scrapy.Field()
07     detail_url=scrapy.Field()
08     detail=scrapy.Field()
09     source=scrapy.Field()
10     image=scrapy.Field
```

代码解析：01 行导入 Scrapy；02 行定义类 DswItem；05 行表示实例化元数据 title；06 行表示实例化元数据 desc；07 行实例化元数据 detail_url；08 行实例化元数据 detail；09 行表示实例化元数据 source；10 行表示实例化元数据 image。

运行程序，结果如图 6-70 所示。

```
start ×
F:\python-project\venv\Scripts\python.exe F:/python-project/dsw/dsw/start.py
抗美援朝精神
http://www.zgdsw.com/mobile/newsx.asp?id=1104
        1950年6月25日，朝鲜战争爆发。10月19日，中国人民志愿军入朝参战...
大别山精神
http://www.zgdsw.com/mobile/newsx.asp?id=1103
        1931年，日本侵略者发动九一八事变，进而侵占我国东北。1937年7月7...
红船精神
http://www.zgdsw.com/mobile/newsx.asp?id=1099
        1921年7月23日，中国共产党第一次全国代表大会在上海开幕。后因会场遭...
红旗渠精神
http://www.zgdsw.com/mobile/newsx.asp?id=1098
        20世纪60年代，在党的领导下，河南省林县（今林州市）人民大干10年，战...
焦裕禄精神
http://www.zgdsw.com/mobile/newsx.asp?id=1047
1962年12月，焦裕禄肩负着党和人民的重托来到兰考担任县委书记。当时的兰考，自...
```

图 6-70　程序运行结果

我们从上述爬取到的内容中回顾历史，在波澜壮阔的历史长河中，英雄的中国人民始终发扬祖国和人民利益高于一切、为了祖国和民族的尊严而奋不顾身的爱国主义精神，英勇顽强、舍生忘死的革命英雄主义精神，不畏艰难困苦、始终保持高昂士气的革命乐观主义精神，为完成祖国赋予的使命而慷慨奉献自己一切的革命忠诚精神，为了人类和平与正义事业而奋斗的国际主义精神，民族精神和时代精神将跨越时空、历久弥新、永续传承、世代发扬。

小　　结

本项目主要介绍了搭建 Scrapy 开发环境、使用 Scrapy 框架爬取代理 IP、Scrapy 数据的持久化存储、爬取图片网站等内容。

复　习　题

一、单项选择题

1. 下例有关 Scrapy 的说法不正确的是（　　）。
A. Scrapy 不支持 XPath 选择器
B. 可以使用命令"pip install scrapy"安装 Scrapy
C. 可以使用命令"scrapy startproject xxx"创建 Scrapy 爬虫项目
D. 可以使用命令"scrapy version"查看 Scrapy 的版本信息

2. 下列有关 Scrapy 的说法不正确的是（　　）。
A. 命令"scrapy genspider xxx"表示使用模板创建爬虫项目
B. 可以使用命令"scrapy crawl xxx"启动爬虫项目
C. 可以在 PyCharm 中直接运行 Scrapy 爬虫项目
D. 不能在 Scrapy 框架中使用 bs4 模块解析网页数据

二、判断题

1. 只有确保在 Windows 环境下成功安装了 wheel、lxml、pyOpenSSL、Twisted、pywin32，才能安装 Scrapy。（　　）
2. ImagesPipeline 是 Scrapy 框架的一种特殊管道（pipeline），用于下载图片。（　　）
3. pipelines.py 文件主要用于执行保存数据的操作，数据对象来源于 items.py 文件。（　　）
4. Scrapy 框架可以用于爬取 JavaScript 等动态网页。（　　）

三、编程题

1. 请使用 Scrapy 爬虫对中国站长站的素材栏目的图片进行分页式爬取。
2. 请使用 Scrapy 爬虫对 QQ 音乐进行爬取。

项目七　使用分布式爬虫爬取腾讯招聘频道

项目要求

本项目将 Scrapy-Redis 和 Scrapy 框架结合起来，实现分布式爬取，并使用 Selenimum 模块结合 Scrapy 框架实现对动态网站数据的爬取。

项目分析

要完成项目任务，需要先搭建 Scrapy-Redis 开发环境，然后进行分布式爬虫的部署，最后将爬取的数据进行保存。

技能目标

（1）能正确配置 Scrapy-Redis 开发环境。
（2）会编写分布式爬虫代码。
（3）会对分布式爬虫进行部署。
（4）会对数据进行持久化存储。

素养目标

通过使用分布式爬虫爬取腾讯招聘频道的案例，让学生优化爬虫项目，提高爬取数据的效率，培养学生精益求精的工匠精神；通过爬取视频站点，教育学生知难而上，养成耐心、严谨、专注、敬业的精神，在工作中孜孜不倦、一丝不苟、精益求精。

知识导图

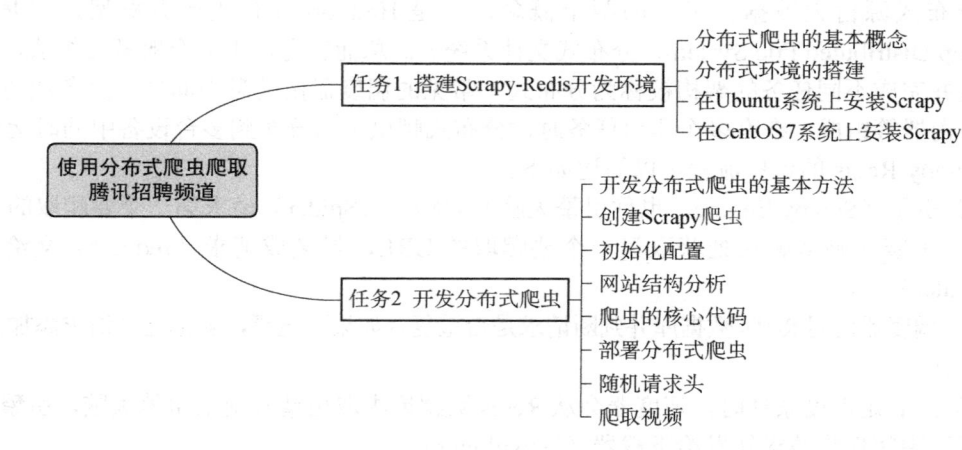

```
                              ┌─ 分布式爬虫的基本概念
                              ├─ 分布式环境的搭建
            任务1 搭建Scrapy-Redis开发环境 ─┤
                              ├─ 在Ubuntu系统上安装Scrapy
                              └─ 在CentOS 7系统上安装Scrapy
使用分布式爬虫爬取
腾讯招聘频道
                              ┌─ 开发分布式爬虫的基本方法
                              ├─ 创建Scrapy爬虫
                              ├─ 初始化配置
                              ├─ 网站结构分析
            任务2 开发分布式爬虫 ─┤
                              ├─ 爬虫的核心代码
                              ├─ 部署分布式爬虫
                              ├─ 随机请求头
                              └─ 爬取视频
```

任务 1　搭建 Scrapy-Redis 开发环境

任务演示

本次任务要完成 Scrapy-Redis 开发环境的搭建，为开发分布式爬虫做好准备，如图 7-1 所示。使用 Windows 系统的主机作为 Redis 服务器，并且在使用 Ubuntu 系统的主机上使用 Python 程序对数据库进行操作。

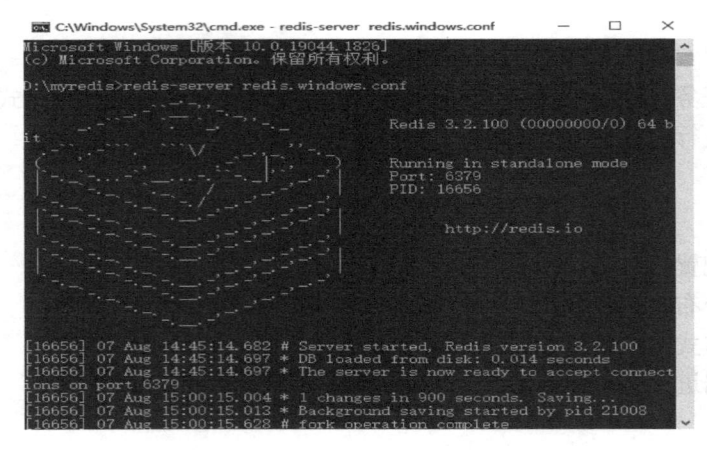

图 7-1　搭建 Scrapy-Redis 开发环境

知识准备

1. 分布式爬虫的基本概念

分布式源自大数据技术中的两个概念，一是 Hadoop 分布式计算框架，二是 HDFS（Hadoop Distributed File System，分布式文件系统）。总而言之，由多个服务器组成，由调度器调度并完成不同任务的架构被称为分布式。常见的调度器由消息中间件、服务注册中心、负载均衡器等组成。在有多个爬虫任务时，分布式爬虫可以分布到多台设备中同时运行。

Scrapy-Redis 的运作流程可以简述如下。

① 引擎（Scrapy Engine，也称引擎大脑）向爬虫（Spider）请求第一个要爬取的 URL。

② 引擎大脑从爬虫处获取第一个要爬取的 URL，封装成请求（request）交给调度器（Scheduler）。

③ 调度器访问 Redis 数据库并判断请求是否重复，如果不重复，就把这个请求添加到 Redis 数据库中。

④ 当满足调度条件时，调度器会从 Redis 数据库中取出请求交给引擎大脑，引擎大脑通过下载器中间件将请求转发给下载器（Downloder）。

⑤ 一旦下载完毕，下载器就会生成该页面的响应（response），并通过下载器中间件将其发送给引擎大脑。

⑥ 引擎大脑从下载器接收到响应，并通过爬虫中间件（Spider Middleware）发送给爬虫处理。

⑦ 爬虫处理响应，并返回爬取到的 item 及新的请求发送给引擎大脑。

⑧ 引擎大脑将爬取到的 item 通过 ItemPipeline 发送给 Redis 数据库，并将请求发送给调度器。

⑨ 从②重复该流程，直到调度器中没有更多的请求为止。

2. 分布式环境的搭建

可以通过 GitHub 官方网站获取 Scrapy-Redis，当然也可以使用如下命令直接获取并安装。

```
pip install scrapy-redis
```

此外，要使用 Scrapy-Redis，还需要确保计算机上安装了 Redis 服务器。

以在 Windows 系统上安装为例，在命令提示符窗口输入命令安装 Scrapy-Redis。

```
pip install scrapy-redis
```

如果命令执行失败，则可以按照如下方法进行安装。

① 在 GitHub 官方网站的搜索框内输入"scrapy-redis"进行搜索，如图 7-2 所示。

图 7-2 输入"scrapy-redis"进行搜索

② 找到第一个选项，并单击"rmax/scrapy-redis"按钮，如图 7-3 所示。

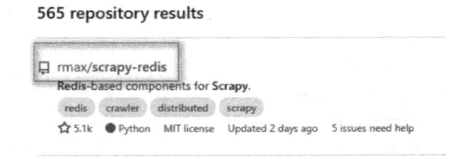

图 7-3 单击"rmax/scrapy-redis"按钮

③ 单击"Download ZIP"按钮进行下载，如图 7-4 所示。

图 7-4 单击"Download ZIP"按钮进行下载

④ 解压已下载的文件，解压后的结果如图 7-5 所示。

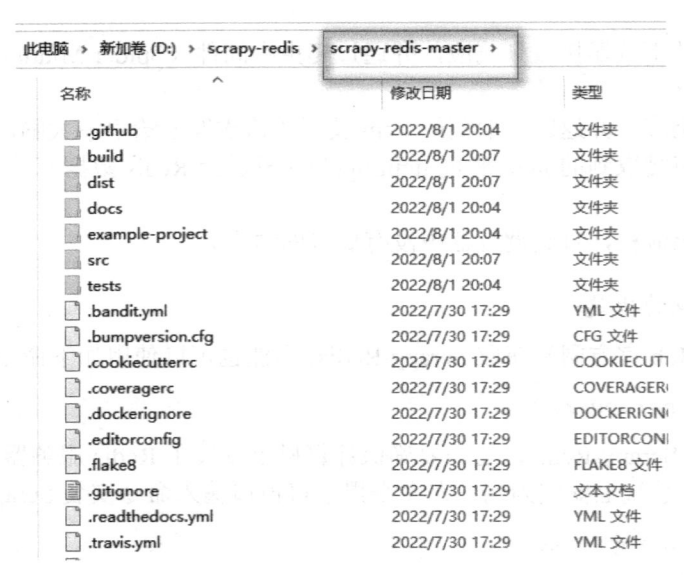

图 7-5　解压后的结果

⑤ 先在地址栏输入"cmd"，然后按下回车键，如图 7-6 所示。

图 7-6　在地址栏输入"cmd"

⑥ 执行安装命令。先在打开的命令提示符窗口中输入"python setup.py install"，然后按下回车键，如图 7-7 所示。

图 7-7 执行安装命令

⑦ 输入命令"pip list"查看 Scrapy-Redis 是否安装成功,如图 7-8 所示。

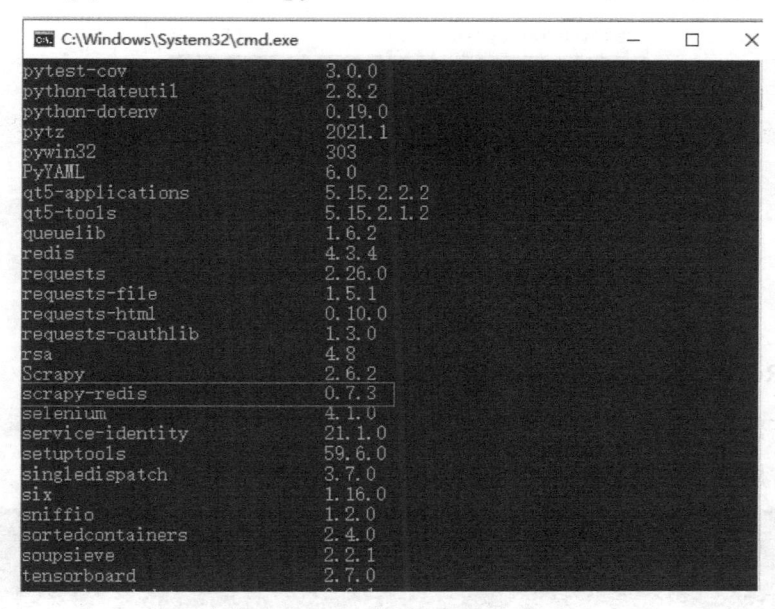

图 7-8 查看 Scrapy-Redis 是否安装成功

【多学一招】

在 Windows 系统上安装 Scrapy-Redis,还可以采用如下方式。

```
pip install scrapy-redis
```

安装完成后,若命令提示符窗口出现如图 7-9 所示的信息,则表示安装成功。

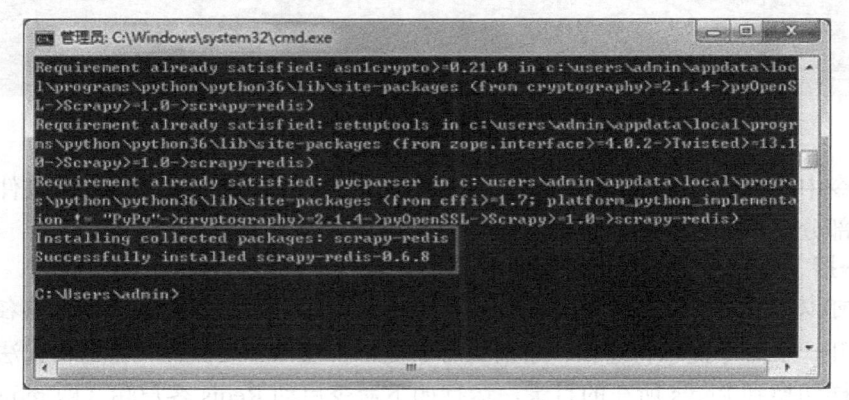

图 7-9 Scrapy-Redis 安装成功的信息

在使用 Scrapy-Redis 之前，需要保证计算机中已经成功安装了 Redis。由于操作系统不同，因此安装 Redis 的方法也不同，这里给出在 Windows10 系统上安装 Redis 的方法，请扫描侧方二维码查看。

Redis 并不支持 Windows 系统，原因是 Linux 系统已经在服务器领域得到了广泛应用。尽管如此，GitHub 官方网站还是给出了 git 库，可根据需要自行下载。

教学视频

打开命令提示符窗口，使用 cd 命令切换到 Redis 的安装目录下，如图 7-10 所示。

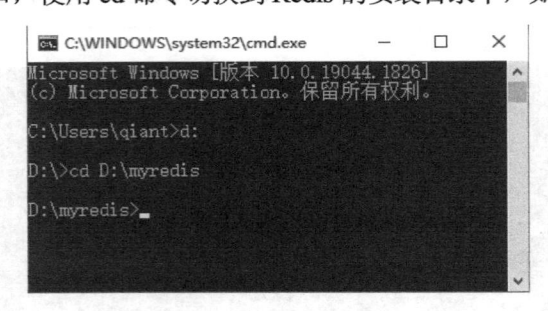

图 7-10　切换到 Redis 的安装目录下

准备启动 Redis 服务器，输入如下命令。

```
redis-server redis.windows.conf
```

如果 Redis 服务器成功启动，则会出现如图 7-11 所示的界面。

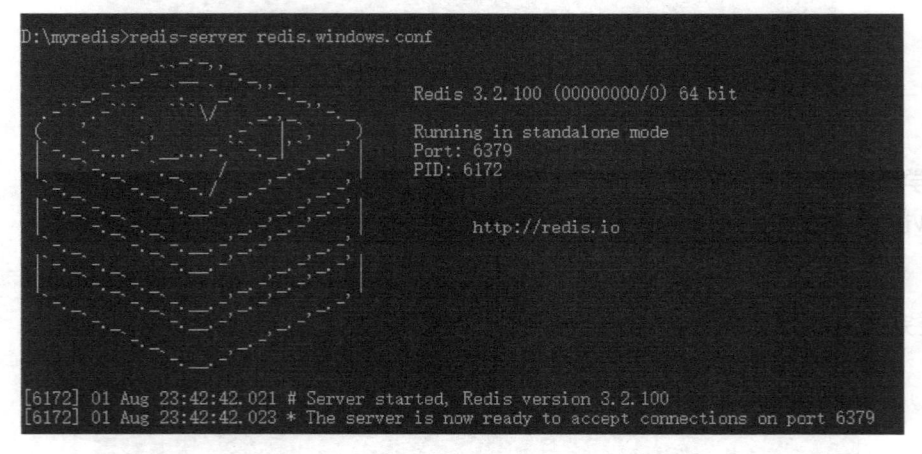

图 7-11　Redis 服务器成功启动的界面

上述命令中的 "redis.windows.conf" 用于指定配置文件，表示按照该配置文件启动 Redis 服务器，这部分命令可以省略，但如果省略则会启动默认的 Redis 服务器。

【教你一招】

注意：可以把 Redis 的安装目录添加到系统环境变量里面，以免频繁输入路径。

再次打开一个命令提示符窗口，原来的命令提示符窗口不要关闭，否则将无法访问 Redis 服务器。同样切换到 Redis 所在的目录，运行如下命令启动 Redis 客户端（即 redis-cli）。

```
redis-cli -h 127.0.0.1 -p 6379
```

```
redis-cli -h 192.168.1.107 -p 6379
```

【脚下留心】

注意： 只需要输入以上任意一条命令就可以启动 Redis 客户端，"192.168.1.107"表示使用 Windows 系统的主机的 IP 地址，局域网中的其他主机可以通过此 IP 地址进行访问。

上述命令中，参数-h 后面是 IP 地址，参数-p 后面是端口，Redis 服务器默认使用的端口号是 6379。在命令提示符窗口中成功启动 Redis 客户端如图 7-12 所示。

图 7-12 成功启动 Redis 客户端

启动 Redis 客户端后，如果要往数据库中添加键值对，则可以使用如下命令进行设置和取值，具体如图 7-13 所示。

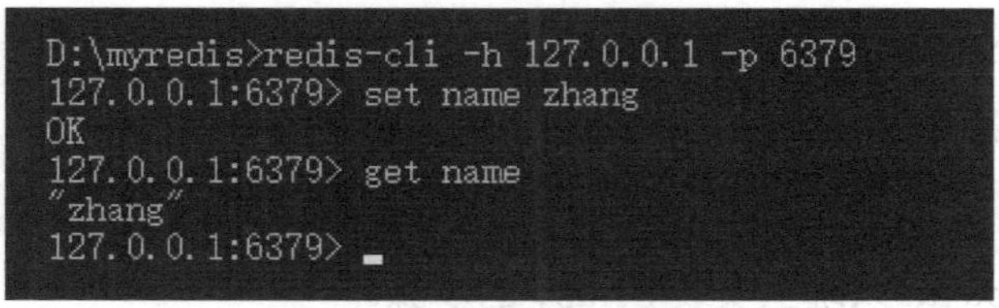

图 7-13 往数据库中添加键值对

3. 在 Ubuntu 系统上安装 Scrapy

如果要在 Ubuntu 系统上运行分布式爬虫，首先要确保该系统能够运行 Scrapy，然后还要保证该系统安装了 Scrapy-Redis。下面介绍如何在 Ubuntu 系统上安装 Scrapy。请确保 Ubuntu 系统上安装的 Python 版本在 3.0 以上，同时要求 Ubuntu 系统版本在 9.10 以上。

要运行 Scrapy，首先要求在 Ubuntu 系统上安装了 Python3.4 及以上版本。查看 Ubuntu

系统的版本可以使用如图 7-14 所示的命令。

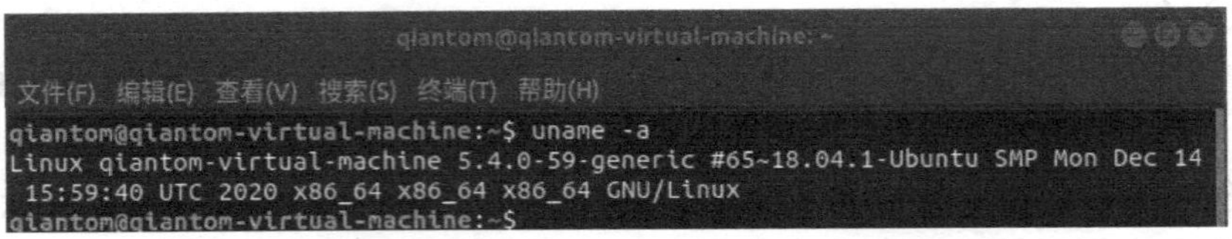

图 7-14 查看 Ubuntu 系统的版本 1

【脚下留心】
注意：请确保 Python 版本必须是 Python 3.0 及以上版本，才能成功安装 Scrapy，否则不能成功安装 Scrapy。

查看 Ubuntu 系统的版本还可以使用如图 7-15 所示的命令。

图 7-15 查看 Ubuntu 系统的版本 2

可以按照如下步骤安装 Python3.7。
① 更新软件包列表，并安装相关软件。

```
01 sudo apt update
02 sudo apt install software-properties-common
```

② 将 deadsnakes PPA 添加到源列表中。

```
sudo add-apt-repository ppa:deadsnakes/ppa
```

③ 在启用存储库后，使用以下命令安装 Python 3.7。

```
sudo apt install python3.7
```

此时，Python 3.7 已安装在 Ubuntu 系统上，随时可以使用。
④ 输入以下命令验证 Python 3.7 是否安装成功。

```
python3.7 --version
```

可以看到输出结果如下，说明安装成功。

```
Python 3.7.2
```

接下来介绍在 Ubuntu 系统上安装 Scrapy 的步骤。
① 安装 python3-dev。

```
sudo apt-get install python-dev
sudo apt-get install python3-dev  #指定安装python3的最新版本
```

② 安装相关软件。

```
sudo apt-get install gcc
sudo apt-get install build-essential
sudo apt-get install libxml2-dev
```

```
sudo apt-get install libxslt1-dev
sudo apt-get install python3-setuptools
sudo apt install python3-pip
```

③ 升级 pip。

```
pip3 install --upgrade pip
```

④ 安装 Scrapy。

```
sudo pip3 install scrapy
```

⑤ 在 Ubuntu 系统上安装 Scrapy-Redis，安装命令如下。

```
pip3 install scrapy-redis
```

⑥ 在命令提示符窗口中进行测试。

```
$python3
>>>import scrapy_redis
```

⑦ 安装 MySQL 的驱动：PyMySQL，安装命令如下。

```
pip install pymysql
```

4. 在 CentOS 7 系统上安装 Scrapy

由于 CentOS 7 系统默认安装了 Python2.7.5，因此需要重新安装 Python3.7.0（该版本为 Python3 的最新版本）。在安装 Python3.7.0 之前，要先安装 wget，具体步骤如下。

【脚下留心】

注意：下面的命令都是以 Root 身份运行和执行的，请先切换 Root 账户。

可以按照如下步骤安装 Python3.7.0。

① 安装 wget。

```
yum -y install wget
```

② 安装 setup。

```
yum -y install setup
```

③ 安装 perl。

```
yum -y install perl
```

④ 安装编译工具。

```
yum -y groupinstall "Development tools"
yum -y install zlib-devel bzip2-devel openssl-devel ncurses-devel sqlite-devel readline-devel tk-devel gdbm-devel db4-devel libpcap-devel xz-devel
yum install libffi-devel -y
```

⑤ 下载安装包。

```
wget https://www.python.org/ftp/python/3.7.0/Python-3.7.0.tar.xz
```

注意：可以先创建一个目录存储下载的软件，方便查找和解压。

⑥ 解压安装包。

```
tar -xvJf Python-3.7.0.tar.xz
```

⑦ 切换到已解压的安装包的目录下。

```
cd Python-3.7.0
```

⑧ 创建编译、安装目录。

```
mkdir /usr/local/python3  #创建编译、安装目录
```

⑨ 完成编译和安装。

```
./configure --prefix=/usr/local/python3
make && make install
```

⑩ 创建软连接。

```
ln -s /usr/local/python3/bin/python3 /usr/local/bin/python3
ln -s /usr/local/python3/bin/pip3 /usr/local/bin/pip3
```

⑪ 验证是否安装成功。

```
python3 -V
pip3 -V
```

Scrapy 框架的安装可以按照以下步骤。

① 更新 yum。

```
yum -y update
```

② 安装 GCC 及扩展包。

```
yum install gcc libffi-devel python-devel openssl-devel
```

③ 安装开发工具包。

```
yum groupinstall -y development
```

④ 安装 libxslt-devel。

```
yum install libxslt-devel
```

⑤ 安装 pip。

```
yum -y install python-pip
```

⑥ 安装 Scrapy。

```
pip install scrapy
```

任务实施

如果要在 Python 中访问 Redis 数据库，则要安装 Redis。

```
pip install redis
```

教学视频

Redis 提供了两个类：redis 和 Strict Redis，用于实现大部分官方命令，redis 是 StrictRedis 的子类，用于兼容旧版本。使用 redis 类取出的结果默认是字节类型的数据，我们可以通过设定"decode_responses=True"将其改成字符串。

```
01  import redis#导入 Redis
02  host = '192.168.1.107'  # Redis 服务地址
03  port = 6379  # Redis 服务端口
04  # 提供了 StrictRedis 对象,口于连接 Redis 服务器
05  r = redis.StrictRedis(host=host,port=port,db=0)
06  key = r.keys()#获取所有键
07  print(key)#打印所有键，默认是字节类型的
08  # 使用 redis 类取出的结果默认是字节类型的,我们可以设定 decode_responses=True，从
而将其改成字符串。
09  r = redis.StrictRedis(host=host,port=port,db=0,decode_responses=True)
10  key = r.keys()#获取所有键
11  print(key)#打印所有键
12  print(r.get("name"))#打印键名为 name 的值
13  r.set("address","beijing")#设置键 address 的值为 beijing
14  print(r.get('address'))#获取键名为 address 的值
```

运行程序，结果如图 7-16 所示。

图 7-16　运行程序的结果

任务拓展

下面介绍 Scrapy 终端的使用。Scrapy 终端是一个交互终端，用于在未启动 Spider 的情况下调试爬虫代码。

该终端用来测试 XPath 或 CSS 表达式，查看它们的工作方式，以及从爬取的网页中提取数据。在编写爬虫代码时，该终端提供了可交互性测试表达式的功能，免去了每次修改、运行 Spider 的麻烦。

一旦熟悉了 Scrapy 终端，就会发现其在开发和调试爬虫代码时发挥了的巨大作用。如果安装了 IPython，Scrapy 终端将会使用 IPython。IPython 比其他终端更强大，能提供智能的自动补全等功能，可以使用如下命令进行安装。

```
pip install ipython
```

使用 Scrapy 终端的具体步骤如下。
① 启动 Scrapy 终端。

```
scrapy shell -s <ua> <url>
```

② 使用 Scrapy 终端。
view(response)：在本机浏览器上打开给定的 response。

request：最近获取的页面的 request 对象。
response：包含最近获取的页面的 response 对象。
fetch(request_or_rul)：根据给定的请求或 URL 获取一个新的 response，并更新相关的对象。
具体应用示例如下。
① 选定数据目标。
选取百度搜索风云榜的实时热点（https://top.baidu.com/?fr=mhd_card）。
② 通过 Web 开发工具分析页面结构。
③ 用 Scrapy 终端调试页面。
首先抓取数据。

```
scrapy shell -s USER_AGENT='Mozilla/5.0' "HTTP://top.baidu.com/?fr=mhd_card"
```

然后利用 XPath 选择器解析数据。

```
hot_list=response.xpath("//url@id='hot_list']")
data_list=hot_list.xpath("li/a@class='list-title']")
data_list=host_list_xpath("li/a@class="list-title"]/text()").extract()
```

任务 2　开发分布式爬虫

任务演示

使用 Redis Desktop Manager 图形化管理工具查看分布式爬虫在 Redis 数据库中的运行结果，如图 7-17 所示。

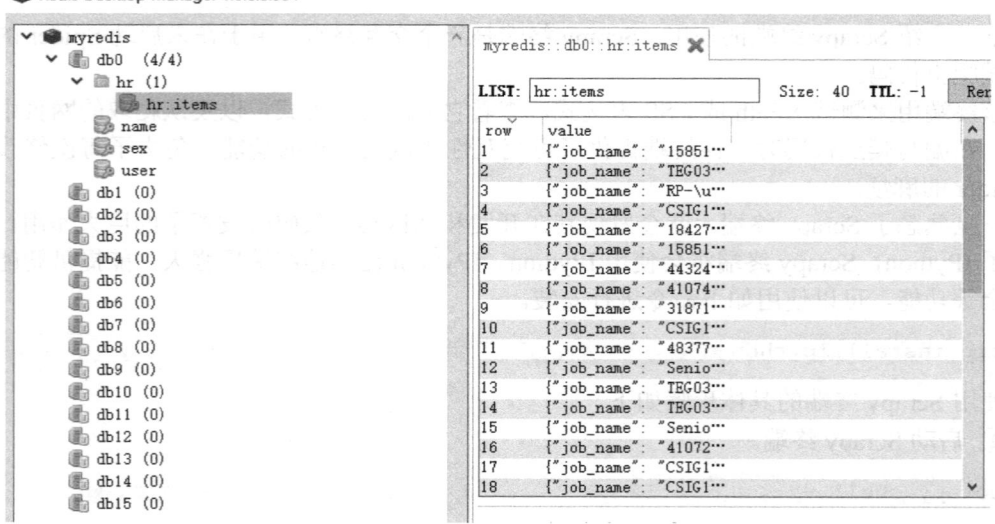

图 7-17　分布式爬虫在 Redis 数据库中的运行结果

知识准备

开发分布式爬虫的基本方法

Scrapy-Redis 是一个基于 Redis 的 Scrapy 组件，通过它可以快速实现简单的分布式爬虫，该组件提供了三大功能，即 Scheduler：调度器；Dupefilter：URL 去重规则（被调度器使用）；Pipeline：用于数据持久化存储。

Scrapy-Redis 提供了下列四种组件（Components）：Scheduler、Duplication Filter、Item Pipeline、Base Spider、Scrapy-Redis。

Scrapy-Redis 的体系结构如图 7-18 所示。Item Pipeline 将接收到的数据发送给 Redis，Scheduler 的调度数据是从 Redis 中获取的，并且数据去重的操作也是在 Redis 中完成的。

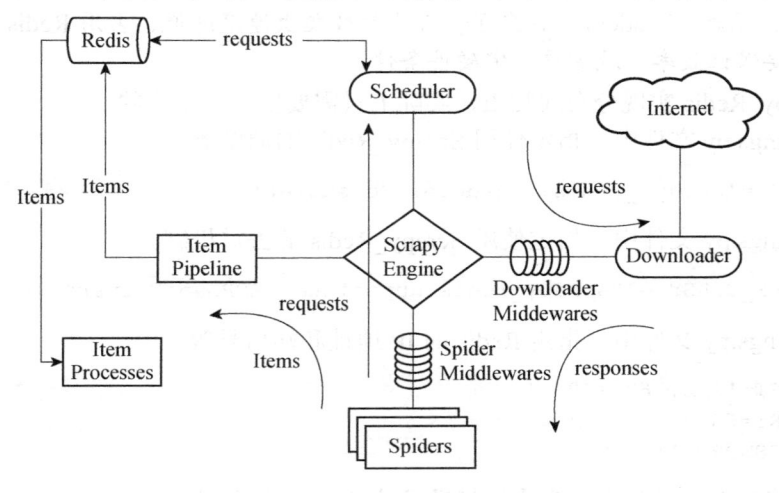

图 7-18 Scrapy-Redis 的体系结构

分布式爬虫的架构如图 7-19 所示，该架构由多台爬虫服务器和一台 Redis 服务器构成。Redis 服务器要做的是一边对爬虫服务器请求的 URL 进行管理和去重，一边存储爬虫服务器爬取的数据。爬虫服务器的作用是从 Redis 服务器中获取请求，同时把爬取的数据发送给 Redis 服务器。

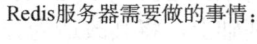

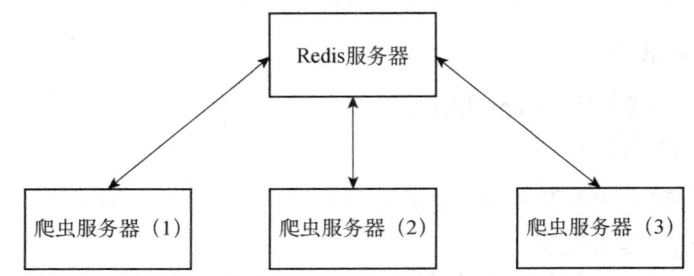

图 7-19 分布式爬虫的架构

由于 Scrapy 框架不支持分布式，因此需要在 Scrapy 框架的基础上重写 Scrapy 的调度器来实现分布式。Scrapy-Redis 重写了 Scrapy 的调度器，多台爬虫服务器共享爬取队列，Scrpay-Redis 实现任务的统一调度和分派、管理。Scrapy-Redis 具体的工作流程如下。

① Slaver 端从 Master 端获取任务（request、URL）并进行数据抓取，Slaver 端在抓取数据的同时，提交产生新任务的 request 给 Master 端处理。

② Master 端只有一个 Redis 数据库，负责将未处理的 request 去重，以及任务分配，将处理后的 request 加入待爬队列，并且存储爬取到的数据。

Scrapy-Redis 默认使用的就是这种策略，这种策略实现起来很简单，因为任务调度等工作都已经由 Scrapy-Redis 做好了，只需要指定 redis_key。

【脚下留心】

注意：Scrapy-Redis 的调度器接收 request 对象，因为其信息量比较大（不仅包含 URL，还包含 callback()函数、headers 等信息），可能导致爬虫速度降低，占用 Redis 大量的存储空间，所以如果要保证效率，就需要一定硬件条件。

使用 Scrapy_Redis 实现分布式爬虫，实际上只需要以下几个步骤。

① 在 setrings.py 文件中，指定使用 Scrapy_Redis 的调度器。

```
SCHEDULER ='scrapy_redis.scheduler.Scheduler'
```

② 在 setrings.py 文件中，指定使用 Scrapy_Redis 的去重机制。

```
DUPEFILTER_CLASS = "scrapy_redis.dupefilter.RFPDupeFilter"
```

③ 在 setrings.py 文件中，指定 Redis 的 IP 地址和端口号等。

```
REDIS_HOST='192.168.140.1'
REDIS_PORT=6379
REDIS_PASSWORD=''
```

注意：要实现分布式爬虫，先要写好通用的 Scrapy 爬虫程序，然后按照以上三个步骤进行改写，就可以得到基于 Scrapy 框架的分布式爬虫了。

任务实施

首先实现对腾讯招聘职位的爬取，并将爬取到的数据保存到 MySQL 数据库中。这里首先实现普通的 Scrapy 爬虫，然后在普通的 Scrapy 爬虫的基础上，将其改造为分布式爬虫。

1. 创建 Scrapy 爬虫

可以按照如下步骤创建 Scrapy 爬虫。

（1）创建 Scrapy 爬虫项目

```
scrapy startproject tencent
```

（2）创建 Scrapy 爬虫程序

按照提示在 PyCharm 终端输入命令"cd tencent"进入 tencent 文件夹，使用如下命令创建 Scrapy 爬虫程序。

```
scrapy genspider hr tencent.com
```

此时对应的目录结构如图 7-20 所示。

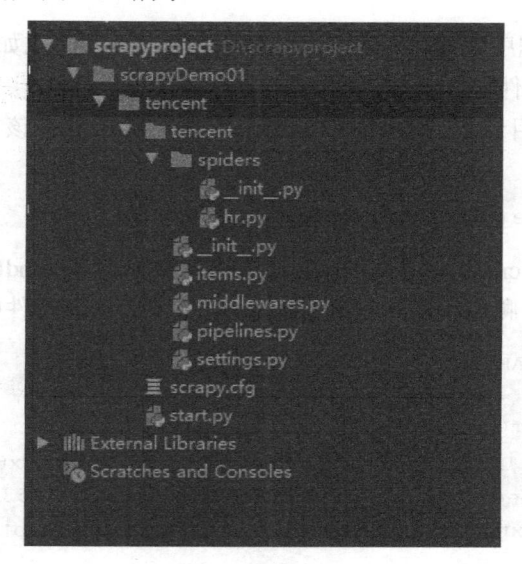

图 7-20　目录结构

将 Scrapy 爬虫项目的目录作为根目录，先在 tencent 文件夹上单击鼠标右键，然后选择"Mark Directory as"选项，再选择"Sources Root"选项，如图 7-21 所示。

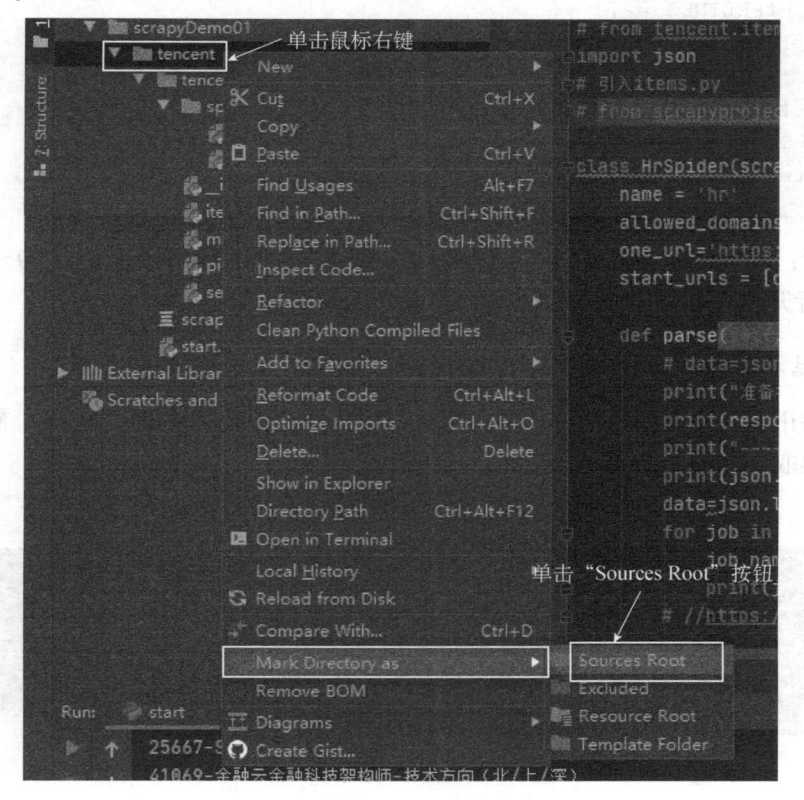

图 7-21　将 Scrapy 爬虫项目的目录作为根目录

2. 初始化配置

在缩写 Scrapy 爬虫程序之前，先要进行必要的初始化配置，比如在 PyCharm 中将其设置成可以直接运行的爬虫文件等，具体步骤如下。

在 scrapy.cfg 的同级目录下创建名为"start.py"的文件，并在该文件中输入如下内容。

```
01 from scrapy import cmdline
02 cmdline.execute(['scrapy','crawl','hr'])
```

代码解析：01 行从 Scrapy 中导入 cmdline 模块；02 行使用 cmdline 模块的 execute()方法执行名为"hr"的 Scrapy 爬虫程序。找到 setting.py 文件，在该文件中增加如下代码。

```
01 LOG_LEVEL = 'WARNING'
02 ROBOTSTXT_OBEY = False
03 DEFAULT_REQUEST_HEADERS = {
04   'user-agent': 'Mozilla/5.0 (Windows NT 10.0; Win64; x64) AppleWebKit/ 537.36 (KHTML, like Gecko) Chrome/90.0.4430.212 Safari/537.36',
05   'Accept': 'text/html,application/xhtml+xml,application/xml;q=0.9,*/*; q=0.8',
06   'Accept-Language': 'en',
07 }
08 # 开启管道
09 ITEM_PIPELINES = {
10    'tencent.pipelines.TencentPipeline': 300,
11 }
12 # 开启自定义下载器中间件
13 DOWNLOADER_MIDDLEWARES = {
14    'tencent.middlewares.UserAgentDownloaderMiddleware': 543
15 }
```

代码解析：01~02 行定义日志信息等级；03 行定义默认的请求头信息；09～11 行开启管道；13～15 行开启自定义下载器中间件，并设置优先级。

3. 网站结构分析

这里以腾讯招聘官方网站为例，先在首页的搜索框内搜索关键词"java"，然后对搜索到的结果进行爬取，如图 7-22 所示。

图 7-22 搜索关键词"java"

依次按照如图 7-23 所示的步骤进行操作。

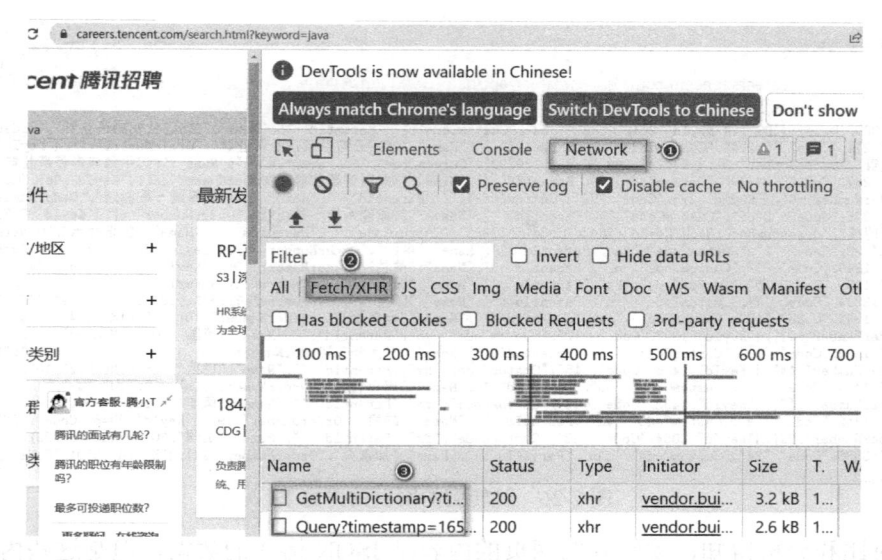

图 7-23 按步骤进行操作

先单击如图 7-24 所示的"Headers"按钮，然后复制网址，并粘贴到浏览器中进行访问。
注意：在复制网址的时候，请从"https://"开始复制。

图 7-24 复制网址

也可以在复制网址的时候，单击鼠标右键选择跳转到对应的网页，如图 7-25 所示。

图 7-25 跳转到对应的网页

跳转到的网页的内容如图 7-26 所示。

图 7-26 跳转到的网页的内容 1

通过对比和分析得知，跳转到的网页的内容是 JSON 格式的数据，但是这些内容并不是与职位列表页对应的内容。因此回到浏览器的开发者工具，继续重复前面的操作，如图 7-27 所示。

图 7-27 重复前面的操作

此时跳转到的网页的内容如图 7-28 所示。

图 7-28 跳转到的网页的内容 2

通过对比和分析得知，此时的网页内容就是职位列表页的内容。复制此网址到记事本或 Word 文件中保存，以供后面进行数据分析。

在职位列表页单击任意一条记录，即可进入职位详情页，如图 7-29 所示。

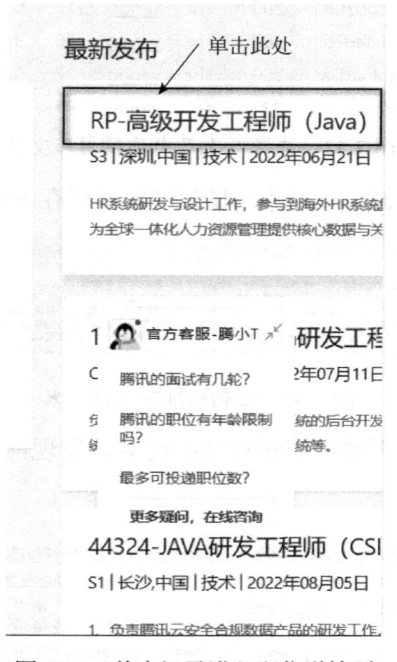

图 7-29　单击记录进入职位详情页

在单击任意一条记录以后，按下 F12 键进入开发者模式，如图 7-30 所示。

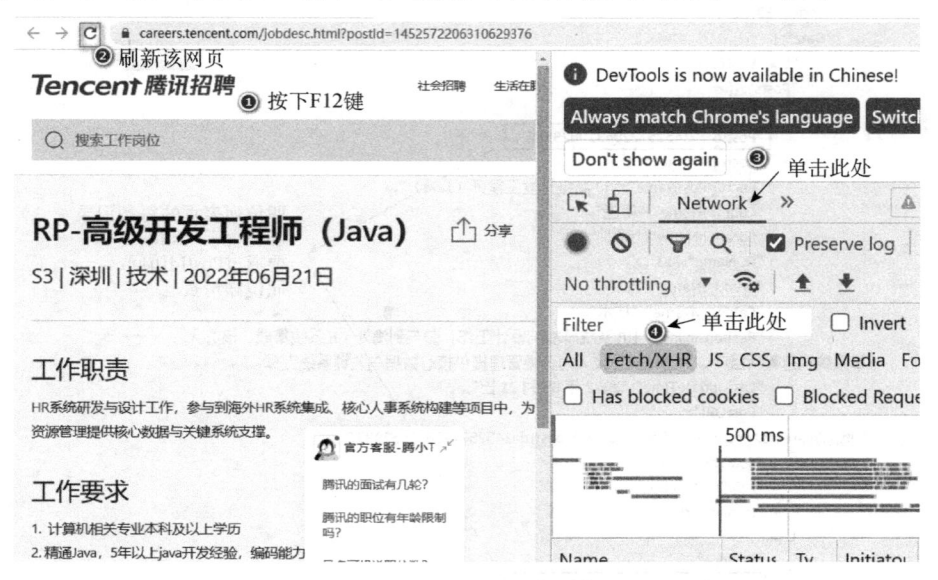

图 7-30　进入开发者模式

选择"xhr"代表的异步文件，逐一分析哪一个文件是与职位详情页对应的 JSON 文件，如图 7-31 所示。

图 7-31　选择 "xhr" 代表的异步文件

找到与职位详情页对应的 JSON 文件，复制网址并保存下来，如图 7-32 所示。

图 7-32　复制网址并保存下来

将复制的网址和职位详情页的内容进行仔细比对，发现网址中发生变化的是职位详情页中的 PostId，如图 7-33 所示。

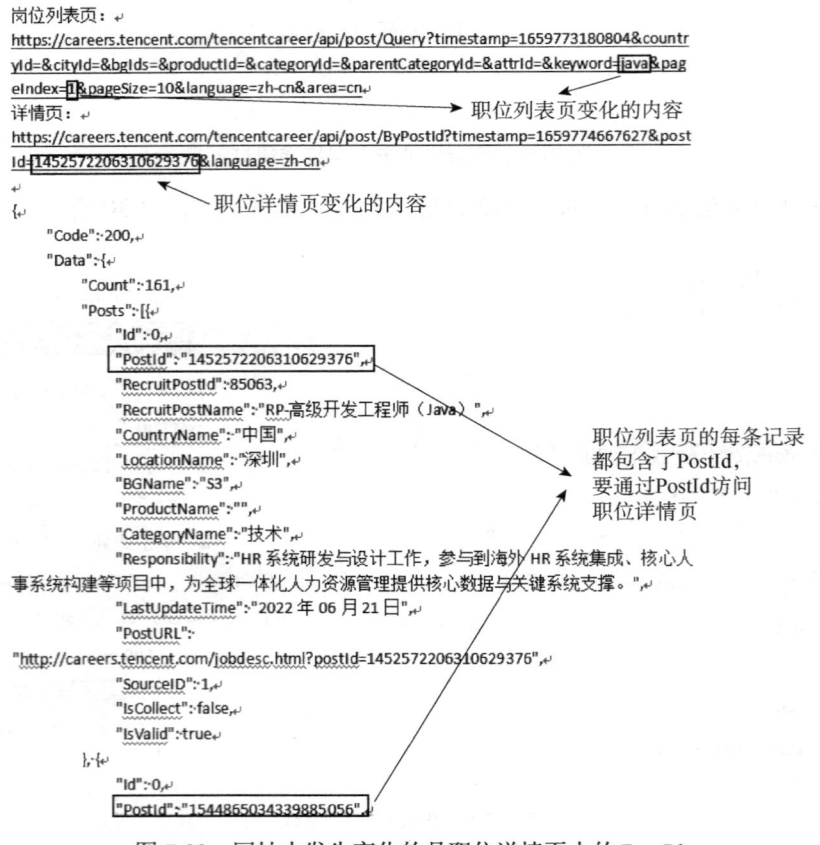

图 7-33　网址中发生变化的是职位详情页中的 PostId

使用浏览器的开发者工具进行对比和分析，发现职位列表页和职位详情页都是 JSON 格式的数据。在编写爬虫代码的时候，要用到 JSON 相关的工具。在职位列表页爬取到的数据是不完整的，还需要爬取职位详情页的数据，才能得到完整的数据。由于每个职位详情页的地址都不相同，因此在爬取职位列表页的时候，要动态构造每个职位的具体网址。

4. 爬虫的核心代码

（1）构造每个职位列表页的代码

找到 spiders 文件夹下的 hr.py 文件，构造每个职位列表页的代码，示例如下：

```
01  import scrapy
02  import json
03  from urllib import parse
04  class HrSpider(scrapy.Spider):
05      name = 'hr'
06      allowed_domains = ['tencent.com']
07      keyword=input('请输入职位类别：')#让用户输入要搜索的职位
08      keyword=parse.quote(keyword)#防止出现乱码
09      # 设置起始页面，{}表示参数待定 one_url='https://careers.tencent.com/
    tencentcareer/api/post/Query?timestamp=1659771156157&countryId=&cityId
    =&bgIds=&productId=&categoryId=&parentCategoryId=&attrId=&keyword={}&p
    ageIndex=1&pageSize=10&language=zh-cn&area=cn'
10      start_urls = [one_url.format(keyword)]
11      # 计算总的分页数
12      def totalPage(selt,num):
13          number = int(num)#将 str 类型的数据强制转换为 int 类型的数据
14          if number // 10 == 0:#若记录数能够被 10 整除，则执行赋值运算
15              page = (number // 10)# number
16          else:
17              page = (number // 10) + 1#将总的分页数加 1
18          return page#返回总的分页数
19      def parse(self, response):
20          data = json.loads(response.text)
21          for index in range(1,self.totalPage(data['Data']['Count'])):
22      base_url='https://careers.tencent.com/tencentcareer/api/post/Query?t
    imestamp=1659771156157&countryId=&cityId=&bgIds=&productId=&categoryId
    =&parentCategoryId=&attrId=&keyword={}&pageIndex={}&pageSize=10&langua
    ge=zh-cn&area=cn'
23              page_url=base_url.format(self.keyword,index)
24              print(page_url)
25      print("总的分页数为"+str(self.totalPage(data['Data']['Count'])))
```

代码解析：01 行导入 Scrapy；02 行导入 JSON；03 行从 urllib 导入 parse；04 行定义类 HrSpider；05 行定义爬虫名；06 行设置允许爬取的域名；07 行表示让用户输入要搜索的职位；08 行表示如果输入中文，就使用 quote()方法进行处理，防止出现乱码；09 行设置爬虫爬取的起始页面，"{}"表示参数待定；10 行将用户输入的值填写到"{}"的位置上；12～18 行定义一个统计总的分页数的函数；13 行将传入的 str 类型的数据强制转换为 int 类型的数据；14 行表示如果记录数能够被 10 整除，则执行赋值运算；15 行将 number 除以 10 的结果赋给 page；16～17 行表示如果 number 不能被 10 整除，则将 number 除以 10 的结果加 1 并将其作为总的分页数；

18 行返回总的分页数；19 行定义 parse()函数，在该函数中对网页的响应内容进行解析；20 行使用 json.loads()方法解码字符串，返回的数据格式是 Unicode 格式，通常需要将其转换为 UTF-8 格式；21 行开始遍历，使用 data['Data']['Count']获取 JSON 格式的总的记录数，调用 totalPage()方法返回总的分页数；22 行定义每个详情页的 URL 地址；23 行将用户输入的 keyword 和当前页面的索引值 index 填入与 base_url 对应的"{}"的位置上；24 行在控制台打印 page_url 的内容；25 行打印总的分页数。

运行结果如图 7-34 所示。

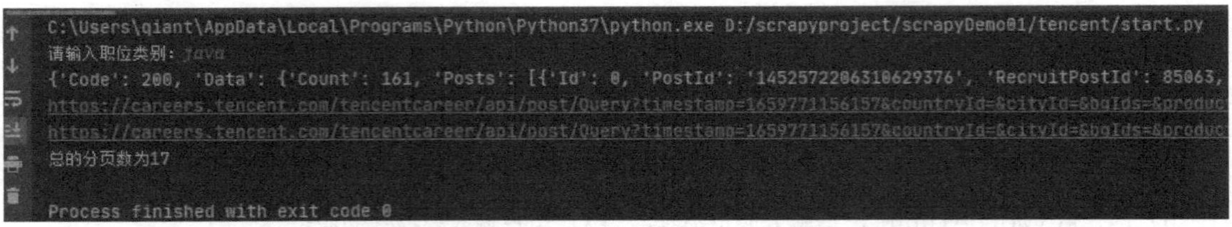

图 7-34 运行结果

注意：这里只取得了两个分页的数据。

继续完善代码，具体如下。

```
01 def parse(self, response):
02     data = json.loads(response.text)
03     for index in range(1,2):   base_url='https://careers.tencent.com/tencentcareer/api/post/Query?timestamp=1659771156157&countryId=&cityId=&bgIds=&productId=&categoryId=&parentCategoryId=&attrId=&keyword={}&pageIndex={}&pageSize=10&language=zh-cn&area=cn'
04         page_url=base_url.format(self.keyword,index)
05         # print(page_url)
06         #把每个职位列表页交给调度器入队列,dont_filter=True 代表职位列表页不参与去重
07         yield scrapy.Request(url=page_url,callback=self.job_page,dont_filter=True)
08     print("总的分页数为"+str(self.totalPage(data['Data']['Count'])))
09 def job_page(self,response):#解析每个职位列表页的 10 个职位的相关信息
10 base_url='https://careers.tencent.com/tencentcareer/api/post/ByPostId?timestamp=1659774667627&postId={}&language=zh-cn'
11     data = json.loads(response.text)
12     for job in data['Data']['Posts']:
13         PostId = job['PostId']
14         detail_url=base_url.format(PostId)
15         print(detail_url)
```

代码解析：07 行使用 scrapy.Request()方法向每个职位列表页发起请求，即将响应数据使用 job_page 进行解析；10 行构建职位详情页网址 base_url；11 行使用 json.loads()方法解析响应内容；12 行开始遍历 JSON 格式的 data['Data']['Posts']；13 行将 JSON 格式的 job['PostId']赋给 PostId，此值在构建职位详情页网址时会被用到；14 行构建职位详情页网址 detail_url；15 行打印职位详情页的内容。

运行结果如图 7-35 所示。

图 7-35 职位详情页网址的结果

注意：实际上，动态 URL 也已经构建成功，图 7-35 中的红色区域表示的就是动态变化的内容，也就是 PostId。

我们已经得到了所有职位详情页，现在对各个职位详情页进行信息爬取，代码如下。

```
01  def job_page(self,response):
        base_url='https://careers.tencent.com/tencentcareer/api/post/ByPostId?times
        tamp=1659774667627&postId={}&language=zh-cn'
02      data = json.loads(response.text)
03      for job in data['Data']['Posts']:
04          PostId = job['PostId']
05          detail_url=base_url.format(PostId)
06          # print(detail_url)
07          yield scrapy.Request(url=detail_url, callback=self.detail_info)
08  def detail_info(self,response):#解析每个职位详情页的内容
09      data=json.loads(response.text)
10      item = TencentItem()#实例化 TencentItem 类
11      job=data['Data']#获取 Data 键代表的 JOSON 格式的内容
12      item['job_name']=job['RecruitPostName']#获取职位名
13      item['RecruitPostId'] = job['RecruitPostId']#获取职位 ID
14      item['LocationName'] = job['LocationName']#获取工作地点
15      item['BGName'] = job['BGName']
16      item['CategoryName'] = job['CategoryName']
17      item['ProductName'] = job['ProductName']
18      item['Requirement'] = job['Requirement']#获取职位需求
19      item['LastUpdateTime']=job['LastUpdateTime']
20      print("获取到的职位为："+str(item))
21      yield item
```

代码解析：07 行使用 scrapy.Request()方法请求每个职位详情页的内容，并使用 detail_info()方法对网页的响应内容进行解析；08 行定义 detail_info()方法解析每个职位详情页的内容；09 行使用 json.loads()方法将网页的响应内容解析为字符串；10 行实例化 TencentItem 类，得到 item 对象；11 行获取 Data 键代表的 JSON 格式的内容；12 行将获取的职位名放到字典 item 中，作为 job_name 键的内容；13 行将获取到的职位 ID 放到字典 item 中，作为 RecruitPostId 键的内容；14 行获取工作地点并赋给 item 字典，作为 LocationName 键的内容；15～19 行获取 BGName 等的值，并将值赋给字典相应的键；20 行输出 item 字

典的内容；21 行返回 item 字典。

运行程序，结果如图 7-36 所示。

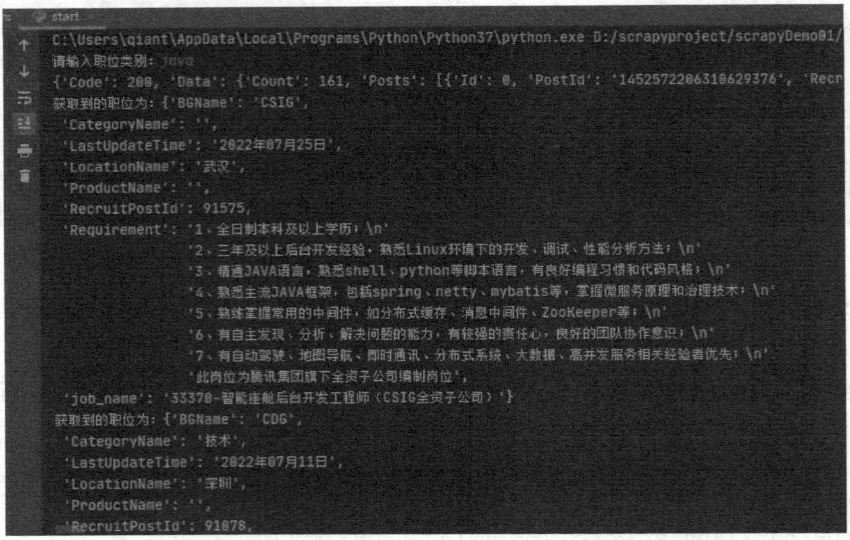

图 7-36　爬取各个职位详情页的信息的结果

（2）数据的持久化存储

下面进行数据的持久化存储，在 MySQL 中创建一个名为"tencentjob"的数据库，并创建一个名为"job"的表，对应的 SQL 文件的内容如下。

```
01 --
02 -- 数据库: 'tencentjob'
03 --
04 -- ----------------------------------------------------------
05 --
06 -- 表的结构 'job'
07 --
08 CREATE TABLE IF NOT EXISTS 'job' (
09   'id' int(20) NOT NULL AUTO_INCREMENT,
10   'job_name' varchar(100) NOT NULL,
11   'RecruitPostId' text NOT NULL,
12   'LocationName' text NOT NULL,
13   'BGName' text NOT NULL,
14   'CategoryName' text NOT NULL,
15   'ProductName' text NOT NULL,
16   'Requirement' varchar(500) NOT NULL,
17   'LastUpdateTime' text NOT NULL,
18   PRIMARY KEY ('id')
19 ) ENGINE=MyISAM  DEFAULT CHARSET=utf8 AUTO_INCREMENT=1 ;
```

代码解析：08 行表示如果表 job 不存在，则直接创建；09 行表示创建的"id"为 int 型字段，可以自动增长；10 行表示将 job_name 定义为 varchar 型的字段，不为空，长度为 100 字符；

11 行将 RecruitPostId 定义为文本型的字段，不为空；12 行将 LocationName 定义为文本型的字段，不为空；13～15 行将 BGName、CategoryName、ProductName 定义为文本型的字段，且都不为空；16 行将 Requirement 定义为 varchar 型的字段；17 行将 LastUpdateTime 定义为文本型的字段；18 行定义 id 为主键；19 行定义数据库编码为 UTF-8。

在 pipeline.py 文件中编写如下代码。

```python
01  import pymysql
02  class TencentPipeline:
03      def open_spider(self, spider):  # 重写父类方法
04          print("开始爬虫")
05          self.conn = pymysql.Connect(host='127.0.0.1', port=3306, user='root', password='root', db='tencentjob')
06      def process_item(self, item, spider):
07          job_name=item['job_name']
08          RecruitPostId = item['RecruitPostId']  # 获取职位 ID
09          LocationName = item['LocationName']  # 获取工作地点
10          BGName = item['BGName']
11          CategoryName = item['CategoryName']
12          ProductName = item['ProductName']
13          Requirement = item['Requirement']  # 获取职位需求
14          LastUpdateTime = item['LastUpdateTime']
15          self.cursor = self.conn.cursor()  # 获取游标对象
16          sql = "insert into job(job_name,RecruitPostId,LocationName,BGName,CategoryName,ProductName,Requirement,LastUpdateTime) values(%s,%s,%s,%s,%s,%s,%s,%s);"
17          try:
18              self.cursor.execute(sql, (job_name, RecruitPostId,LocationName,BGName,CategoryName,ProductName,Requirement,LastUpdateTime))
19          except Exception as result:
20              print(result)
21              self.conn.rollback()  # 执行回滚操作
22          return item
23      def close_spider(self, spider):
24          print("结束爬虫")
25          self.conn.close()  # 关闭数据库连接
```

代码解析：01 行导入 PyMySQL；02 行定义类 TencentPipeline；03 行重写父类方法 open_spider()；04 行向控制台输出"开始爬虫"；05 行定义 MySQL 数据库连接对象；06 行重写 process_item()方法；07 行从字典 item 中取得键名为 job_name 的键值并赋给 job_name；08 行从字典 item 中取得 RecruitPostId 的值并赋给 RecruitPostId；09～14 行从字典 item 中获取 LocationName、BGName、CategoryName、ProductName、Requirement、LastUpdateTime 的值；15 行获取游标对象；16 行定义插入数据的 SQL 语句；18 行执行 SQL 语句；20 行表示如果发生了异常，则输出异常；21 行执行回滚操作；22 行返回字典 item；23 行重写 close_spider()函数；24 行输出提示信息；25 行表示关闭数据库连接。

找到 settings.py 文件，将文件中的代码修改为如图 7-37 所示的内容。

```
ITEM_PIPELINES = {
    # 'tencent.pipelines.TencentPipeline': 300,
    'tencent.pipelines.TencentPipeline': 200,
}
# 防止被ban,设置访问间隔时间,意思是,每3秒请求一次。
DOWNLOAD_DELAY = 3
```

图 7-37 修改 settings.py 文件的代码

运行程序,结果如图 7-38 所示。

id	job_name	RecruitPostId	LocationName	BGName	CategoryName	ProductName	Requirement	LastUpdateTime
1	33370-智能座舱后台开发工程师(CSIG全资子公司)	91575	武汉	CSIG			1、全日制本科及以上学历;2、三年及以上后台开发经验,熟悉Linux环境下的开发、调试、性能分析方...	2022年07月25日
2	Senior Software Engineer - Backend (Media Platform...	4287651002	帕罗奥多	CSIG	技术		* 5+ years of enterprise software design and devel...	2022年07月07日
3	TEG03-SRE(Singapore)	66608	新加坡	TEG	技术		1. More than 2 years of experience in big data clu...	2022年08月04日
4	41072-腾讯云大数据研发工程师	91687	深圳	CSIG	技术		1、计算机、通信等相关专业,本科及以上学历,3年以上大型互联网产品或分布式系统开发设计经验;2、扎...	2022年07月26日
5	CSIG16-Delta实验室Java工程师(CSIG全资子公司)	91713	武汉	CSIG	技术		文科以上学历,5年以上大型系统研发经验,能熟练使用Spring-Boot、MyOatis、MySQL...	2022年07月07日
6	CSIG16-Java后台开发工程师(CSIG全资子公司)	91564	武汉	CSIG	技术	腾讯位置服务	计算机或者数学等相关专业本科以上学历,3年以上软件开发及架构设计经验;熟悉分布式业务系统的设计与开发...	2022年07月25日
7	31871-Java研发工程师(CSIG全资子公司)(长沙)	90219	长沙	CSIG	技术	腾讯云	1.本科及以上学历,扎实的计算机专业基本功,编程基础扎实,对代码质量有追求;2.3年以上开发经验...	2022年06月15日
8	44324-Java研发工程师(CSIG全资子公司)	92194	长沙	S1	技术		1、计算机或软件相关专业,本科及以上学历,具备扎实的计算机和软件技术基础;2、5年以上后端系统开发...	2022年08月05日
9	18427-金融科技Java研发工程师	91078	深圳	CDG	技术		1.本科及以上学历,三年以上开发经验;2.Java基础扎实,掌握JVM、并发编程、网络编程、数据库...	2022年07月11日
10	RP-高级开发工程师(Java)	85063	深圳	S3	技术		1. 计算机相关专业本科及以上学历	2022年06月21日

图 7-38 将爬取的数据保存到 MySQL 数据库

5. 部署分布式爬虫

Scrapy 爬虫要在普通爬虫的基础上才能实现分布式爬虫,可以按照下面的步骤部署分布式爬虫。

① 在 setrings.py 文件中指定使用 Scrapy_Redis 的调度器。

```
SCHEDULER ='scrapy_redis.scheduler.Scheduler'
```

② 在 setrings.py 文件中,指定使用 Scrapy_Redis 的去重机制。

```
DUPEFILTER_CLASS = "scrapy_redis.dupefilter.RFPDupeFilter"
```

③ 在 setrings.py 文件中,指定 Redis 的 IP 地址和端口号等。

```
REDIS_HOST='192.168.140.1'
```

```
REDIS_PORT=6379
REDIS_PASSWORD=''
```

④ 添加 Scrapy_Redis 管道（非必须）。

```
scrapy_redis.pipelines.RedisPipeline':300
```

从理论上讲，只要设置上面的步骤①～③或步骤①～④就可以部署分布式爬虫。但为了保证分布式爬虫能够运行，还需开启 Redis 服务器的远程访问功能。

接下来，对 Redis 服务器进行配置，使局域网内的其他服务器可以通过 IP 地址进行访问，具体设置步骤如下。

① 找到 Windows 系统下的 Redis 服务器的安装路径，并找到 redis.windows.conf 配置文件，对文件中的"bind 127.0.0.1"进行如图 7-39 所示的修改。

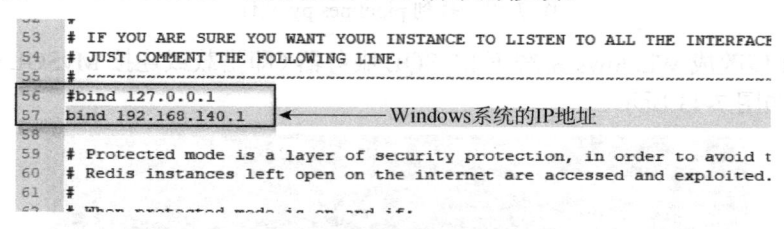

```
53  #
54  # IF YOU ARE SURE YOU WANT YOUR INSTANCE TO LISTEN TO ALL THE INTERFACE
55  # JUST COMMENT THE FOLLOWING LINE.
    # ~~~~~~~~~~~~~~~~~~~~~~~~~~~~~~~~~~~~~~~~~~~~~~~~~~~~~~~~~~~~~~~~~~~~
56  #bind 127.0.0.1
57  bind 192.168.140.1        ←——Windows系统的IP地址
58
59  # Protected mode is a layer of security protection, in order to avoid t
60  # Redis instances left open on the internet are accessed and exploited.
61  #
```

图 7-39　配置 Redis 服务器所在的 Windows 系统的 IP 地址

② 开启密码访问，将代码"equirepass foobroad"前面的注释取消。如果密码设置为 root，则可以写为"requirepass root"，如图 7-40 所示。

```
# Warning: since Redis is pretty fast an outside user can try up to
# 150k passwords per second against a good box. This means that you should
# use a very strong password otherwise it will be very easy to break.
#
# requirepass root
```

图 7-40　开启密码访问

当然也可以不开启密码访问，如果不开启密码访问就只需在"requirepass root"命令前加"#"，这时就可以远程连接了。

使用 XFTP 工具将 Scrapy 爬虫项目的代码上传到 Ubuntu 系统中，如图 7-41 所示。这里使用了 MySQL 数据库进行数据的持久化存储，MySQL 数据库安装在 Windows 系统上，因此需要对 Windows 系统开启远程访问权限。同时，还需要在 Ubuntu 系统上安装 PyMySQL 的驱动。

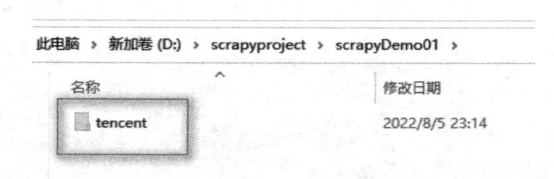

```
此电脑 > 新加卷 (D:) > scrapyproject > scrapyDemo01 >

名称                          修改日期
📁 tencent                    2022/8/5 23:14
```

图 7-41　将 Scrapy 爬虫项目的代码上传到 Ubuntu 系统中

③ 进入 tencent 文件夹中，找到 pipelines.py 文件，使用命令"vi pipelines.py"打开此文

件,如图 7-42 所示。

图 7-42　找到 pipelines.py 文件

④ 将 host 修改成 Windows 系统下 MySQL 服务器(即搭载或连接 MySQL 数据库的服务器)的地址,如图 7-43 所示。

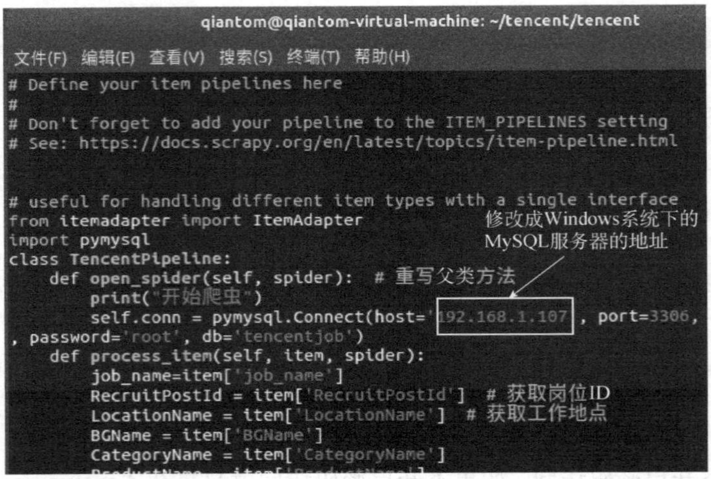

图 7-43　修改 host

【脚下留心】

注意:请确保 Windows 系统下 MySQL 服务器的数据库开启了远程访问权限,具体设置步骤请参阅相关教程。

⑤ 确保 Redis 服务器处于开启状态,这里使用的是 Windows 系统下 Redis 服务器,先使用命令开启 Redis 服务器后,再使用如图 7-44 所示的命令测试 Ubuntu 是否能正常访问。

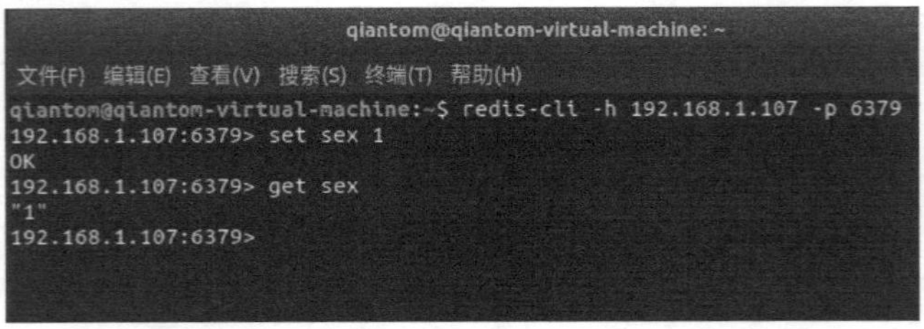

图 7-44　测试 Ubuntu 是否能正常访问

完成上面的步骤后，就可以启动爬虫程序了。爬虫程序需要同时在 Windows 系统和 Ubuntu 系统上启动，可以通过如下步骤完成。

① 进入 Ubuntu 系统中 start.py 文件所在的目录，如图 7-45 所示。

图 7-45　进入 start.py 文件所在的目录

② 输入命令"scrapy crawl hr"启动爬虫，如图 7-46 所示。

图 7-46　启动爬虫

③ 输入关键词进行搜索，如图 7-47 所示。

图 7-47　输入关键词进行搜索

④ 返回 Windows 系统的 PyCharm 工具中，找到 start.py 文件，选中"Run 'start'"选项，如图 7-48 所示。

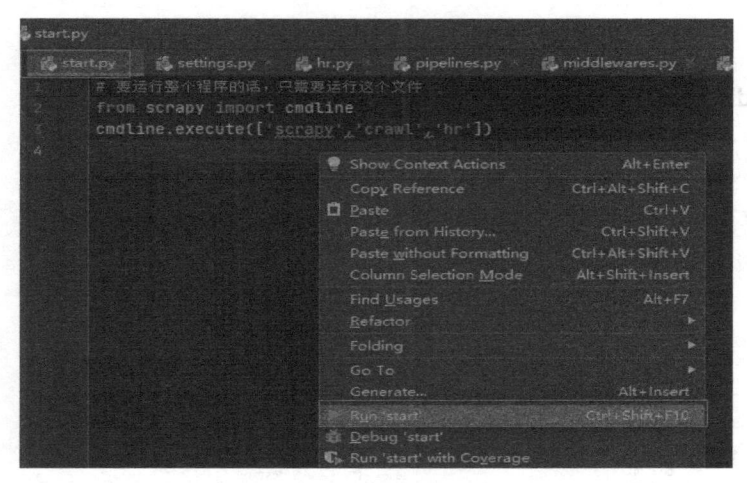

图 7-48　选中"Run 'start'"选项

⑤ 输入职位类别的关键词"java",如图 7-49 所示。

图 7-49 输入职位类别的关键词

⑥ 到 MySQL 数据库中查看已有的记录,如图 7-50 所示。

图 7-50 到 MySQL 数据库中查看已有的记录

⑦ 进入 Redis 数据库查看相关结果,如图 7-51 所示。

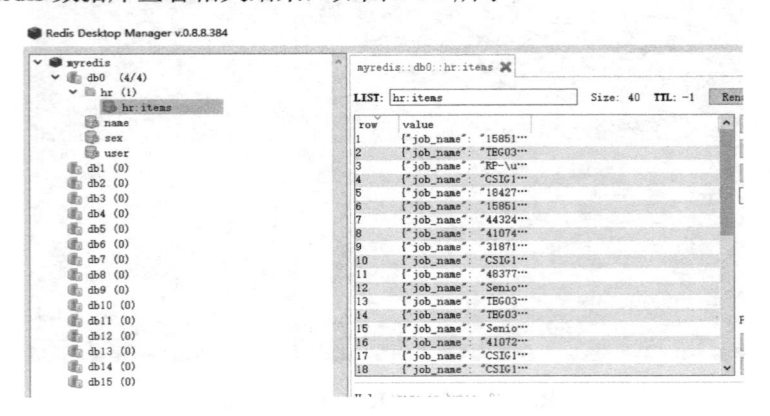

图 7-51 进入 Redis 数据库查看相关结果

【多学一招】
注意：使用名为"Redis Desktop Manager"的桌面软件查看 Redis 数据库，结果会比较直观。

任务拓展

1. 随机请求头

① 前面的任务只爬取了三个列表页的数据，为了爬取更多的数据，我们需要在 Scrapy 项目中对请求头进行设置，具体步骤如下。

准备好一定数量的请求头（可以在网上搜集）。

```
01  "Mozilla/4.0 (compatible; MSIE 8.0; Windows NT 6.0; Trident/4.0)",
02  "Mozilla/4.0 (compatible; MSIE 7.0; Windows NT 6.0)",
03  "Mozilla/4.0 (compatible; MSIE 6.0; Windows NT 5.1)",
04  "Mozilla/5.0 (Macintosh; Intel Mac OS X 10.6; rv:2.0.1) Gecko/20100101
    Firefox/4.0.1",
05  "Mozilla/5.0 (Windows NT 6.1; rv:2.0.1) Gecko/20100101 Firefox/4.0.1",
06  "Opera/9.80 (Macintosh; Intel Mac OS X 10.6.8; U; en) Presto/2.8.131
    Version/11.11",
07  "Opera/9.80 (Windows NT 6.1; U; en) Presto/2.8.131 Version/11.11",
08  "Mozilla/5.0 (Macintosh; Intel Mac OS X 10_7_0) AppleWebKit/535.11 (KHTML,
    like Gecko) Chrome/17.0.963.56 Safari/535.11",
09  "Mozilla/4.0 (compatible; MSIE 7.0; Windows NT 5.1; Maxthon 2.0)",
10  "Mozilla/4.0 (compatible; MSIE 7.0; Windows NT 5.1; TencentTraveler 4.0)"
```

② 更改 setting.py 文件中的设置，注释掉"ROBOTSTXT_OBEY = True"，将"USER-AGENT"改为字典形式，如图 7-52 所示。

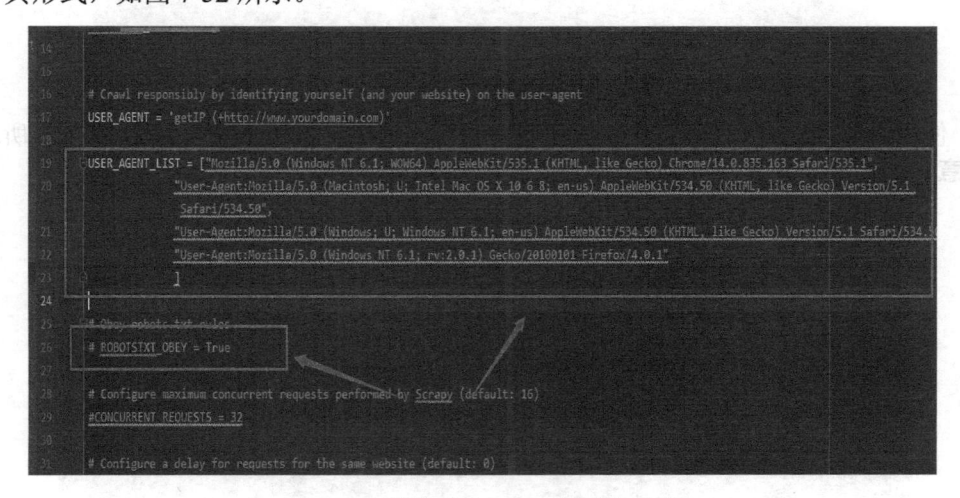

图 7-52　更改 setting.py 文件中的设置

③ 启用下载器中间件，每行代码的末尾数字是权值，如图 7-53 所示。

```
#}

# Enable or disable spider middlewares
# See https://docs.scrapy.org/en/latest/topics/spider-middleware.html
# SPIDER_MIDDLEWARES = {
#     "getIP.middlewares.RandomUserAgent": 300,
# }

# Enable or disable downloader middlewares
# See https://docs.scrapy.org/en/latest/topics/downloader-middleware.html
DOWNLOADER_MIDDLEWARES = {
    'getIP.middlewares.RandomUserAgent': 543,
}

# Enable or disable extensions
# See https://docs.scrapy.org/en/latest/topics/extensions.html
#EXTENSIONS = {
#    'scrapy.extensions.telnet.TelnetConsole': None,
#}
```

图 7-53　启用下载器中间件

④ 修改 middlewares.py 文件，将原先的代码删除并重写编写，导入 random 库和 settings 中关于 Uesr-Agent 的配置，如图 7-54 所示。

```
# Define here the models for your spider middleware
#
# See documentation in:
# https://docs.scrapy.org/en/latest/topics/spider-middleware.html

from scrapy import signals
import random
from getIP.settings import USER_AGENT_LIST


class RandomUserAgent(object):

    def process_request(self, request, spider):
        # 随机选取User-Agent
        ua = random.choice(USER_AGENT_LIST)
        request.headers['User-Agent'] = ua
```

图 7-54　修改 middlewares.py 文件

⑤ 使用命令“scrapy crawl getip --nolog”编写 parse()函数验证结果，如图 7-55 所示。**注意：**上述命令中的“nolog”用于去除日志信息。

```
import scrapy


class GetipSpider(scrapy.Spider):
    name = 'getip'
    allowed_domains = ['kuaidaili.com']
    start_urls = ['https://www.kuaidaili.com/free/']

    def parse(self, response):
        print(response.request.headers['User-Agent'])
```

图 7-55　验证结果

2. 爬取视频

Scrapy 不仅能自定义下载器中间件,还能将下载器中间件和其他模块结合,形成不同的爬取方式。在 Scrapy 上使用 Selenium 实现网络爬虫开发是常见的手段之一,因为 Selenium 可以模拟用户访问浏览器,爬取目标数据,实现过程较为简单。为进一步提高网络爬虫的能力,这里将以前面介绍的知识为基础,对视频网站进行爬取。

下面对网页"http://tv.people.com.cn/GB/39805/403864"的视频进行爬取,该网页的"工匠手册"区域展示了 18 位大国工匠的宣传视频。首先创建一个名为"dggj"的项目,如图 7-56 所示,然后根据下面的步骤实现对视频的爬取。

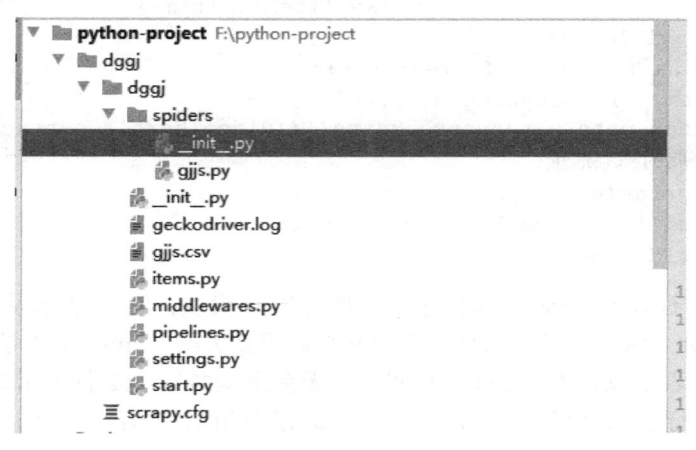

图 7-56 创建一个名为"dggj"的项目

① 解析网页数据。

创建一个名为"gjjs"的爬虫项目,并在 gjjs.py 文件中实现对网页的响应数据进行解析,对应的代码如下所示。

```
01 import scrapy
02 from ..items import DggjItem
03 from selenium import webdriver
04 class GjjsSpider(scrapy.Spider):
05     name = 'gjjs'
06     allowed_domains = ['people.com.cn']
07     start_urls = ['http://tv.people.com.cn/GB/39805/403864/']
08     def __init__(self):
09         super(GjjsSpider, self).__init__(())
10         options=webdriver.FirefoxOptions()
11         options.add_argument('headless')
12         self.driver = webdriver.Firefox()
13     def close(self, spider):
14         self.driver.quit()
15         print("close spider")
16     def parse(self, response):
17         videos = response.xpath("//div[@class='news_pic_c']/ul/li")
18         # print(videos)
19         # print(len(videos))
```

```
20        for video in videos:
21            item = DggjItem()
22            title = video.xpath(".//p/a/text()")[0].extract()
23            video_url = video.xpath(".//p/a/@href")[0].extract()
24            image = "http://tv.people.com.cn" + video.xpath(".//a/img/
    @src").extract_first()
25            item['title']=title
26            item['image']=image
27            yield scrapy.Request(url=video_url, callback=self.detail_info,
    dont_filter=True,
28                         meta={'item': item})
29            yield item
30   def detail_info(self, response):
31        item = response.meta['item']
32        video_path = response.xpath('//video/@src').extract_first()    # 选
择需要获取的视频地址
33        # print(video_path)
34        item['video_path'] = video_path
35        yield item
```

代码解析：01 行导入 Scrapy；02 行导入 DggjItem 模块；03 行表示从 Selenium 中导入 WebDriver 模块；08 行重写 __init__()方法；09 行调用父类的__init__()方法；10 行定义火狐浏览器参数；11 行表示设置为 headless 模式（即无头浏览器）；12 行表示调用火狐浏览器创建浏览器对象；13 行表示重写 close()函数；14 行表示关闭浏览器；15 行向控制台输出相应的信息；16 行重写 parse()函数；17 行从网页的响应内容中选择类名为"news_pic_c"的 li 标签；20 行开始遍历；21 行实例化类 DggjItem 为 item 对象；22 行使用 xpath()方法将 a 标签的第一个元素的内容作为 title；23 行表示使用 xpath()方法将 a 标签的第一个元素的内容作为 video_url；24 行使用 xpath()方法查找 a 标签下的 img 标签，将 src 的值与"http://tv.people.com.cn"拼接成 image 的值；25~26 行把 title 和 image 赋给 item 字典；27 行使用 scrapy.Request()方法对 video_url 发起请求，将响应内容传给函数 detail_info()处理；30 行定义函数 detail_info()；31 行从 response.meta 中获取 item 对象，将其赋给字典 item；32 行从 response 中选择 video 标签中的 src 标签的内容赋给 video_path；34 行将 video_path 赋给字典 item，并作为键 video_path 的内容；35 行返回字典 item。

② 添加 SeleniumMiddleware 中间件。

从 middlewares.py 文件中找到代码 "def process_request(self, request, spider)" 的位置，在该处增加如下代码。

```
01 driver=spider.driver
02 driver.get(request.url)
03 # Must either:
04 # - return None: continue processing this request
05 # - or return a Response object
06 # - or return a Request object
07 # - or raise IgnoreRequest: process_exception() methods of
08 #   installed downloader middleware will be called
09 return HtmlResponse(url=request.url,body=driver.page_source,request=request,
    encoding="utf-8",status=200)
```

代码解析：01 行获取浏览器对象 driver；02 行向指定网页发起请求；09 行将数据返回给引擎大脑。在这里定义了 SelenimuMiddleware 中间件，该中间件是通过将 Scrapy 的 HTTP 请求改为 Selenium 模块实现的。SelenimuMiddleware 中间件共定义了 4 种方法，核心方法是 process_request()，其他方法的作用是为核心方法提供相关数据和设置，下面主要介绍两种方法。

● __init__()方法：是 SelenimuMiddleware 中间件的初始化方法，它可将 Selenimu 实例化，并给实例化对象配置相关属性，如浏览器采用无头模式和超时时间等。

● process_request()方法：根据 HTTP 请求的参数 usedSelenium 进行判断，如果参数为真，则将当前请求改用 Selenium 访问。若访问过程中出现异常并抛出"HTTP 500"的提示信息，则代表当前请求失败；如果参数为假，则当前请求按照 Scrapy 原有的方式执行。

③ 在 items.py 文件中配置元数据，对应的代码如下。

```
01 import scrapy
02 class DggjItem(scrapy.Item):
03     # define the fields for your item here like:
04     # name = scrapy.Field()
05     title = scrapy.Field()
06     image = scrapy.Field()
07     video_path= scrapy.Field()
```

代码解析：01 行导入 Scrapy；02 行定义类 DggjItem；05 行实例化元数据 title；06 行实例化元数据 image；07 行实例化元数据 video_path。

④ 在 pipelines.py 文件中进行数据的持久化存储，对应的代码如下。

```
01 import csv
02 class DggjPipeline:
03     f = open('gjjs.csv', mode='a', encoding='utf-8', newline='')
04     # 文件列名
05     csv_writer = csv.DictWriter(f, fieldnames=['视频名',
06                                                 '视频图片',
07                                                 '视频地址'
08                                                 ])     # 输入文件列名
09     csv_writer.writeheader()
10     def open_spider(self, spider):    # 重写父类方法
11         print("开始爬虫")
12         # 打开文件
13     def process_item(self, item, spider):
14         title = item['title']
15         image=item['image']
16         video_path=item['video_path']
17         dic = {
18             '视频名': title,
19             '视频图片':image,
20             '视频地址': video_path
21         }
22         self.csv_writer.writerow(dic)    # 将数据输入 CSV 文件中
23         return item
24     def close_spider(self, spider):
25         print("结束爬虫")
```

代码解析：01 行导入 CSV 模块；02 行定义 DggjPipeline 类；03 行表示以追加方式打开

gjjs.csv 文件；05~08 行定义一个调用 CSV 模块的类方法 DictWriter()，其语法为 csv.DictWriter(f, fieldnames)，参数 f 是使用 open()函数打开的文件对象，参数 fieldnames 用来设置文件的表头，这里直接给了一个列表，执行这个类方法会得到一个 DictWriter 对象，即 csv_writer；09 行调用 writeheader()方法将 fieldnames 写入第一行数据中；10 行重写 open_spider()方法；11 行向控制台输出"开始爬虫"；13 行重写 process_item()方法；14 行把字典的 title 赋给 title；15 行取得字典的 image 对应的值，并赋给变量 image；16 行取得字典的键 video_path 对应的值并赋给变量 video_path；17~21 行定义字典 dic；22 行表示把字典中的数据通过 writerow()函数写入 CSV 文件中；23 行返回 item。

⑤ 对 settings.py 文件进行如下修改。

```
01 ROBOTSTXT_OBEY = False
02 LOG_LEVEL='ERROR'
03 DEFAULT_REQUEST_HEADERS = {
04   'Accept': 'text/html,application/xhtml+xml,application/xml;q=0.9,*/*;q=0.8',
05   'Accept-Language': 'en',
06 }
```

代码解析：01~02 行设置日志输出等级信息；03 行的 DEFAULT_REQUEST_HEADERS 表示设置默认的请求头；04 行表示接收文件的类型；05 行指定浏览器的语言。

将下载器中间件的注释取消。

```
01 DOWNLOADER_MIDDLEWARES = {
02    'dggj.middlewares.DggjDownloaderMiddleware': 543,
03 }
```

代码解析：01~03 行指定下载器中间件（处于引擎大脑和下载器之间的组件），多个下载器中间件可以被同时加载、运行。

将 ITEM_PIPELINES 的注释取消。

```
01 ITEM_PIPELINES = {
02    'dggj.pipelines.DggjPipeline': 300,
03 }
```

代码解析：01~03 行开启 ITEM_PIPELINES，但在默认情况下是不开启的，我们需要在 settings.py 文件中更改对应的设置。

⑥ 创建 start.py 启动文件，代码如下。

```
01 from scrapy.cmdline import execute
02 execute('scrapy crawl gjjs'.split())
```

运行 gjjs.py 文件，从而达到运行 gjjs 爬虫的目的，这里的"gjjs"是 QuotesSpider 类的 name 属性。

运行程序，结果如图 7-57 示。

```
视频名字,视频地址,视频图片
大国工匠：床前孝子 炉边铁汉,http://flv4mp4.people.com.cn/videofile2/CCTVNEWS/2016/04/29/CCTVNEWS_1500000_20160429_18862768_0_113_android_c
大国工匠：打磨"飞鲨"的80后,http://flv4mp4.people.com.cn/videofile2/CCTV1/2015/10/04/CCTV1_1500000_20151004_15399779_0_113_android_c.mp4,h
大国工匠：军工绣娘潘玉华,http://flv4mp4.people.com.cn/videofile2/CCTV1/2015/10/09/CCTV1_1500000_20151009_15475787_0_113_android_c.mp4,htt
大国工匠：指尖打造导弹精确制导,http://flv4mp4.people.com.cn/videofile2/CCTV1/2015/10/10/CCTV1_1500000_20151010_15492274_0_113_android_c.mp
大国工匠弹药精度把关人,http://flv4mp4.people.com.cn/videofile2/CCTV1/2015/10/12/CCTV1_1500000_20151012_15524700_0_113_android_c.mp4,http:
大国工匠：刀尖舞者 雕刻人生,http://flv4mp4.people.com.cn/videofile2/CCTVNEWS/2016/04/27/CCTVNEWS_1500000_20160427_18825593_0_113_android_
大国工匠：药丸三克 责任千斤 ,http://flv4mp4.people.com.cn/videofile2/CCTVNEWS/2016/04/28/CCTVNEWS_1500000_20160428_18843603_0_113_android
大国工匠：火箭"心脏"焊接人,http://flv4mp4.people.com.cn/videofile2/CCTVNEWS/2015/05/07/CCTVNEWS_1500000_20150429_12774349_0_113_android_c
大国工匠：高铁研磨师,http://flv4mp4.people.com.cn/videofile2/CCTVNEWS/2015/05/04/CCTVNEWS_1500000_20150504_12848986_0_113_android_c.mp4,
大国工匠：液化天然气船上"缝"钢板,http://flv4mp4.people.com.cn/videofile2/CCTV1/2015/05/04/CCTV1_1500000_20150504_12861203_0_113_android_c.
大国工匠：深海钳工,http://flv4mp4.people.com.cn/videofile2/CCTV1/2015/05/10/CCTV1_1500000_20150510_12966909_0_113_android_c.mp4,http://
大国工匠：捞纸大师,http://flv4mp4.people.com.cn/videofile2/CCTV1/2015/05/08/CCTV1_1500000_20150508_12934266_0_113_android_c.mp4,http://t
大国工匠：导弹精确制导研磨师,http://flv4mp4.people.com.cn/videofile2/CCTVNEWS/2015/10/06/CCTVNEWS_1500000_20151006_15422947_0_113_android_
大国工匠：为导弹铸造"外衣",http://flv4mp4.people.com.cn/videofile2/CCTVNEWS/2015/10/04/CCTVNEWS_1500000_20151004_15392462_0_113_android_c
大国工匠：独守焊техк 坚守38年,http://flv4mp4.people.com.cn/videofile2/CCTV1/2015/05/09/CCTV1_1500000_20150509_15458118_0_113_android_c.mp4
大国工匠：工艺美术师,http://flv4mp4.people.com.cn/videofile2/CCTV1/2015/05/03/CCTV1_1500000_20150503_12842903_0_113_android_c.mp4,http:
大国工匠：航空"手艺人",http://flv4mp4.people.com.cn/videofile2/CCTVNEWS/2015/05/02/CCTVNEWS_1500000_20150502_12819230_0_113_android_c.mp
大国工匠：练就手眼神功 装配精确到"丝",http://flv4mp4.people.com.cn/videofile2/CCTV1/2015/05/01/CCTV1_1500000_20150501_12811954_0_113_androi
```

图 7-57　爬取到的视频列表页

我们得到了 18 位大国工匠的宣传视频。作为一名大学生，我们应该学习大国工匠的耐心、严谨、专注、敬业的精神，在工作中孜孜不倦、一丝不苟、精益求精，在生活中积极向上、充满激情。

小　　结

本项目主要介绍了分布式爬虫的相关概念与开发方法。实际上，部署分布式爬虫的关键是先找一台专用的主机运行一个共享队列，比如 Redis。然后重写 Scrapy 的 Scheduler，让新的 Scheduler 到共享队列中存取请求，并且去除重复的请求。总结得到部署分布式爬虫的关键有以下三点。

① 共享队列。
② 重写 Scheduler，让其访问共享队列。
③ 为 Scheduler 定制去重规则（利用 Redis 的集合类型）。

以上三点也是 Scrapy-Redis 的核心功能。

复　习　题

一、单项选择题

1. 参数 headers=(　　　)，把请求头添加到 Scrapy 请求中，使爬虫的请求看起来像是从浏览器发起的。（　　）
   A. HEADER　　　　B. HEADERS　　　　C. HEAD　　　　D. BODY

2. 下列关于 SeleniumMiddleware 中间件的说法不正确的是（　　）。
   A. 该中间件主要有 4 个方法
   B. 使用__del__()方法可以将 Selenium 生成的浏览器对象关闭
   C. process_request()方法的作用是将当前请求改用 Selenium 访问。

D. process_request()方法不支持 GET 请求

二、判断题

1. Scrapy 爬虫程序可以在 PyCharm 中运行和调试。（　　）
2. Selenium 是浏览器测试框架，可以调用浏览器 WebDriver 模拟浏览器操作，还可以在网页的所有源码加载完后，获取源码并用 bs4、Re 等模块进行解析。（　　）
3. "find_element_by_xpath("//input")" 表示查找响应内容中的 input 的 div 标签。（　　）
4. find_elements_by_name()方法可按元素名查找单个元素。（　　）
5. MongoDB 的数据存储形式类似于字典。（　　）

三、编程题

1. 请简要回答什么是分布式爬虫。
2. 请总结部署分布式爬虫的步骤。
3. 请使用分布式爬虫爬取 51job 招聘网站。